Bruno D'Amore

Los problemas de matemática en la práctica didáctica

Prefacios de
Gérard Vergnaud y de Silvia Sbaragli

MAGISTERIO
EDITORIAL

MAGISTERIO EDITORIAL

Título: Los problemas de matemática en la práctica didáctica
Autor: Bruno D'Amore

ISBN: 978-958-20-1413-1
Primera Edición: 2021

Diagramación y portada: Jonnatha Moncaleano Ovalle
Traducción: Diana Rocío Pérez Blanco

Diagonal 36 bis No. 20-70
Celular: (+57) 312 4354489
Bogotá D.C Colombia
www.magisterio.com.co
info@magisterio.com.co

Catalogación en la publicación – Biblioteca Nacional de Colombia

D´Amore, Bruno, 1946-
Los problemas de matemática en la práctica didáctica / Bruno D´Amore ; prefacios de Gérard Vergnaud y de Silvia Sbaragli. -- 1a ed. -- Bogotá : Editorial Magisterio, 2021.
p. – (Didácticas)

Incluye reseña del autor. -- Contiene referencias bibliográficas.

ISBN 978-958-20-1413-1

1. Matemáticas - Didáctica 2. Matemáticas - Problemas, ejercicios, etc. I. Vergnaud, Gérard, prol. II. Sbaragli, Silvia, prol. III. Título

CDD: 372.7044 ed. 23 CO-BoBN– a1084215

Los destinatarios de este libro son los docentes de Matemática, cuyos alumnos tienen dificultad para resolver los problemas que les son planteados.

La investigación en Didáctica de la Matemática ha reflexionado mucho sobre cuáles podrían ser los factores que determinan este problema. Muchas de estas dificultades son de carácter psicológico y otras de carácter didáctico. En este libro se hace un largo y detallado análisis de este tipo de estudios, para mostrar a los docentes el origen y la causa de las dificultades de los alumnos. Se proponen varios ejemplos y muchas soluciones para ayudar a los alumnos superar esta dificultad.

Este libro está dedicado a los padres que ven a sus hijos sufrir al momento de resolver problemas de Matemática; es una fuente densa de ideas para ayudar a sus estudiantes y a los profesores en esta difícil pero necesaria tarea.

Este libro está destinado a los cultores de Didáctica de la Matemática, estudiantes universitarios de maestría y de doctorado, quienes desean profundizar en la bibliografía y los estudios críticos sobre este el tema, siendo esto este uno de los argumentos más estudiados a nivel mundial. La selección bibliográfica es notable y las citaciones son profundas y oportunas, clásicas y contemporáneas; tanto en el campo psicológico como en el campo didáctico

Bruno D'Amore es doctor en Investigación (PhD) en Mathematics Education; en 2013 la Universidad de Chipre le otorgó el doctorado de Investigación (PhD) honoris causa en Social Sciences and Education. Actualmente es profesor experto titular catedrático en el Doctorado Interinstitucional en Educación (DIE) (énfasis matemático), en la Universidad Distrital Francisco José de Caldas, Bogotá, Colombia, donde dirige tesis de doctorado y dicta seminarios para los estudiantes de doctorado.

https://es.wikipedia.org/wiki/Bruno_D'Amore

Wikipedia, The Free Encyclopedia. Bruno D'Amore. Recuperado de https://en.wikipedia.org/wiki/Bruno_D'Amore

La página web de: Bruno D'Amore y Martha Isabel Fandiño Pinilla. Bruno D'Amore e Martha Isabel Fandiño Pinilla. Recuperado de http://www.incontriconlamatematica.net/sitoufficialebm/

Gruppo di Ricerca e Sperimentazione in Didattica e Divulgazione della Matematica. Bruno D'Amore. Recuperado de https://rsddm.dm.unibo.it/chi-siamo/bruno-damore/

Incontri con la Matematica. Recuperado de http://www.incontriconlamatematica.org/ita/organizzazione.php

Dedico esto libro a Martha que discutió cada palabra conmigo
con inmensa competencia, cultura y disponibilidad
poniendo preguntas terribles que me obligaban a pensar por días

el autor

Contenido

Nota
Cada párrafo tiene una Nota bibliográfica específica

Prólogo

El aprendizaje de la matemática se ha convertido en una necesidad para todos los jóvenes de hoy. Los retos a los cuales son llamadas las sociedades contemporáneas han llevado progresivamente a elevar el nivel de la educación hasta los 16 años, después hasta los 18 y aún más allá. En esta educación la parte de la ciencia, de la técnica y de la matemática no ha hecho más que crecer. En dos generaciones se pasó del modelo de la escuela primaria al de la educación superior: ya no basta con saber leer, escribir y hacer cuentas, es oportuno saber expresarse oralmente y por escrito sobre temas complejos y en condiciones de discusión delicadas; es oportuno también comprender técnicas sofisticadas, para las que se requieren conocimientos matemáticos concernientes a las grandes estructuras de la aritmética, el álgebra, el análisis y la geometría, que hace un siglo estaban reservadas un estrecho círculo.

Así, es cada vez menos posible, y será imposible para un alumno de los años futuros, afirmar que la matemática no tiene nada que ver con nosotros directamente.

El fracaso en matemática no es una fatalidad. Cuando se enseña bien, la matemática interesa a todos los alumnos; no se llegará al punto de darles la vocación de convertirse en matemáticos naturalmente, pero sí lo suficiente para darles la fuerza y el deseo de obtener la cultura de base que es necesaria hoy en día. La didáctica y la psicología de la matemática nacieron a partir de la preocupación por entender mejor las dificultades encontradas por los alumnos y por ayudarlos a superarlas. La competencia profesional de un profesor no radica solo en el conocimiento de su materia o de las materias que enseña: radica también en su cultura general y en sus conocimientos en cuanto a la psicología, la pedagogía y la didáctica.

Estoy sorprendido por la importancia que Bruno D'Amore, un matemático, ha querido conferir, en esta obra, a cuestiones que no se refieren de hecho a la matemática sino a la psicología. Él consagra páginas muy interesantes a la teoría de la Gestalt, a las teorías del aprendizaje y del desarrollo cognitivo, a la psicología de la resolución de problemas. Y da al mismo tiempo un impresionante número de ejemplos que serán de utilidad para los profesores y quizás para algunos padres de familia. Leyendo el manuscrito, me sorprendí por la variedad y la riqueza de las fuentes de información a las que Bruno D'Amore cuidadosamente hace referencia. Este hecho hace de su obra a su vez una obra de referencia y una introducción a aquellos campos del conocimiento cuales la didáctica de la matemática y la psicología de la matemática.

No hay dominios que la ciencia no pueda penetrar, incluidos aquellos en los cuales el objeto de la investigación parece complejo, variable y poco perceptible. Es éste el caso del aprendizaje de la matemática. Hoy en día no es presuntuoso decir que se empieza a tener una idea relativamente clara del modo en el cual los niños aprenden y comprenden la matemática, desde las etapas que atraviesan, los errores en los que caen con bastante frecuencia, las dificultades que encuentran y la manera en la que llegan a superarlos, con la ayuda de los profesores.

Un concepto es un objeto complejo. Se forma en un largo periodo de tiempo; implica en general una diversidad de propiedades y está asociado a varios tipos de teoremas, algunos de los cuales pueden ser comprendidos también por niños de muy corta edad, mientras que algunos son estudiados con dificultad aún por jóvenes de 15 años. Sin las situaciones que le dan sentido y sin problemas para resolver, un concepto es casi nada. Sin embargo, el censo y la clasificación de los problemas a los que responde un concepto son difíciles y requieren una investigación profunda. Lo mismo en lo referente a los procedimientos a los que recurren los alumnos, espontáneamente o después del aprendizaje. Lo mismo también en lo que se refiere a las formas lingüísticas y no lingüísticas (gráficas, algebraicas) que les permiten expresar estos conocimientos. El trabajo sistemático de la investigación científica no es en absoluto una cosa fácil.

Bruno D'Amore ha estudiado y reflexionado mucho sobre todas estas cuestiones. Su obra hace un buen análisis sobre el estado de nuestros conocimientos al respecto.

Le deseo un gran éxito entre los profesores.

Gérard Vergnaud

Prefacio

Bruno D'Amore es una de las personas que en el curso de los años ha contribuido mayormente a convertir una didáctica disciplinaria, la didáctica de la matemática, en una disciplina propiamente dicha, reconocida en el ámbito académico; además ha insistido internacionalmente por más de cuarenta años para lograr que esta disciplina consienta una lectura crítica de las situaciones en el aula, convirtiéndose de tal manera en un poderoso instrumento en las manos de los profesores de todos los niveles escolares.

Un punto de partida verdaderamente certero para esta recopilación que se propone «presentar estudios y propuestas derivadas de la didáctica de diversas disciplinas con el fin de proporcionar a los profesores en etapa de formación inicial y en servicio, de todos los niveles escolares, una lectura útil para alcanzar profesionalismo e interpretar las situaciones del aula».

Recuerdo cuando el prof. D'Amore presentó este libro en su primera versión italiana en la Universidad de Bologna, una tarde, a los docentes de diversos niveles escolares, en un apasionante encuentro con la presencia de Franco Frabboni, noto pedagogo, quien mantuvo a todos entretenidos por un buen rato, mostrando la importancia pedagógica y didáctica de tal tratado. Para mí y para los otros presentes fue un momento importante para entender aún más el mundo de la didáctica, al cual empezaba a dedicarme profesionalmente.

Este libro ha representado por años un instrumento indispensable en las manos de quienes, como yo, se disponían a entrar en el mundo de la investigación en la didáctica de la matemática y por demás ha representado un instrumento útil para los profesores que cotidianamente deben interpretar lo que sucede en el salón de clase.

La fuerza de este libro está legada también a la capacidad de su autor de saber considerar e interpretar las contribuciones derivadas de otras disciplinas, como la pedagogía, la didáctica general y la psicología del aprendizaje, integrándolas al mundo de la matemática, con el fin de entender con más consciencia el delicado proceso de enseñanza/aprendizaje de la matemática. Competencias y fuerza que caracterizan ciertamente todo el trabajo llevado a cabo por Bruno D'Amore en todos estos años.

En esta ocasión, el autor ha revisado todo el texto original italiano, eliminando párrafos superados, agregando muchos nuevos, enriqueciendo la bibliografía que, entre 1993 y 2020, ha aumentado de manera considerable, en cantidad y en calidad. Por lo tanto, se trata de un libro absolutamente nuevo, moderno, que enfrenta la cuestión de la resolución de problemas de matemática en el aula desde una óptica muy actual, nueva y completa, mirando al futuro.

Leyendo el texto se despierta el interés de profundizar, de conocer, de ir más allá, de no detenerse en una primera lectura superficial de las respuestas de los alumnos, sino de querer sumergirse profundamente para lograr aprehender lo que se esconde detrás de una estrategia dada o de una aplicación fallida, qué se deriva, qué implica, y cómo todo varía dependiendo de la solicitud ... Curiosidades que permiten a cualquier lector convertirse en interprete siempre más crítico de los procesos internos que se encuentran a la base de las elecciones de los alumnos y también y sobre todo en la base de sus propias metodologías didácticas.

El tema de los problemas de matemática en la práctica didáctica representa un argumento fundamental, ya que resolver problemas se constituye en una de las actividades más significativas del género humano, tal como afirma Polya. Para diversos autores, de hecho, el componente más importante y delicado del pensamiento y de la actividad matemática está relacionado con la capacidad de saber captar, comprender, interpretar y resolver situaciones problemáticas. De tal manera que el docente debe prestar particular atención didáctica a este tipo de aprendizaje, buscando la manera de aprovechar eficazmente los resultados que emergen del mundo de la investigación. Desde este punto de vista, D'Amore traslada e interpreta con absoluta y bien nota competencia los resultados derivados de numerosos estudios sobre este tema publicados entre los años 80 y los primeros dos decenios de este siglo XXI, logrando también abrir escenarios de reflexión actuales y de investigaciones futuras. Al mismo tiempo, este texto ofrece numerosas ideas didácticas absolutamente concretas a los profesores para reflexionar de manera crítica sobre las propuestas y los enfoques usados en clase cuando se enfrenta este tema, logrando así satisfacer plenamente las exigencias de la recopilación, es decir proveer una contribución con fuerte carácter tanto teórico como empírico que apunte hacia la reflexión investigativa, la que se transforma en herramientas eficaces para la construcción de "buenas" situaciones de enseñanza/aprendizaje.

Tengo plena certeza que este texto será utilizado con éxito tanto de los investigadores en didáctica de la matemática como de los profesores, que desean entender profundamente el complejo y fascinante mundo de la resolución de problemas de matemática en la praxis didáctica.

Silvia Sbaragli

Premisa

Con algo de titubeo me dispongo a presentar al público el argumento de la reflexión de estas últimas décadas. El titubeo está ciertamente legado al hecho que mi formación de base es la de matemático, mientras que los temas de investigación en los cuales me adentré están en los confines de la pedagogía y de la psicología. Por otro lado, ¿cómo es posible ocuparse de la didáctica y dejar por fuera la pedagogía y la psicología, como quisieran algunos? Me parece una posición un poco miope y deletérea. Sin embargo, hubiese podido reservar para mí el fruto de mis estudios y de mis reflexiones y no llegar a proponer estos resultados, si no hubiese motivos de fondo que me parecieran válidos y que expongo a continuación.

Los motivos que me llevaron a dedicar (mucho) tiempo a este volumen son tres.

Primer motivo, banalmente editorial. Mi proyecto Ma.S.E.[1] tuvo en Italia un éxito tal en ventas que el pedido explícito, más de una vez, por parte de los lectores, de afrontar el tema "Problemas" no se podía eludir. En realidad, en el curso del Ma.S.E., hay más de una referencia a esta importante actividad. Pero hacía falta un discurso específico, lo más coherente y completo posible.

[1] El Proyecto Ma.S.E. constaba de 12 volúmenes y tuvo un éxito fulgurante en los años 90 en Italia, entre los profesores de la escuela primaria; el éxito fue tal, que el proyecto terminó con una amplia voz en la Enciclopedia Pedagógica (2002) dirigida por Mauro Laeng, Brescia: La Scuola Editrice, páginas 1228-1230.

Segundo motivo, más profundo. No hay quien, ocupándose a cualquier nivel de la Didáctica de la Matemática, no reconozca en la actividad de resolución de problemas una característica "fuerte", central: *hacer Matemática es en primera instancia afrontar problemas.* Por otro lado, el Núcleo de Investigación de la Matemática de Bolonia (del cual soy fundador y responsable director científico desde 1984 hasta hoy) hace años se ocupa de una sub-sección particular propia de esta problemática: la resolución de problemas con estrategias ingenuas (es decir no formales). Llegó el momento de exponer las ideas que se encuentran en la base de esta investigación y algunos resultados en forma explícita y difusa.

Tercer motivo, más personal. En cuanto matemático profesional involucrado en la investigación en Didáctica de la Matemática, decidí graduarme en Pedagogía; por lo tanto ¡tenía que escribir una tesis de grado! Este tema tuvo una gran acogida por parte de un querido amigo mío, el famoso pedagogo Franco Frabboni quien fue mi director de tesis. Mi tesis de grado es un subconjunto (muy reducido) precisamente de este volumen.[2]

El Ma.S.E. ha tenido varias aplicaciones concretas, más allá de aquellas que he seguido en primera persona; es obvio que un producto editado en miles de copias se salga de las manos del autor y que cada lector se apropie de él a su manera.

Otro impulso decisivo llegó del sector didáctico en el cual se mueve el Núcleo de Bologna, es decir los "Laboratorios de Matemática". Como ya he ampliamente escrito en otras ocasiones, también durante los laboratorios la actividad tiene como eje principal la resolución de problemas, por lo que una puntualización de tipo teórico se vuelve esencial.[3]

[2] Unos años después decidí de graduarme también en filosofía ya que me di cuenta de necesitar bases filosóficas para mi trabajo de investigador en didáctica de la matemática. La idea era de incluir lo que necesita de pedagogía, filosofía y psicología al interior de la didáctica de la matemática, así que esta, al final sea autónoma y completa. Como hoy es.

[3] He publicado mucho desde un punto de vista teórico sobre las actividades de laboratorio de matemática, también a propósito de la teoría de las situaciones de Guy Brousseau, por lo tanto al interior de teorías didácticas fundamentales, desde 1986 (como se sustrae de la lista de publicaciones que aparece en www.dm.unibo.it/rsddm).

Buscaré inmediatamente un fundamento autorizado para dar importancia a este tema:

> Una vez adquiridas ciertas reglas, el hombre puede usarlas con diferentes objetivos en su relación con el ambiente. Puede también hacer algo más importante: puede pensar. Esto significa fundamentalmente estar en capacidad de combinar las reglas aprehendidas a una gran variedad de reglas nuevas de orden superior. Esto se puede hacer por auto estimulación y también respondiendo a diversos tipos de estimulación del ambiente. Mediante el proceso de combinación de reglas viejas y reglas nuevas, la persona resuelve problemas que le son nuevos, adquiriendo así un patrimonio aún mayor de nuevas capacidades.

De esta manera se expresa R. M. Gagné (1973, p. 83). Y, del mismo modo, más adelante (p. 86):

> El *problem solving* se resuelve a partir de la adquisición de nuevas ideas que multiplican la aplicabilidad de las reglas ya aprehendidas. Como sucede en otras formas de aprendizaje, ésta se funda sobre las capacidades ya obtenidas; y no se ubica en el vacío, en la ausencia de cada conocimiento ulterior. La condición más importante para impulsar al sujeto a pensar y asegurarse de tener algo en lo cual pensar. El aprendizaje mediante *problem solving* lleva a nuevas capacidades ulteriores del pensamiento.

Sin abandonar a este autor (pp. 257-58):

> Ciertamente una de las mayores razones para aprender reglas es su uso en la resolución de problemas. La actividad de *problem solving* es de tal suerte una extensión natural del aprendizaje de reglas, en la cual la parte más importante del proceso se desarrolla al interior del sujeto. La resolución puede ser guiada por una cantidad mayor o menor de comunicación verbal, proveniente del exterior, pero las variables más esenciales son internas. Es particularmente importante notar que los componentes que parecen posibilitar el *problem solving* son las reglas obtenidas precedentemente. El *problem solving* puede ser concebido como un proceso de descubrimiento por parte del sujeto de una combinación de reglas

> ya notas que éste puede aplicar para alcanzar la solución de una situación nueva y problemática. Sin embargo, no se trata solo de aplicar las reglas ya sabidas. El proceso también genera un nuevo aprendizaje. El sujeto está bajo o se encuentra en una situación problemática y recuerda las reglas precedentemente aprehendidas en el tentativo de encontrar una "solución". Durante este proceso del pensamiento, éste probará cierto número de hipótesis verificando su aplicabilidad. Cuando encuentra una combinación particular de reglas que se adaptan a la situación, no solamente ha "resuelto el problema", sino que también ha obtenido algo nuevo.

"Regla" sin embargo se debe entender en este contexto en sentido más amplio del que puede comúnmente venir a la mente, como veremos difusamente a lo largo del libro. Todavía una citación de la misma fuente (p. 265):

> [...] la resolución de un problema jamás surge de la nada, sino que depende siempre de la experiencia precedente del sujeto.

Por lo tanto, la resolución de los problemas (o, como se dice habitualmente, también en los países de idioma español, el problem solving) es una condición óptima para el aprendizaje. Ésta es la tesis que acepto, aunque tendré que entrar en particularidades delicadas para analizarla profundamente, lo que requerirá varias decenas de páginas.

Sin embargo, hay que decir explícitamente que hasta aquí el *problem solving* se ha descrito de manera genérica (...) Surge espontáneamente la pregunta: ¿Qué caracteriza el *problem solving* en Matemática? En otros términos: resolver problemas no es una característica de las actividades matemáticas únicamente y nada nos impide pensar esta misma problemática en otros campos. Se pueden proponer dos tipos de actitudes:

1. el "contenido" es el que caracteriza; en esta acepción, "nuestro" *problem solving* es matemático porque nos ocupamos de problemas (a veces ejercicios) en el campo de la Matemática;
2. la "forma" en la cual el solucionador se propone es la que caracteriza; en esta acepción, paradójicamente, podremos tener *problem*

solving matemático con contenidos no necesariamente matemáticos, o problem solving no matemático, pero con contenidos matemáticos.

La primera posición parece un poco débil, pero la segunda es difícilmente definible.

La posición asumida en el contexto de las investigaciones del Núcleo de Bolonia (y la mía personal) emergerá, lentísimamente, de las páginas de este libro y se trata de una especie de término medio entre las dos. Hay quien se ocupa del *problem solving* poniendo toda la atención a los procesos de"descubrimiento"y que parece al final más interesado en la actividad de resolución de ejercicios y no de problemas en el verdadero sentido de la palabra. Nos parece que se puede"descubrir"algo también frente a un ejercicio y que las "condiciones alrededor" sean las que determinan si se trata de descubrimiento o de otra cosa. Por otro lado, hay solucionadores de problemas para quienes el contexto es tal que su actividad no comporta de hecho descubrimiento sino mera aplicación.

Es obvio que en este punto se vuelve esencial definir bien el concepto de"problema"; ahora, si es cierto que en el primer capítulo enfrentaré un primer estudio sin profundizar sobre este punto fundamental, a vuelo de pájaro, también es cierto que la problemática no se extingue de hecho en el primer capítulo (el cual, en cambio, de acuerdo con mis intenciones, debe crear más (...) problemas de tipo interpretativo de los que puede resolver).

Como diré más adelante, *el libro fue concebido a manera de espiral:* qué es un problema es el argumento afrontado en el primer capítulo y NO resuelto allí. En cierto sentido, todo el libro es un intento por responder esta pregunta.

Cuando se habla de problemas, se disparan, entre los profesores de la escuela primaria, discusiones a propósito de:

- automatismos de cálculo (por ejemplo: tablas de multiplicar y similares);

- uso de las máquinas de cálculo (por ejemplo: ábacos, calculadoras, [...]) (a favor, contrarios, más o menos, depende, [...]);
- uso de otros instrumentos de cálculo más sofisticados (TIC).

A propósito de los automatismos de cálculo, sugiero la siguiente posición que exhibo desde siempre: si a las dificultades de resolución de un problema (de la comprensión textual a la elección de una estrategia resolutiva, como veremos de manera amplia y detallada) se agrega la dificultad de recordar cuánto es 7×8, ¡entonces sí que la actividad matemática se torna pesada! El aparente conservadurismo de quien propone adquirir automatismos de cálculo (*acusación* muy difundida en los primeros años de la década de los 70) se puede entender, en últimas, como un aligeramiento a favor de actividades más significativas. Luego, en cuanto al "cómo" (las tablas de multiplicar de memoria, o carteleras en las paredes que los niños u otra persona llenan diariamente, o algo más), el "estilo" del profesor y de los niños individualmente, podrían ser decisivos. Regresaré mucho más decididamente, en varias ocasiones, al problema de los automatismos de cálculo.

En cuanto a las máquinas calculadoras, he dicho y escrito mil veces, alborotando a veces avisperos, que el uso de las máquinas calculadoras no necesariamente lleva a la pérdida de la capacidad de hacer cálculos. Se puede incluso fácilmente demostrar que un uso inteligente y creativo de tal instrumento mejora las condiciones de la actividad escolar y facilita los cálculos; y lo demostramos con varias publicaciones (AA.VV., 1977).

A propósito de las calculadoras, en cambio, aquí un fragmento significativo:

> Supongamos que debemos calcular: 0,18×75200+36500; digitando en orden las cifras y los signos de las operaciones, y al final la tecla =, una calculadora cualquiera de bajo costo puede dar el resultado correcto. Supongamos en cambio que debemos resolver el siguiente problema: *Ángela dice a su papá: «Mido un metro y 32 centímetros»; el papá responde: «Yo soy 41 centímetros más alto que tú». ¿Qué tan alto es el papá de Ángela?* Ninguna calculadora,

> ni siquiera una computadora, es capaz hoy de interpretar y resolver autónomamente un problema como éste, puesto en el teclado ¡tal como está "escrito"! La resolución de problemas matemáticos es tal vez la actividad matemática en la cual se constata con más claridad la brecha enorme de prestaciones que todavía separa el razonamiento humano del razonamiento que podemos "incorporar" en las máquinas. Esta constatación no es poco importante si se piensa en la importancia que tiene la resolución de problemas en la vida de todos los días y en muchas profesiones para comparar dos cotizaciones de seguros, hacer un presupuesto de gastos para unas vacaciones familiares, etc., es necesario individuar y resolver problemas en general bastante más complejos que aquel apenas citado; las calculadoras pueden ser de ayuda en la ejecución de los cálculos, pero las decisiones sobre los datos a tener en cuenta y sobre los cálculos a efectuar ¡no pueden ser delegadas a las máquinas existentes hoy en día! (Boero, 1990, p. 23)

No puedo más que hacer mía la posición de Paolo Boero expuesta aquí de manera muy convincente. Es extremadamente importante leer en el mismo texto también otros párrafos.

Una advertencia de gran importancia para la lectura de este libro. Se retorna una y otra vez sobre la misma cuestión; por lo que no se puede considerar cerrada una problemática en los primeros capítulos del libro, ya que será retomada ciertamente más adelante, de manera más profunda, una vez se pueda hacer uso de otros conocimientos. Lo anterior depende de la naturaleza de la temática evaluada: he imaginado una espiral cilíndrica que, después de cada giro, retorna a los mismos argumentos, enriquecida de experiencia. Tal y como es la característica de mucha didáctica (en forma de espiral) también este libro fue, y lo repito, escrito en espiral. Al leerlo no se puede olvidar, ni por un segundo, esta condición.

Agradecimientos

Doy las gracias a Martha Fandiño por la presencia constante y las críticas constructivas que fueron necesarias durante la escritura de este trabajo tan complejo, que a menudo excedió mis competencias y me obligó entonces a enfrentarme a una persona de plena confianza, del más alto nivel cultural y crítico. Y para ayudar a escribir este libro en español.

Doy las gracias a la traductora de esta obra, Diana Rocío Pérez Blanco.

Doy las gracias a Gianfranco Arrigo por su asistencia técnica en la creación de las imágenes, las figuras y los esquemas que ha creado con experiencia y amistad.

Nota bibliográfica

Indicaciones bibliográficas ulteriores sobre los laboratorios, además de las ya citadas (D'Amore, 1988a, 1988b, 1990-91; Caldelli, D'Amore, 1986; D'Amore, Marazzani, 2011).

Sugiero al lector interesado en la investigación dos lecturas, si es posible, preliminares (Boero, 1986; Boero, Ferrari, 1988). La rica bibliografía allí contenida será de gran ayuda para quien tenga intenciones de entrar a fondo en este campo de estudio.

Sugiero la lectura de (Pellerey, 1991a, 1991b).

Están también los "clásicos" del *problem solving*, el primero entre todos George Polya que citaré varias veces en este libro y sobre cuyo trabajo equivocadamente interpretado como didáctico discutiré muy críticamente al final del libro; entre todos los autores posibles, sugiero (Aebli, 1961; Lester, Garofalo, 1982; Schoenfeld, 1987a) porque su visión ha influido y no poco sobre las diversas elecciones descritas en este libro, aunque no siempre serán citados de manera explícita.

Recuerdo también el libro (Cofman, 1990).

Sobre la "didáctica a manera de espiral" tengo en mente el famoso modelo de Bruner (1962).

Hoy, en el 2020, frente a la posibilidad de sacar a la luz una nueva edición muy ampliada y muy enriquecida, tendré el deber de revisar algunas posiciones, de tomar en cuenta nuevas contribuciones que señalaré cada vez que lo considere necesario. Por ejemplo, citaré tesis y estudios publicados entre el ya lejano 1993 y el actual 2020. Pero lo haré de manera oportuna y específica a su debido tiempo.

Permanece el firme deseo de presentar esta obra que recoje los estudios sobre este delicado e interesantísimo problema didáctico, pero que no sea solo teórico (para investigadores en Didáctica de la Matemática), sino una fuente de rica estimulación concreta para los profesores de la escuela primaria, sobre todo, en su quehacer cotidiano.

Vale la pena recordar aquí la formidable aventura del Proyecto MaSE, sobre la cual he escrito tantas veces y que, por su magnitud histórica en el ámbito nacional italiano, obtuvo un lugar también en una famosa Enciclopedia, como lo he dicho anteriormente. Para la lista completa de los ejemplares, se puede consultar la bibliografía final (D'Amore, 1986-1993).

En tiempos mucho más recientes, dados los rápidos y fantásticos progresos de la Didáctica de la Matemática, con Martha Isabel Fandiño Pinilla y Silvia Sbaragli hemos concebido un nuevo megaproyecto dirigido a profesores de la escuela primaria, llevado a cabo por la casa editorial Pitagora de Bolonia, *Matemática en la escuela primaria, recorridos para aprender* (D'Amore, Fandiño Pinilla, Sbaragli, 2011). En la bibliografía se retoma la lista completa de libros de diversos autores.

1. Problemas, ejercicios y aprendizaje

1.1. Problemas y ejercicios

Consideremos la siguiente conjetura:

Cada número par mayor de 2 es la suma de dos números primos.

Verifiquemos: 14 es 11+3; 26 es 13+13; 80 es 7+73; (...) Por cuantas verificaciones se hagan, con números pares grandes o pequeños, con un poco de paciencia se encuentra una pareja de adendas primos que cumplen dicha condición.

¿Es éste un problema?

Una primera respuesta ingenua de un profesor de primaria fue: «No, no es un problema porque no hay una pregunta». Quien piensa esto o bien deja de leer este libro o lo debe leer con mucha atención. No hay una pregunta explícita, pero se trata de un problema, claro está.

Se trata de:

- demostrar esta afirmación (y entonces la conjetura se vuelve un teorema, es decir una afirmación verdadera en cuanto demostrada); o en cambio
- encontrar un ejemplo que contradiga la afirmación, o sea "exhibir" un número n par mayor de 2 y demostrar que no existen dos números primos cuya suma sea n.

Se resuelve el problema en uno u otro caso.[4]

Otra conjetura:

Estamos en una clase de 18 alumnos y queremos ir de excursión viajando en un autobús que cuesta 250.000 pesos; sin embargo, 2 de nosotros no pueden pagar. Si los 16 restantes contribuyen con 40.000 pesos cada uno, lo podremos hacer.

También en este caso la pregunta es implícita: ¿Es cierto o no que lo *podremos hacer*?

Esta vez es fácil transformar la conjetura y darle un valor de verdad: basta con hacer una multiplicación y verificar. ¿Se trata de un problema? No hay pregunta explícita, pero hay una situación que pone de presente una cuestión que hay que resolver. Podríamos llamarla "situación problemática".

Aún otro ejemplo:

Juanito va al mercado con 600 pesos, compra huevos a 30 pesos cada uno y gasta todo. Regresando, rompe 3. ¿Cuántos huevos lleva a casa?

He ahí todos los ingredientes en el lugar preciso para obtener lo que en la escuela se llama *problema*: datos numéricos, una situación ficticia aun cuando comprensible e imaginable, una sugerencia semántica sobre las operaciones necesarias. Un verdadero y típico *problema escolar*. También con datos inútiles.

····

[4] Por pura curiosidad histórica, se trata de una conjetura que el matemático alemán, que vivió en Rusia, Christian Goldbach, propuso a Leonhard Euler en 1742, ya que no lograba ni demostrarla ni refutarla; tampoco lo logró Euler; de hecho, ninguno lo ha logrado hasta ahora.

Sugiero una clasificación banal pero útil y muy difundida, entre
• problemas
• ejercicios.

Tanto los problemas como los ejercicios implican situaciones problemáticas causadas por varios factores: la propuesta del profesor (más o menos motivada), el test, la situación real y efectiva en la cual se encuentran el alumno o la clase, (...) Pero los *ejercicios* se pueden resolver utilizando reglas ya obtenidas, o en vía de consolidación y que, por lo tanto, entran en las categorías: refuerzo o evaluación inmediata. En cambio, los *problemas* involucran el uso de más reglas (algunas deben ser explicitadas precisamente en el momento) o una sucesión de operaciones cuya elección es un acto estratégico, a veces creativo, del alumno mismo.

Se entiende bien que las anteriores no son definiciones propiamente dichas: hay casos límite que se pueden interpretar en las dos posiciones. A mi modo de ver, se trata de un comportamiento que juega con los roles relacionales profesor-alumno, más que de una verdadera línea divisoria.

Tanto así que una situación problemática puede dar lugar a un problema o ejercicio según la situación didáctica. Veamos un ejemplo: se entrega un objeto circular plano (por ejemplo, la tapa de una olla) y se pide al alumno evaluar la longitud del contorno (una circunferencia).

En el primer año de primaria éste es un problema; en el grado octavo es (debería ser) un ejercicio.

Entran en juego también una serie de factores anexos:

• la motivación, como veremos más profundamente en el Capítulo 2, por la cual la distinción ejercicio/problema puede depender del comportamiento, de factores emocionales o emotivos, del rol que tiene la ejercitación en clase, del contrato que se ha venido creando, etc.;
• la mayor o menor cercanía de las situaciones problemáticas

propuestas con la realidad. Me explico mejor. Usualmente los ejercicios de tipo escolar son del todo ficticios. Aquel Juanito que va al mercado con 600 pesos para comprar los huevos y que luego rompe 3, no existe y ningún niño de la clase se identifica con él: la situación es creíble, pero ficticia, nunca vivida. En cambio, un gasto para la excursión dividido entre 16 puede ser verdaderamente una situación problemática vivida en la realidad, a tener en cuenta para solicitar el análisis matemático. Se trata de decir correctamente los términos de la cuestión verbalmente (oral o escrito), hacerse una imagen mental, hacer que cada niño tenga un modelo matemático de la cuestión y, luego, pasar a la solución concreta: cuánto dinero debe pedir cada uno a sus padres para participar en la excursión.

No es necesario que la situación problemática sea experimentada en primera persona, la cosa es más sutil. En una clase de tercer año de primaria en la periferia de Bolonia, durante el segundo cuadrimestre, a instancia de ciertos discursos, se propuso el asunto de evaluar los gastos asumidos por la dirección didáctica en un año por concepto de energía eléctrica y calefacción. La situación problemática podría haberse considerado ficticia al principio, pero luego, mientras se procedió con el estudio de los recibos, la entrevista a un conserje, la visita a la empresa del gas, etc., la situación se enriqueció con la experiencia directa que la transformó de ficticia a real y concreta.

Decía que la motivación juega un rol no secundario: en un grupo interesado, la construcción de la sucesión de Fibonacci 1, 1, 2, 3, 5, 8, 13, (...), relacionada, en la historia y en las circunstancias, al aumento ideal de la población de las parejas de conejos de cría, sí es ficticia (porque en la realidad ninguno cría conejos en la ciudad y muchos niños nunca han visto un conejo real), pero con tal vínculo emotivo (el contexto se vivió con gran vivacidad) se convirtió en problema: cada uno quería dar su contribución personal que iba más allá de la simple operación aritmética (todo saben que cada número de la sucesión es la suma de los dos precedentes).

Queda aclarar, pero no es trivial, qué es la *situación problemática* en relación con el problema.

Apropósito de esto, tenemos más de una interpretación; escojo, por ahora, dos:

- la de Boero (1986), según la cual la situación problemática es «el significado del texto» (mientras que el texto es «un sistema de signos» que la codifica);
- la de Borasi (1984), según la cual la situación problemática es «el contexto en el cual el problema propuesto tiene sentido».

Propongo una definición más amplia, en alternativa:

la situación problemática es el sistema de las competencias reales en las cuales se puede imaginar todo aquello descrito en un texto y su significado (semántica), dentro de la experiencia del niño individual (el sistema es específico para el problema dado).

Con esta definición, la situación problemática recuperaría aspectos semánticos, pragmáticos y experienciales.

El lector debe aceptar el hecho que en esta materia no encontrará definiciones precisas, como en Matemática; aquí se delinean tesis y conceptos en la manera más detallada posible, llevando al examen de la propia idea, no demostraciones o pruebas irrefutablemente unívocas, sino solicitudes traídas desde la experiencia personal de estudiosos o investigadores de la Didáctica de la Matemática.

Llegaré a proponer varios modelos relacionados con la resolución de problemas. Pero es muy temprano; para poder describirlos necesito de otros materiales.

Aquí quiero todavía recordar la importancia que cobra, tanto en la resolución de los ejercicios como (y aún más) en la de los problemas, la formalización del lenguaje común en términos matemáticos. Una vez el texto es bien entendido y se hace una imagen mental (personal), puede ser útil (y, de hecho, en la mayoría de los casos lo es) "matematizar" la situación. Muy a menudo, esto implica la traducción del lenguaje común al lenguaje matemático.

Por ejemplo, en el ejercicio de los huevos que compró Juanito, la solución es, formalmente: 600:30–3. En el caso de la conjetura de los números pares, se trata de demostrar que:

$$(\forall x)(x=2n \wedge n>1)\rightarrow[(\exists y)(\exists z)(x=y+z) \wedge (\forall h)(\forall k)\ (\neg\exists m)(m\neq 1 \wedge m\neq y \wedge y=mh) \wedge (\neg\exists p)(p\neq 1 \wedge p\neq z \wedge z=pk)]\ [x, y, n, z, h, k, m, p \in N]$$

La primera formulación aparece en términos aritméticos muy elementales; la segunda en términos de formalización lógica, un poco más compleja.

Pero entonces ¿Qué es un problema? ¿Existe una definición?

No puedo más que recordar (por ahora) la célebre frase de uno de los más conocidos estudiosos de la resolución de problemas matemáticos, George Polya (1945):

> Resolver problemas significa encontrar un camino para salir de una dificultad, un camino para reaccionar ante un obstáculo, para lograr un fin que no sea alcanzable inmediatamente. Resolver problemas es una empresa específica de la inteligencia y la inteligencia es el don específico del género humano: resolver problemas se puede considerar la actividad más característica del género humano.

Propongo también la afirmación de Karl Duncker (1945), quien evidencia exclusivamente el objetivo:

Surge un problema cuando un ser viviente tiene una meta, pero no sabe cómo alcanzarla.

[Una colección de respuestas a la pregunta «¿Qué es un problema?» se encuentra en Ferri (1989)].

Como se ve, no hay definiciones sino precisiones, puntualizaciones, clarificaciones: no hay problema si no hay una situación problemática que cree una pregunta, cuya la respuesta sea, por alguna razón, causa de dificultad.

Nota bibliográfica

Para la redacción de esta sección, además de los textos ya citados, hice uso también de (Antiseri, 1985; Borasi, 1984, 1986a; Duncker, 1969; Polya, 1954; Petter, 1985; Aebli, 1961).

1.2. Resolución de problemas, formación de conceptos y "teoremas en acto"

Con ese título, esta sección requeriría un libro por sí sola; empezaré a tratar esta problemática aquí para después retomarla varias veces más adelante, de manera más o menos explícita y refiriendo textos oportunos.

En una didáctica moderna, no se requiere un comportamiento pasivo por parte del alumno: «Haz esto y esto en una situación de este tipo»; en cambio, se requiere y se favorece un conocimiento activo que se transforme en "saber qué hacer" (lo podemos llamar "eficiencia"). Todos están sustancialmente de acuerdo con el hecho que la solución de problemas y el saber escoger cómo comportarse en situaciones problemáticas son una manera excelente de formar conceptos. Pero, concretamente, es muy difícil establecer lo que esto significa *verdaderamente*.

Debemos a Gérard Vergnaud (1985a) un muy buen intento por explicar este punto y en él me inspiro para lo que sigue.

Es bien sabido que, para explicar el modelo de desarrollo mental de los niños, Jean Piaget recurre a varios esquemas, entre los cuales recuerdo el esquema de "permanencia del objeto". Sus experimentos son famosos; por ejemplo, moviendo de manera evidente de un lugar A a un lugar B un objeto escondido en ambos casos (por ejemplo, A debajo de un tapete y B debajo de una toalla), durante cierto período de tiempo, un niño muy pequeño seguirá buscando el objeto en el punto del cual fue movido. El niño solo entiende lentamente lo que es una especie de principio general de permanencia; tal permanencia, por ejemplo, tendrá que ver, más adelante, con el valor cardinal de un número, cantidad, longitud, amplitud, masa, (...) Al lado de la permanencia de un objeto, se considera la invariabilidad de ciertas relaciones de tipo más abstracto y, por lo tanto, capaces de constituir una conquista más tardía. Por ejemplo, la relación "ser hijo de" que es bien comprendida por el niño si la pareja ordenada es (yo; mi papá), y es rechazada a largo plazo si la pareja se vuelve (mi papá; mi abuelo). Tal permanencia de las relaciones (que se llama "invariante relacional") es, por así decirlo, la base de la comprensión de los verdaderos "teoremas", por ejemplo:

Si A es menor que B y B es menor que C, entonces A es menor que C.

Aunque se haya comprendido plenamente que «A es menor que B» y que «B es menor que C», permanece el hecho que la afirmación «A es menor que C» puede ser reconocida haciendo la prueba (comparando, donde sea posible, A y C), o "deduciéndola" de las dos primeras. Sabemos que se trata de la propiedad transitiva de la relación de orden "es menor que": si se verifica de la primera forma (heurística) no es más que entrar en contacto con una invariante relacional; pero si se "deduce" de la segunda forma (lógica), entonces se puede hablar de un *teorema en acto*, como propone Vergnaud.

Un buen ejemplo que he oído usar de Vergnaud mismo en una escuela de verano es el de un niño que debe decidir cuántos puestos organizar en la mesa para los invitados; algunos invitados están dentro de la casa *(a)*, otros están en el jardín *(b)*; los puestos en la mesa deben ser entonces $a+b$. Se trata de un *teorema en acto*: el niño ha aplicado una regla de la cardinalidad:

$$\text{card}\,(X \cup Y) = \text{card}\,X + \text{card}\,Y$$

cuáles que sean los conjuntos X y Y con $X \cap Y = \varnothing$.

Es claro que la toma de conciencia de tales *teoremas en acto* constituye una formación genuina de conceptos y que la situación más natural para hacer emerger tales teoremas en acto es la resolución de problemas (mejor si son concretos).

Por ende, se trata, entre otras cosas, de una manera activa y deductiva de ver la resolución de problemas.

Nota bibliográfica

Para la redacción de esta sección, he usado (Furth, Wachs, 1977; Petter, 1984; Vergnaud, 1981a, 1985a, 1990a, 1990b).

Para una crítica a la posición descrita por Piaget, ver (Donaldson, McGarrigle, 1974; Freudenthal, 1973; McGarrigle, Grieve, Hughes, 1978).

Para un estudio detallado y moderno sobre la diferencia entre ejercicio y problema y sobre el aprendizaje estratégico en un contexto teórico más amplio (Fandiño Pinilla, 2008).

1.3. Problem solving y problem posing

En este proceder a manera de espiral, encuentro la necesidad de contraponer dos problemáticas aparentemente opuestas, las del título de la sección.

Ya he hecho notar como uno de los impulsos para aprender es la motivación y la gratificación (placer'interno', es decir satisfacción interna, o el reconocimiento social de ser considerado un buen solucionador de problemas). Por tanto, aparte de la motivación, la actividad de la resolución de problemas puede con razón ser considerada una extensión del aprendizaje de reglas o de maneras de comportarse o de obtención de ejemplos y estrategias, etc.

Tal proceso, difícil de definir, en su mayoría se desarrolla *dentro* del alumno que lo resuelve, aun cuando las sugerencias que llegan al sujeto que está resolviendo el problema sean notables (facilidades, sugerencias, etc.) bajo la forma de varios tipos de comunicación (verbal o no).

Por muy importante que sea la aplicación de reglas (normas, experiencias, [...]) precedentes, vale la pena resaltar que el proceso resolutivo genera también y sobre todo un nuevo *aprendizaje*. Es cierto que, en primera instancia, aquel que resuelve intenta aplicar reglas (normas, experiencias, [...]) precedentes (mejor aún si fueron exitosas); pero también es cierto que, si la situación problemática es oportuna, el sujeto podría no encontrar simplemente una solución *análoga* o *idéntica* a una precedente. En cambio, puede encontrar una combinación particular de reglas (normas, experiencias, [...]) del todo nueva que enriquecerá el campo de la experiencia y a la cual se puede recurrir en el futuro. En fin, una frase en la que creo firmemente: resolviendo un problema, el sujeto aprende.

En este sentido, el modelo de referencia al que nos aferramos no tiene importancia, si es el de Dewey (1910) o en cambio el primero o el último de Gagné (1962, 1976); la cuestión es muy general y puede funcionar en todos los casos.

Por ahora, podemos llamar a esta serie de fragmentos "estrategias de resolución de problemas":

- exploración de las reglas (normas, experiencias, [...]) ya conocidas y ya aplicadas;
- descarte de cada una;
- análisis de la situación desde varios puntos de vista;
- construcción de una regla completamente nueva, obtenida

de la "dosificación" en manera oportuna de reglas (normas, experiencias, [...]) usadas precedentemente;

- verificación de la capacidad de resolver el problema con la regla nueva.

Esta es la razón por la cual Gagné subraya la exigencia que «la expresión *problem solving* sea usada en general para referirse a *problemas nuevos*» (nosotros diremos: a verdaderos problemas y no a ejercicios). Él ejemplifica, entre estos, los siguientes: parquear el carro en un lugar permitido y cercano al lugar de trabajo; entender por qué suceden las fases lunares; describir un comportamiento indolente mediante las acciones de un personaje; (...) El hecho que la resolución induzca al pensamiento nos hace hablar de *problem solving productivo* (precisamente porque se produce un efecto).

Finalizados estos ejemplos, por así decirlo, de la vida real, Gagné (1976) pasa a problemas más cercanos a la praxis escolar, explicando bien la diferencia que hemos indicado mediante la dicotomía problema/ejercicio, pero lo ejemplifica también mediante juegos de cambios de lugar de fósforos, lo que ha sido analizado en modo particular desde un punto de vista psicológico por George Katona (1967). En este estudio, Katona sugiere una sucesión de métodos usados para hacer que los sujetos resuelvan problemas-juego con fósforos:

- hacer los movimientos precisos frente a los ojos del sujeto examinado, haciendo que este último recuerde los movimientos exactos;
- exponer verbalmente las propiedades "matemáticas" de los fósforos en cuestión, notando cómo los fósforos con "funciones" dobles deben ser movidos para tener una función "simple" o haciendo desaparecer por completo las figuras para hacer reconstruir la estructura deseada, con los vínculos deseados;
- proceder al descubrimiento guiado (ésta es la denominación usada): sin enunciar las reglas, proceder paso a paso, ilustrando los cambios producidos, dejando vacíos en la figura original.

Esta sucesión no es casual; según Katona el primer método lleva a un aumento banal de las capacidades; el segundo es mucho mejor; pero solo el tercero, en el cual el sujeto mismo descubre la regla, lleva a poseer satisfactoriamente la competencia. La enunciación verbal de la regla, que sin dudas produce efectos positivos, ayuda a muchos sujetos, pero no a otros. Haber descubierto por sí mismo la regla a aplicar, aún en contextos limitados, produce conocimientos y competencias en todos. Gagné (1973) ilustra otros ejemplos, además de aquel de Katona, entre los que se encuentra el experimento del péndulo de N. R. F. Maier, el cual describiré en breve.

Los resultados de tales experimentos se pueden condensar de la siguiente manera: se produce un efecto positivo en el sujeto que resuelve si se dice exactamente la naturaleza de la actuación (performance) que de él se espera; incluso si no se hace explícitamente, se puede dar una guía en cuanto a la elección de reglas (normas, experiencias, [...]) que son útiles para escoger la estrategia, mediante la formulación del problema.

Toda la actividad y la atención del problem solving radican en la resolución.

De otra naturaleza, pero siempre dentro de la misma problemática, es la actividad del *problem posing*. Esta actividad involucra dos maneras diferentes, pero estrechamente interconectadas, de actuar:

- la creación de un problema basado en la reflexión relativa a un tema de examen;
- la propuesta de las preguntas que analizan situaciones"limítrofes" (externas pero cercanas) a un problema de examen.

Los autores del texto que volvió famoso el problem posing, S. I. Brown y M. I. Walter (1988), distinguen dos modos de actuar diferentes:

- hacer o hacerse preguntas
- preguntarse siempre «¿Y si (...) ?», o «¿Y si no (...) ?»

lo cual da muy buena cuenta de la cuestión.

Una reducción didáctica trivial del *problem posing* es la actividad consistente en hacer que los alumnos inventen los problemas: ésta ha sido ampliamente estudiada en la investigación en Didáctica de la Matemática y tendremos ocasión de entrar en detalles. Pero el *problem posing*, en su formulación más general y genuina, debe llevar a nuevos problemas, si bien generados a partir de aquellos presentes en situaciones anteriores. Este tipo de actividad lleva a generar un descubrimiento y en este sentido, a mi modo de ver, se asemeja mucho al que los estudiosos del *problem solving* han resaltado.

Dado que tendré que retomar este argumento en la siguiente sección, me limitaré a presentar este boceto a manera de resumen.

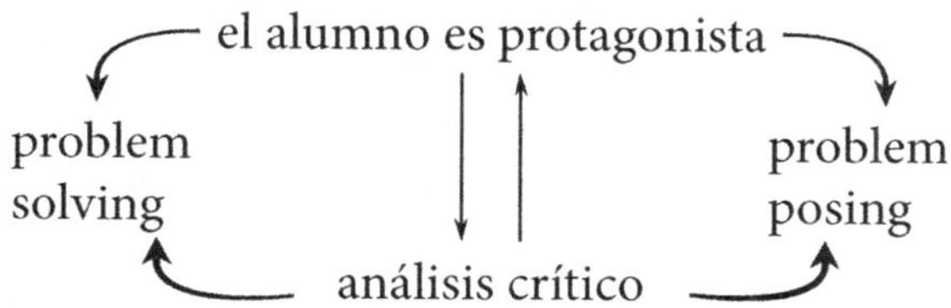

Experimento del péndulo de Maier del 1930, (Gagné, 1973).

El sujeto examinado es conducido a una habitación de 5 m por 6 m aproximadamente, en la que hay una mesa de trabajo. El sujeto tiene a su disposición tablillas, pedazos de hilo, tiza y abrazaderas. El problema es descrito en estos términos: construya dos péndulos, de manera que cada uno, oscilando y teniendo en cada extremidad una tiza, marque un punto establecido sobre el piso.

Para ilustrar mejor el problema, he aquí la representación de una buena solución proporcionada por sujetos sometidos a la prueba.

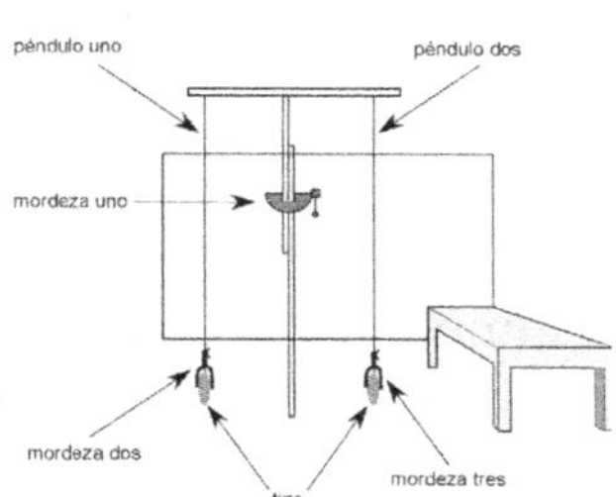

Con algunos sujetos, Maier usó la estrategia de recordar problemas precedentes que, en este caso, son, por decirlo así, sub problemas:

- cómo se hace una plomada, teniendo a disposición hilo, abrazaderas y tiza;
- cómo hacer un poste largo, teniendo a disposición dos postes cortos y una abrazadera;
- cómo anclar al techo un objeto prensado entre dos postes.

Maier hizo sugerencias sobre la resolución presentando otro problema: el problema sería más simple si existiese una puntilla y se pudiera clavar un poste al techo. El experimento de Maier mostró cómo las instrucciones adicionales, que permiten recordar soluciones parciales precedentes, llevaron a los sujetos a la resolución del problema con mayor frecuencia, en comparación con aquellos que escuchaban solo el enunciado del problema sin ayudas adicionales. La sugerencia sobre la puntilla (que Maier llamó "dirección"), favorecía más la probabilidad de resolución.

Nota bibliográfica

Para la redacción de esta sección, utilicé (Dewey, 1910; Aebli, 1961; Katona, 1967; Gagné, 1973; Brown, Walter, 1988).

1.4. *Problem solving, problem posing* y descubrimiento

Empezamos con un ejemplo:

Dados dos triángulos equiláteros, encuentre un tercero, cuya área sea igual a la adición de las áreas de los otros dos. (Tomado de: Brown, Walter, 1988, p. 157).

Dentro del espíritu del *problem posing*, en cada intento por resolver el problema propuesto se cumple un análisis preliminar. Cada alumno tiene su propia reacción. Se puede notar que faltan datos y por lo tanto preguntar cuál es la naturaleza de la pregunta; ¿Cuál(es) de la(s) propiedad(es) de los triángulos entra(n) en juego?, ¿se espera una solución geométrica (un dibujo), o una numérica? Es claro que cada solucionador puede escoger la estrategia más adecuada de acuerdo con su propio "estilo". Por ejemplo, un alumno puede decidir que va a estudiar un caso particular con los triángulos dados, uno de lado 3 y el otro de lado 7 y proceder de tal manera, haciendo un dibujo y recortando pedazos de cartulina (el cálculo sugerido por los autores no es, ciertamente, adecuado para niños de escuela primaria, pero quiero resaltar un espíritu independiente de estas contingencias) o usando un software geométrico a este propósito. Sin embargo, pero, aunque se haya encontrado una solución (aproximada), ¿qué sucede si se cambian los datos inventados, 3 y 7?

Lo que quiero subrayar aquí es que el *problem posing* es una forma de ubicarse dentro del *problem solving* y que, por ende, las dos problemáticas no son opuestas, sino bastante cercanas. "Plantear un problema" es solo una manera de comprenderlo mejor, de analizarlo mejor; hacerse preguntas que parecerían (...) rebotar la solicitud, puede significar entrar en mayor confianza con el problema.

Por tanto, si se llega a la resolución del problema, el *problem posing* tiene un efecto a posteriori, porque las preguntas sobre el problema y sobre la solución proporcionada no cesan: ¿se podría hacer de otra manera?, ¿se podría usar otro dato?, ¿hay una manera general de resolver esta cuestión?, ¿alguien ha inventado este método?, ¿cuándo y por qué se planteó este problema? (...) En una situación simétrica se plantea el efecto a priori que es sustancialmente el análisis de todos los detalles del problema antes de proceder con la solución.

En definitiva, el problem posing se ubica dentro de la amplia problemática del problem solving y no se limita a ser simplemente interpretado como un "hacer que los niños inventen problemas", actividad que, entre otras cosas, es significativa si se conduce de manera motivada y prudente.

A mi modo de ver, dentro de los ejemplos dados por los Autores citados, es pertinente hablar del célebre caso del niño Gauss, muy famoso en las escuelas italianas:

Calcular la suma de los números naturales de 1 a 100.

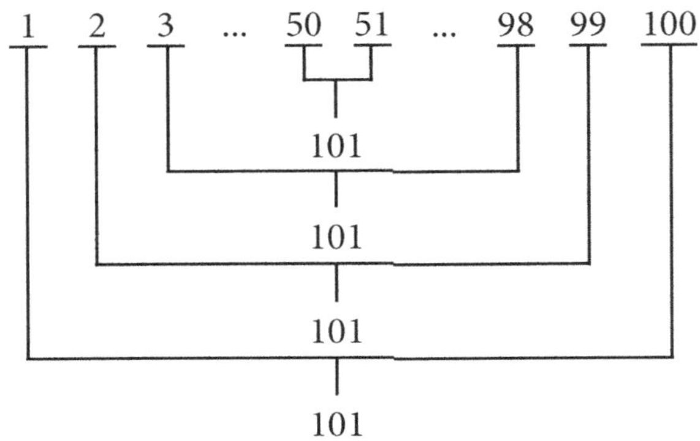

Es bien sabido que el procedimiento usado por Gauss es el siguiente: se observa que 1+100=101, 2+99=101, 3+98=101, y así hasta la última adición 50+51=101. Por lo tanto, la suma buscada se puede expresar como 50 veces 101. Éste es un buen ejemplo del problem solving que utiliza una manera de entender el *problem posing*, según lo que se ha dicho antes. En cambio de hacer lo que parece sugerir el texto del problema (es decir una secuencia absurda de cálculos 1+2=3, 3+3=4, 4+4=8, 8+5=13, haciendo 99 adiciones), analizamos el problema con "y si (...)": «Y si en lugar de adicionar en orden, sumo el primero y el último, ¿qué encuentro?».

Entonces: se descubre una regularidad.

Se obtiene una regularidad adicionando en escala ascendente/descendente: hemos descubierto una regla («Una trampa» como dicen los niños). Pero para hablar de una regla, o de un descubrimiento, y proporcionarle dignidad en el mundo de la Matemática, es preciso que ésta sea general: ¿es siempre válida?, ¿si en lugar de 100 fuera 167?, ¿si en lugar de 1 partiéramos de 34?, ¿si en lugar de un número par tuviéramos un número impar? Y así sucesivamente.

Con base en las preguntas planteadas, hay una actitud analítica (llamémosla fantasía o curiosidad activas) que necesariamente hace que la resolución sea un descubrimiento.

El *problem solving* como método de aprendizaje exige que el sujeto descubra una regla de orden superior sin ayuda específica. Presumiblemente, el sujeto construye una nueva regla a su manera, aunque no esté en capacidad de comunicarla después de haberla descubierto. Ver específicamente Gagné (1973, p. 268). Este autor, haciendo referencia a los experimentos de Worthen, afirma que el método del descubrimiento (descrito anteriormente) lleva a un transfer amplio de las reglas adquiridas.

También en este caso, es importante señalar cómo la idea de la didáctica del descubrimiento se ha desacreditado en la práctica didáctica.

Las pruebas sobre el uso de los descubrimientos en el *problem solving* proporcionadas por los experimentos han ciertamente demostrado que las reglas de orden superior deben ser obtenidas mediante el descubrimiento. Muchas veces, por ejemplo, en el aprendizaje de los adultos, una guía llena de descripciones verbales puede ser tan completa que la regla a ser aprendida se enuncia verbalmente durante el proceso mismo de aprendizaje. La clave de la adquisición de una regla de orden superior no radica solamente en el método del descubrimiento. No obstante, la evidencia sugiere fuertemente que la adquisición de una regla de orden superior mediante el *problem solving* produce una capacidad muy eficiente, que permanece durante un período de tiempo importante. (Ver específicamente Gagné, 1973, p. 269; aquí Gagné cita estudios de Worthen, Shulman y Keislar, Ausubel, Gagné y Bessler, Guthrie, que no retomo en su totalidad).

Por lo tanto, se ve el *problem posing* como elemento determinante del proceso del *problem solving* y de preludio al descubrimiento.

Sin embargo, me parece honesto y necesario señalar que el *problem solving* no puede ser siempre exitoso. Por ejemplo, si las reglas a encontrar son de una complejidad superior a aquella a la cual puede llegar el sujeto, no se podrá tener más que una solución parcial (en casos particulares). Pero sobre este tema regresaré más delante.

Nota bibliográfica

Para la redacción de esta sección, hice uso de (Brown, Walter, 1988; Gagné, 1973).

Sobre el transfer, ver (Barth, 1990; Roveda, 1979).

1.5. Tipos de aprendizaje

Ya que resolver problemas es aprender, no resulta inútil, en este ámbito, analizar los diferentes tipos de aprendizaje; muchos estudiosos han buscado clasificaciones a propósito de este tema: entre las cuales se encuentra la afortunada descripción de Gagné (1973), expuesta brevemente en esta sección.

Hay que decir, para evitar problemas, que el Gagné al quien me refiero en estos primeros capítulos, es aquel que publicó ediciones sucesivas desde 1970 (hasta la tercera en 1977) de su exitoso libro *The Conditions of Learning*, cuya primera edición apareció en 1965. Una sucesiva edición del mismo libro salió en 1985, con el mismo título, con una nueva editorial: Holt, Rinehart and Winston Inc. a Cbs College Publishing. El éxito de la primera versión del libro fue tal que aún hoy Gagné es recordado por su vieja posición, la cual presentaré en estos primeros capítulos. La utilizo como base, como trampolín, para poco a poco alejarme de ella de manera crítica. Por otro lado, es de resaltar que anteriormente hice referencia al Gagné más reciente (en la sección 1.3.).

- I tipo: aprendizaje de señales. Se trata del aprendizaje a través de un estímulo que produce efectos, repetido más de una vez; a tal punto que, aunque el estímulo no produzca más el efecto, se obtiene una respuesta. Se trata de la díada estímulo/respuesta, ampliamente estudiada por parte de los psicólogos, entre los cuales se destaca ciertamente el nombre de Pavlov. Hay que subrayar que las respuestas voluntarias no pueden ser aprendidas de esta manera.

- II tipo: aprendizaje estímulo/respuesta. Es la especialización del tipo precedente, típica tanto en el aprendizaje animal como en el humano. Se distingue del primer tipo por el resultado. La respuesta del sujeto, en este caso, es un acto preciso y delimitado, mientras que en el primer tipo se trata de una respuesta genérica y emotiva. Por ejemplo, el perro se entrena para "dar la pata" con la repetición de los siguientes dos estímulos: se le dice «¡Da la pata!» mientras, contemporáneamente, se le levanta la pata con la mano, reforzando el gesto con cumplidos, caricias o premios. Ferster y Skinner al final de los años 50 estudiaron precisamente este ejemplo con lujo de detalles. Si con S → R se indica el proceso estímulo/respuesta del tipo I, se propone usar Ss → R para indicar el tipo II, donde el símbolo Ss es el estímulo externo sumado al interno (*propiocepción*). La capacidad conseguida ha sido largamente estudiada por Skinner (experimentos sobre el aprendizaje de ratones en laberintos) y también ha sido propuesta para explicar varios aprendizajes en niños muy pequeños, por ejemplo, el aprendizaje de palabras. (Pero existen varias reservas al respecto).

- III tipo: concatenación. Se trata de una multiplicidad de aprendizajes del II tipo concatenados entre sí. Por ejemplo, a un perro se le puede enseñar primero a dar la pata a quien se lo pide e inmediatamente después a ladrar, como señal de saludo. Este tipo de aprendizaje fue estudiado ampliamente para tratar de comprender los procesos evolutivos en niños pequeños. Lo que se sugiere es que cada uno de los "eslabones" de la "cadena" debe ser estable (es decir cada Ss debe llevar su R de manera sólida) y que debe haber "continuidad" entre cada uno de los eslabones (en términos esencialmente, pero no solamente, de tiempo). Entonces, asegura Gagné, «cuando las dos condiciones precedentes se ven plenamente satisfechas, resulta que la adquisición de una cadena no es un proceso gradual, sino que sucede en un solo momento».

- IV tipo: asociación verbal. Se trata de una subespecie del tipo anterior, en la que la respuesta R es una palabra. Por ejemplo, se le muestra un fósforo a un niño diciéndole el nombre más de una vez (un caso particular es el del uso de una lengua que no sea la propia, la materna, del sujeto que aprende, por ejemplo, otro idioma). Esto parece estimular un espacio de "conexión codificante" (que luego se vuelve automática) en el sujeto. Según varios investigadores es precisamente en el IV tipo en el que se activa un mecanismo típicamente humano; mientras los tres tipos anteriores son procesos de aprendizaje que podrían resultar exitosos tanto para animales como para seres humanos, el cuarto tipo constituye una restricción.

- V tipo: aprendizaje de distinciones. Los aprendizajes de tipo II, aun siendo parte de una concatenación, son hechos aislados. Se trata, por lo tanto, de aprendizajes "simples". Sin embargo, precisamente por este motivo, así como son fáciles de almacenar también son fáciles de olvidar ("sofocados", por ejemplo, por otra actividad). Si alguien es sometido al aprendizaje de muchos ejemplos de tipo II, o de varias concatenaciones de tipo III, es fácil que se olvide de todo o se confunda. No obstante, se activa un aprendizaje diferente, llamado "por distinción". Se trata de "vincular" objetos (o nombres) aprendidos mediante relaciones debidas a invenciones o estilos personales, que no siempre se pueden codificar o hacer explícitas. Esto parece permitir la interferencia entre diferentes concatenaciones, lo cual parece ser la causa principal por la cual se olvida lo aprendido. En este punto, aparece una discusión frecuentemente escuchada por los psicólogos: ¿La distinción puede ser un hecho "mecánico"? Dicho de otra forma, se puede aprender sin olvidar, si voluntariamente se asocia a cada concatenación una relación explícita entre objetos (o nombres) para hacer que el recuerdo sea más fácil. El estudio de esta cuestión (procesos de memorización) ha puesto el acento sobre otro tema que pasaré por alto: ¿Qué quiere decir "mecánico" en este ámbito?

- VI tipo: aprendizaje de conceptos. Hasta ahora hemos aprendido a hacer ciertos movimientos, a reconocer los objetos nominados, a dar nombres nuevos a objetos conocidos; pero lo que nos interesa es el aprendizaje de algo más elevado: los conceptos. Este tipo de aprendizaje está fuertemente relacionado con la capacidad de "representación interna", es decir la capacidad de manipular simbólicamente el ambiente externo, sin intervenir en éste físicamente, simplemente imaginando tal manipulación. Un ejemplo banal: imaginar lo que le sucedería al ambiente en el que me encuentro (mi estudio, en Bogotá, en el que escribo rodeado de 10000 libros) si un espíritu maligno cortara asimétricamente las bases de las bibliotecas. Concretamente, no sucederá jamás (¡eso espero!) pero puedo muy bien imaginar las consecuencias. Ahora bien, parece que algunos primates superiores tienen destellos de este tipo de capacidad, pero es seguro que la consciencia y madurez plena de esto reside sólo en el complejo mecanismo del cerebro humano. Aprender un concepto significa aprender a clasificar las situaciones estimulantes en términos de propiedades abstractas como colores, formas, posiciones, números y similares. Por ejemplo, la generalización que hace un niño, incluso en edad preescolar, al llamar "cubo" o "dado" a tal forma independientemente de su dimensión, color o peso, pertenece a este tipo de aprendizaje. La definición matemática del cubo, con términos precisos, aunque pertenecientes al lenguaje común, no ayuda en el acto del aprendizaje puro; en el caso del aprendizaje se trata de un acto interno, intuitivo e interior. Me parece aún más estimulante el estudio psicológico de la manera como se da el aprendizaje de tipo abstracto; por ejemplo, el aprendizaje de lo que significa "estar en medio", cuando no solo cambian las propiedades de los objetos (como en el caso de cubos diferentes), sino que cambian también los objetos mismos. Aquí y en los casos análogos resulta esencial la variedad de los estímulos, aún más si a este aprendizaje se asocia, como sucede muy frecuentemente, el uso de una terminología nueva. Un adulto, dada su vasta experiencia lingüística, supera la falta de información circunstancial (relativa al caso específico) haciendo uso de conocimientos análogos; sin embargo, este tipo de aprendizaje en el niño resulta sorprendente. Tanto es así que un adulto puede aprender fácilmente conceptos abstractos solo basándose en definiciones verbales, esto en cambio no puede suceder en un niño pequeño con poca experiencia en el uso del lenguaje.

- VII tipo: aprendizaje de reglas. Entre tanto se debe aclarar qué se entiende por"regla". Se puede pasar de reglas sencillas a reglas muy complejas. Las primeras se pueden simplificar mediante frases en las que se den condiciones a respetar (por ejemplo: «En alemán el artículo determinativo"die"acompaña un sustantivo femenino»). En este caso, se trata de una asociación verbal que comunica una idea que se debe tener presente como regla. O sea: no basta con saber repetir la concatenación verbal para poder decir que se ha aprendido la regla; a lo sumo se sabrá expresar la regla. Ocurre saberla aplicar en un cierto número de ejemplos significativos. Por lo tanto, una regla es una cadena de dos o más conceptos. Ésta puede ser expresada por medio de formulaciones como «Si A entonces B» («Si hay un sustantivo femenino, entonces debo precederlo de "die"»). A propósito del estilo más eficaz para aprender reglas, hay quien afirma que consiste en dar la regla en modo explícito y luego pedir que se use en varios ejemplos; otros en cambio sugieren el procedimiento inductivo inverso: dar ejemplos a partir de los cuales se pueda obtener la regla (proceso de descubrimiento). Los segundos temen que se puedan utilizar formulaciones verbales como atajos y que en lugar de cadenas conceptuales se llegue a obtener solo cadenas verbales. (El ejemplo clásico es aquel del estudiante que sabe "decir" la regla con palabras, pero que no sabe aplicarla en un caso concreto).

- VIII tipo: *problem solving*. Adquiridas las reglas, ya hemos visto en que sentido el ser humano pude resolver problemas. Por lo tanto, aceptando esta escala, se trata del aprendizaje más elevado y significativo. La acción de resolver un problema se concluye, en estos casos, en un aprendizaje realmente sustancial. La mutación de las capacidades del individuo es tan claro y explícito como en cada uno de los otros tipos de aprendizaje. El aprendizaje mediante *problem solving* lleva a nuevas capacidades del pensamiento.

Los ocho tipos de aprendizaje van, en la escala proporcionada por Gagné (1973), del más simple al más complejo y completo; y cada uno es prerrequisito para el o los sucesivo/s (aunque se puede hacer directamente una distinción, V tipo, a través de estímulo/respuesta, I y II tipo). Los estudios al respecto son tan vastos y profundos que no me puedo ni limitarme a recordarlos (remito a los textos citados sucesivamente, que son ricos en bibliografía pertinente). Termino entonces confesando a los lectores que expuse, en esta sección, una teoría casi ingenua, básica, no la más moderna; lo que es suficiente para nuestro objetivo (actualmente, por ejemplo, no se acepta esta tipología lineal, sino que se prefiere una más ramificada). En las indicaciones bibliográficas aconsejaré lecturas mucho más actualizadas sobre estos fascinantes temas y volveré sobre este argumento más adelante.

En el caso particular de la Matemática, los tipos que más nos interesan siguiendo las mismas fuentes son:

• Tipos I y II: señales y S/R. Este tipo de aprendizaje parece ser la base de la adquisición de ideas y conceptos matemáticos sucesivos de gran importancia. Es sobre estos tipos de aprendizaje que nos debemos basar para entender el interesante fenómeno por el cual, aún en edad preescolar e incluso antes del kínder, el niño aprende Matemática, tanto así que hoy en día los programas de Matemática de la escuela primaria en todo el mundo sugieren no subestimar las competencias matemáticas precedentes de los niños, sino valorizarlas y basar en ellas las nuevas ideas que se busca formar. Un análisis de las "capacidades matemáticas básicas" (para caracterizarlas, en el pasado, sugerí un sustantivo bastante afortunado: "protomatemática") es una actividad intelectual muy estimulante. Se pueden añadir los nombres de los números, los nombres de algunas figuras recurrentes en geometría, la actividad de imitar dibujos con el lápiz, la denominación de la sucesión de los números naturales, etc. Cabe precisar que ninguno de estos aprendizajes es "adulto", completo o preciso. Por ejemplo, no es seguro que los nombres de los números correspondan exactamente a los números mostrados (un caso común es el del niño que muestra tres dedos y dice «Dos»); no es seguro que el nombre de una figura sea el que un adulto diría (un caso común : el bloque con forma de triángulo es llamado "techo" por la función que cumple en la construcción de las casitas); la sucesión de los números puede ser correcta en términos de ritmo pero avanzar saltuariamente en cuanto al nombre de los números (uno, dos, tres, seis, nueve, [...]). Sin embargo, en la base de cada uno de estos aprendizajes, hay una respuesta de tipo matemático importante provocada por señales y estímulos. Por ejemplo, en la base de la sucesión de los números, aun siendo incompleta, hay una consciencia confusa que se está consolidando:

- cada número tiene su propio nombre;
- cada número tiene un sucesivo bien determinado;
- se empieza con uno;

Empezando con un número bien definido como primero, cada uno de los demás se obtiene adicionando una unidad.

• Tipo III: concatenación. Al contrario de lo que se piensa, el aprendizaje por concatenación no verbal está presente como fundamento de adquisiciones importantes en Matemática, relacionadas, por ejemplo, con la escritura al hacerse dueño de letras, símbolos y figuras geométricas.

• Tipo IV: asociación o secuencias verbales. En este caso, viene inmediatamente a la mente la secuencia de los números naturales de la que hablé anteriormente. Sin embargo, mientras precedentemente no hablé más que de un hecho fonético, aquí la interiorización es tal que se puede hablar del aprendizaje de la secuencia (nótese: aunque ésta sea incompleta). Esto juega un rol importante en el aprendizaje matemático del niño; por ejemplo, el momento en el que el niño ve 6 objetos y usa el número cardinal 6. Esto puede darse:

• a simple vista; en tal caso, parecen tener un rol una o más configuraciones particulares (estudiadas por la psicología de la forma, la Gestalt; retomaré este tema ampliamente más adelante);

• por conteo: 1, 2, 3, 4, 5, 6, donde el último número ordinal es el número cardinal del conteo. En este caso, los niños tienen diferentes estilos. Hay quien dice el sustantivo 6 con un tono diferente, casi de descubrimiento. Hay quien cuenta hasta 6 y luego repite el número 6.

El tipo IV no se limita solamente a los primeros años de vida del niño, por el contrario, permanece en el tiempo y lo acompaña durante su vida de (...) aprendiz de Matemática. Aprender los signos de las operaciones, las letras que representan elementos geométricos, los nombres de figuras jamás vistas, etc., todo lo que está relacionado con este mismo tipo de aprendizaje, no obstante más consciente.

- Tipo V: distinción y desambiguación. Se trata de otro tipo de aprendizaje que acompaña al alumno por un tiempo largo, iniciando muy temprano. Está presente, por ejemplo, en el campo numérico cuando se reconoce la diferencia entre un conjunto de 3 o de 5 canicas, más por percepción (el modo en el que las canicas están agrupadas, o la forma que toman los dos conjuntos) que por conteo explícito y, aunque aparentemente trivial, la distinción entre los signos gráficos que indican las letras (puede ser sorprendente, pero tal distinción se empieza a desarrollar en niños a partir de los 3 años y generalmente es mucho más sólida en niños de 5 años). En edades más avanzadas, las distinciones notables relacionadas con hechos formales son aquellas gráficas: la posición de los signos de las fracciones y de los exponentes con respecto a la base, la distinción entre los niveles de los paréntesis (redondos, angulares, corchetes), etc. Puede parecer superficial, pero en la base del aprendizaje de nuevos signos matemáticos y sus funciones específicas siempre hay una distinción: pasarla por alto, por considerarla obvia, puede ser (es) un grave error didáctico.

- Tipo VI: conceptos. Hay conceptos en la base de las adquisiciones matemáticas que son tan familiares y simples que pueden ser considerados obvios: similar, igual, diferente, agregar, quitar, etc. Si se piensa un poco, se descubre que tales conceptos se encuentran en los fundamentos de las operaciones aritméticas, de la descripción y el reconocimiento de las formas geométricas, etc., en fin, de los elementos sobre los cuales se cimienta el entero edificio matemático. Descubrir los conceptos básicos y verificar explícitamente su asimilación (teniendo como objetivo su aprendizaje) es una actividad didáctica de obligatorio cumplimiento. En el pasado, el concepto de conjuntos (y sus sinónimos) fue ampliamente impulsado y, junto con éste, el concepto de elemento. Hoy en día, cuando el entusiasmo excesivo por los conjuntos ha pasado, es aún fundamental, a mi modo de ver, la distinción entre términos colectivos y términos singulares (los cuadrados, aquel cuadrado; los números, el tres). También es obvio que la experiencia juega un papel fundamental en la adquisición de conceptos.

- Tipo VII: reglas. Se trata de un aprendizaje matemático primordial tan evidente que necesita poca explicación. Parece ser casi una peculiaridad de la Matemática, si se pone atención a lo que se dijo anteriormente sobre el término "regla". Varios autores han contribuido al estudio psicológico del aprendizaje de reglas, entre los que recuerdo a Resnick (1967).

- Tipo VIII: *problem solving*. Aquí, no hay necesidad de decir otra cosa: todo el libro está dedicado a este tema. Al cual llegaremos paso a paso.

Nota bibliográfica

Para la redacción de esta sección se usaron (Gagné, 1965 [en la edición italiana, ver las pp. 55-96 y 281-324; ejemplos matemáticos (algunos por demás discutibles), pp. 292-302]; Resnick, 1967; AA. VV., 1983 [en particular los capítulos de P. Boscolo, de M. S. Veggetti y de C. Pontecorvo]; Aglì, Martini, 1995; De Zwart, 1983; Hughes, 1982; Pontecorvo, 1983, 1985; Pontecorvo, Pontecorvo, 1985; Sastre, Moreno, 1976).

Se puede encontrar una amplia panorámica de los diferentes modelos de aprendizaje, integrados a los respectivos esquemas de enseñanza que de ellos resultan, en (Ballanti, 1968). La autora dedica las cinco partes del libro al «Desarrollo», la «Adaptación evolutiva», la «Mente», el «Comportamiento y condicionamiento» y finalmente a los «Procesos y secuencias». A mi modo de ver, se trata de un proyecto sistemático de interpretación y lectura que cualquier estudioso de cuestiones didácticas debe conocer.

Asumiré como un emblema de mi punto de vista un fragmento de una célebre obra de R. A. Hinde de 1974 con el cual inicia el libro (Ballanti, 1968): «Es por demás inútil decir que el desarrollo de todas las características que conforman el comportamiento depende tanto de la naturaleza como del ambiente. Ningún carácter depende solamente de los genes o del ambiente».

Parecería de gran importancia disponer de una metodología objetiva capaz de evaluar la eficacia del trabajo desarrollado en la escuela o, en términos más generales, del esquema de enseñanza adoptado; ver (Mariani, 1991).

No se deben olvidar los aportes a los estudios sobre el aprendizaje adelantados por la ciencia cognitiva; para tal propósito, se puede leer la sección 5.4. de (Bara, 1990). Allí, se habla de aprendizaje de primer orden relacionado con el conocimiento tácito donde se sitúa la idea de aprender a aprender; ver también (Bateson, 1976); en esto se encuentra sobre todo la descripción de programas que estimulan el aprendizaje y su evolución histórica. Tendré la ocasión de volver en detalle sobre este tema en más de una oportunidad.

Con una posición muy diferente a la de Gagné, sobre la creación de los conceptos se sitúa (Aebli, 1961, pp. 228-255).

Ver también (Boscolo, 1986b), útil en términos generales y en los términos específicos aquí tratados en las pp. 8-10 (Gagné), 11-12 (Bruner), 13-22 (perspectiva cognitivista): una panorámica breve pero eficaz.

1.6. Aprendizaje operativo

Como dice un proverbio chino asumido como lema del Proyecto Nuffield en los años 70-80, es obvio que "si hago, aprendo". Pero ese "hacer" puede ser concreto o abstracto y nadie ha dicho que el segundo (abstracto) sea menos productivo que el primero (concreto).

[Sin ir hasta la antigua China, el napolitano Giambattista Vico (1668-1744) afirmaba «verum ipsum factum» lo que esencialmente expresa la misma posición].

Dado que siempre he defendido los laboratorios de Matemática como un lugar para "hacer", y dado que me parece una tesis evidente, evitaré entrar en detalles, por lo que me limitaré sobre este tema a las referencias bibliográficas al final de la sección.

En cambio, resaltaré un ejemplo de Vergnaud (1981a). Supongamos que hay unas barras incrustadas una sobre la otra, como se indica en la figura, y que haya que extraer la barra A.

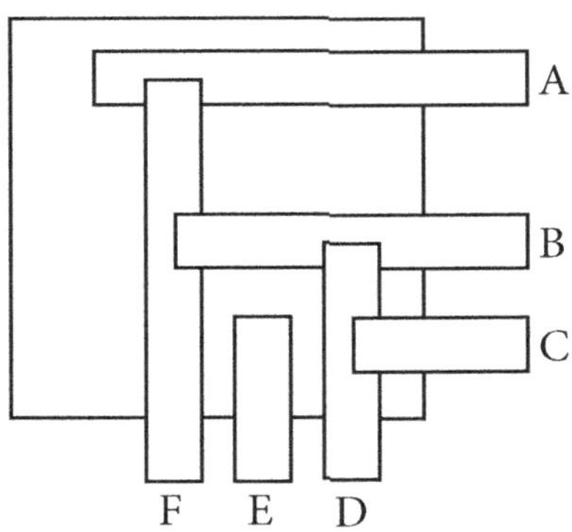

¿Qué se debe *hacer*?

Dado que se pide un "hacer", es decir una acción, es evidente que hacer varios intentos es un comportamiento espontáneo. «Intento sacar la A, pero no se mueve. Bien: dado que A está bloqueada por F, sacaré la F; pero la E está libre; podría sacarla; (...)» y así sucesivamente.

Claro que es un ejercicio útil dentro de lo que se podría llamar un cálculo de las relaciones: para sacar A, primero se debe extraer F; pero (...) Me parece que no se acentúa suficientemente lo que es *inútil hacer*:

«Si quiero sacar A, es inútil extraer E». Me parece que este dualismo: "es necesario / es inútil", acierta la dimensión exacta y significativa del sentido que tiene el orden de las operaciones a seguir.

Solo que, si se hace el estudio en forma concreta, a mi modo de ver, se pierde mucho. Una vez hecha una acción, ésta perdura a manera de efecto en la memoria solo durante el tiempo de la acción y por lo tanto no puede influenciar la consciencia profundamente. En casos de este tipo, parece muy fructífero resolver el problema de manera puramente mental, si acaso reforzando la resolución con expresiones verbales, orales o escritas: «Si quisiera sacar A, primero debo extraer F; en realidad, no lo hago, pero supongo que lo quiero hacer; si quisiera extraer F, antes debo (...)». Entonces, hay aprendizajes operativos que no pasan a través de una operación concreta,"realizada", sino solo imaginada. Esta modalidad refuerza el aprendizaje, favorece la imaginación y obliga a tener una expresión verbal coherente y significativa.

También en la fase de ejecución de los problemas, es esencial que exista el hábito de hacer explícitas las diferentes fases de la resolución, lo que es una forma segura de estudiar significativamente las estrategias resolutivas reales y, niño por niño, el estilo de quien resuelve. (Sin embargo, el análisis crítico de los protocolos de observación y las entrevistas son también"formas"válidas).

Favorecer la imaginación operativa hace posible resolver problemas particularmente difíciles. Tomo prestado otra vez una idea de Vergnaud (1981): «Miguel tiene una vasija con dulces. Inés toma 15 para ella. José le da a Miguel otros 9 dulces. Ahora, Miguel tiene en total 63 dulces ¿Cuántos tenía al principio?».

Niños de tercero de primaria que no tienen el entrenamiento para imaginar la solución, en un porcentaje muy alto, no saben resolver el problema. Niños de la misma edad, entrenados para"ver la situación", imaginan operativamente las diferentes escenas y hacen las cuentas a la inversa (aunque no formalizándolas): «Cuando José da los nuevos dulces a Miguel, Miguel tiene 63-9 o sea 54. Cuando Inés toma 15 dulces,

Miguel tenía 54+15 o sea 69». Operativamente, paso a paso, imaginando las escenas, el porcentaje de solución aumenta notablemente.

Se puede tratar de ayudar a los niños dándoles un esquema gráfico como el siguiente:

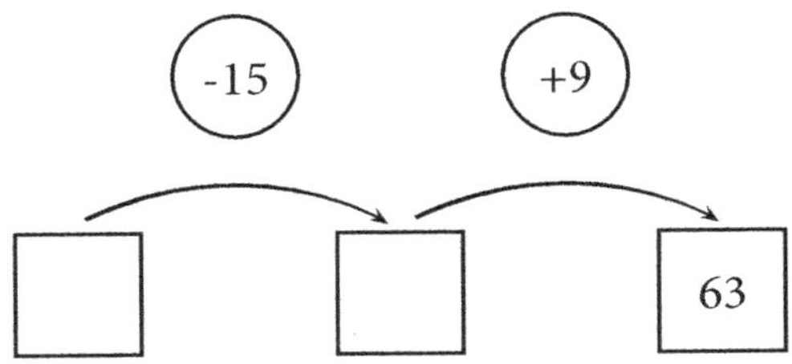

¿Cuánto puede ayudar este esquema a la solución dada por los niños? Ayuda mucho en el caso de niños no entrenados a imaginar (el porcentaje de soluciones aceptables pasa, en nuestros experimentos, de casi cero al 60%); ayuda poco en el caso de niños entrenados para imaginar, en el sentido en el que estos niños ya eran buenos en la actividad de resolver este tipo de problemas y por lo tanto el esquema tiene sí una incidencia, pero ésta no es sustancial. De tal manera que el esquema ayuda sobre todo a quien no sabe ayudarse solo.

[También hemos intentado hacer el proceso inverso: dar el problema con el esquema sugerido; entonces, el porcentaje de respuestas correctas (siempre de niños de tercero) es inmediatamente más elevado. Al dar un problema análogo, sin esquema, muchos niños reutilizan uno parecido al entregado anteriormente (en este caso se ve una discreta transferencia de aprendizajes) resolviendo así el problema en un buen porcentaje. Solo que (...) Intentamos dar un tercer problema, para el cual el esquema anterior no tenía ningún sentido. Entonces, constatamos que los niños que siguen un programa de enseñanza usual, aún antes de analizar la solicitud del texto, dibujaban el esquema, adoptando una especie de regla: «Si el esquema gráfico funcionó dos veces, ¡funcionará siempre!». Detrás de este comportamiento está la idea del contrato didáctico en cuanto"el niño tiene la expectativa de modalidades repetitivas"].

Tendremos que volver largamente sobre estos temas, de manera más profunda y desde diferentes puntos de vista.

Sin embargo, antes de proceder, me gustaría resaltar que el problema de Miguel y los dulces parece involucrar con fuerza el concepto de incógnita; quien resuelve se debe hacer una imagen mental fuerte de esta idea: ¿qué debo encontrar exactamente? Y aquí hay dos incógnitas, una que resuelve el problema final y una intermedia, por decirlo así.

Es importante evaluar también este aspecto en el estudio específico de este problema (u otros análogos).

Nota bibliográfica

Para la redacción de esta sección, utilicé (Vergnaud, 1981a; D'Amore, 1988c; D'Amore, 1990-91; Caldelli, D'Amore, 1986).

Otros textos básicos (D'Amore, Marazzani, 2011; D'Amore, Persano, 1985; D'Amore, Sandri, 1991).

Para un fundamento pedagógico sobre el uso de los laboratorios, ver (De Bartolomeis, 1979)

1.7. Jerarquías de aprendizaje y problemas de "inmersión total"

En la sección 1.5. vimos como varios autores, en particular Gagné, proporcionan, por así decirlo, una jerarquía de los aprendizajes, distinguiéndolos desde los más simples (aquellos que se hallan también en los animales) hasta los más complejos. Si aprender a resolver problemas significa en gran medida utilizar conceptos aprendidos, entonces también la escala propuesta por L. E. Bourne (1966) nos puede proporcionar una reflexión útil sobre el tema; Bourne propone 4 tipos fundamentales de tareas conceptuales:

• *aprendizaje de atributos*: dando un estímulo y proponiendo posibles atributos, el sujeto distingue entre éstos; es un tipo de aprendizaje que está relacionado con la percepción (la individuación de las características típicas de un objeto, aquellas que lo hacen diferente de los demás) y la etiqueta (labeling) (se asocia un sustantivo a un objeto-estímulo);

• *uso de los atributos*: es la fase sucesiva; hay atributos que el sujeto ha individuado y que, por lo tanto, se encuentran a su disposición; ahora el sujeto escoge aquellos atributos que hacen que el objeto sea parte de un conjunto o categoría (esto sustancialmente es la"tarea de identificación del concepto de un determinado tipo"de Bruner, 1960);

• *aprendizaje de reglas*: mediante la experiencia, el sujeto aprende reglas comunes para ciertas clases de situaciones;

• *uso de las reglas*: a su vez, las reglas son un instrumento para adquirir un comportamiento conceptual; éste es el clásico caso de la resolución de problemas. Aún dentro de sus límites (señalados por Boscolo, 1986, pero también por el mismo Bourne), esta clasificación es útil aquí solo para ampliar el panorama de los estudios sobre el tema de las jerarquías del aprendizaje que han fascinado a los psicólogos.

Algunos de ellos han afrontado temas muy particulares; por ejemplo, Gagné, Mayor, Garstens y Paradise publicaron en 1962 una investigación sobre las jerarquías relacionada con la adición de los números naturales (ver Resnick y Ford, 1991, pp. 39-41); Gagné y Briggs (1974) estudiaron la sustracción de números naturales (ídem); etc.

Si bien muchos lectores críticos tienden a despreciar estos análisis (creo que lo hacen sobre todo los lectores matemáticos), es necesario reconocer que tienen al menos una función: hacer reflexionar sobre la complejidad de algo que, desde cierto punto en adelante, se podría pensar que posee el mismo nivel de dificultad, tanto como para sugerir que no hay diferencia entre los casos. En definitiva: ¿es la sustracción en sí la que presenta dificultades conceptuales o son los casos individuales, o son las modalidades en las cuales se presenta que plantean dificultades de diferente tipo? Parecería que la segunda posición no es del todo trivial. Las habilidades estudiadas son habilidades de desempeño es decir lo que el sujeto sabe hacer en casos particulares (dado que no se hacen preguntas abstractas o generales sobre la sustracción, por ejemplo, en sí, pero se proponen situaciones). Sin embargo, Gagné en particular, pero también otros autores, llegan incluso a sacar conclusiones sobre las habilidades intelectuales, las cuales nos interesan más. Además: la naturaleza de las jerarquías de aprendizaje es tal que se pueden distinguir tareas subordinadas a otras y que son componentes de actividades de orden superior; se tendría por lo tanto una especie de aprendizaje no solo en forma de espiral sino también en forma de escalera, en la cual cada peldaño es necesario para poder dar el paso sucesivo. Sobre este tema (denominémoslo"teoría de los prerrequisitos") ha trabajado por ejemplo Flavell (1972); las capacidades iniciales se transforman en elementos fundamentales para capacidades sucesivas; algunos desempeños y comportamientos fundamentales en el pasado pueden desaparecer del comportamiento de un niño que, después de algún tiempo, ya no tiene necesidad de dar los mismos pasos. Flavell concibe esta jerarquía como una forma de conceptualizar la Matemática misma (más allá de su aprendizaje). También es cierto el hecho que, si una tarea ocupe una posición elevada en una jerarquía de aprendizaje, no significa que sea más difícil de aprender o que requiera más tiempo que tareas anteriores; sin embargo, su posición en la jerarquía de todas maneras indica la "riqueza"de sus componentes. Al contrario, puede muy bien suceder que las tareas de nivel inferior sean las más difíciles de realizar por motivos de edad, falta de hábito u otros. En un estudio de Carroll de 1973, se muestran ejemplos concretos de todo esto: si una tarea considerada muy difícil se descompone en todos sus elementos elementales y el sujeto posee estos elementos, el último "peldaño" se vuelve sencillo y el niño puede realizar la tarea solo y en tiempos breves. Es más, le quedaría fácil transferirlo de una red compleja de peldaños inferiores hasta llegar al último peldaño. Hay que decir que con frecuencia los peldaños inferiores de una jerarquía son los fundamentos de muchos otros aprendizajes y por lo tanto se prestan a transferencias sucesivas incluso en otros ambientes conceptuales: saltarlos para proponer inmediatamente actividades complejas podría ser un error, ya que se eliminarían las bases para otras escalas del aprendizaje. La palabra clave que emerge de estos estudios se puede resumir así: ir de lo simple a lo complejo, en la práctica didáctica.

Sin embargo ¿quién nos puede asegurar que todo esto sea correcto, que tenga sentido, que sea aceptable y funcional?

Muchos psicólogos han dedicado amplios estudios a verificar la validez de estas jerarquías de aprendizaje. Según la técnica usada, podemos distinguir estos estudios en dos categorías: estudios escalares (*scaling study*) y estudios de adestramiento (*training study*).

En un *scaling study* se somete a un grupo de estudiantes a test relativos a los prerrequisitos de una tarea que debe ser objeto de estudio; cada alumno recibe un puntaje + o – en cada "peldaño" (habilidades componentes). Entonces, los estudiantes se organizan del "mejor" (el que tuvo más +) al "peor" (el que obtuvo más –). De tal manera que se provee una tarea de orden jerárquico más elevado y se verifica la evolución del grupo de alumnos. Si la jerarquía de aprendizaje (en esa posición particular) es correcta, tendremos que poseer una escala de respuestas correctas que corresponda al orden de los estudiantes; es decir, el "mejor" es también aquel que resolverá el test de la mejor manera, el "peor" viceversa. Si esto no sucede, entonces la escala de aprendizaje no es la correcta. Guttman en los años 40 (1944) diseñó esta prueba, por lo que la disposición de los + y los – obtenidos por el grupo de estudiantes es llamada *escala de Guttman*. Otros estudios sobre esta cuestión fueron propuestos por muchos autores, cito el estudio de Wang, Resnick y Boozer (1971) porque se dedica a las diversas tareas básicas en Matemática. De este estudio resultó que no hay dependencia entre la capacidad que tienen los niños pequeños para contar y el saber proponer una correspondencia uno a uno entre los elementos de dos conjuntos; y no solo esto, sino que su posición en una jerarquía es totalmente intercambiable. Este resultado tuvo una gran incidencia sobre cierta legión de defensores a ultranza de lo que se ha denominado *Matemática moderna* (dada la delicadeza de la cuestión y la "polvareda" que levantó, Wang llevó a cabo otros estudios en 1973, también Gelman y Gallistel en 1978, entre otros, y todos encontraron el mismo resultado). El *scaling study* ha sido últimamente sometido a varias críticas, algunas obvias, que pasaré por alto (se pueden encontrar en Resnick y Ford, 1991, pp. 45-47).

En el *training study* se construyen ejercicios didácticos basados en jerarquías para ser usados en actividades didácticas efectivas; dicho brevemente, los estudiantes siguen un curso muy estructurado y programado detalladamente en el cual se analizan todos los peldaños inferiores de la escala, pero no se examinan las habilidades que constituyen el objetivo final. Después de esto, los alumnos son sometidos a un test sobre las tareas finales y a otro test sobre cada una de las habilidades básicas enseñadas en el programa. Entonces, los resultados de los test son analizados en forma particular: se examinan las relaciones entre todas las parejas de habilidades de la jerarquía, las cuales se encuentran unidas mediante flechas, es decir directamente por encima o por debajo.

De tal manera, se asignan puntajes + o – a las cuatro relaciones posibles:

- si hay dos +, uno en el nivel superior y otro en el inferior, significa que ha habido un transfer de la habilidad inferior a la habilidad superior, como preveía la jerarquía;
- si hay dos –, no ha habido transfer, como preveía la jerarquía;
- si hay + en el nivel superior, pero – en el inferior, la jerarquía está contradicha;
- si hay – el nivel superior y + en el inferior, aunque se mantenga cierta concordancia con la jerarquía, puede que haya un defecto en el programa de aprendizaje.

Gagné inició este tipo de *training study* y fue seguido por otros en los años 60. El *training study* fue modernizado paulatinamente hasta llegar a situaciones sofisticadas de adiestramiento que pasaré por alto, citando a Resnick y Ford (1991, pp. 47-49), entre otras por las infaltables y usuales críticas. Me gustaría señalar un resultado de Uprichard de 1973 que verificó un hecho al parecer curioso. Mediante el estudio del orden jerárquico de los aprendizajes de la comparación entre cardinales, Uprichard descubrió que, como es obvio, mientras la relación "[...]

contiene tantos elementos cuantos contiene [...]" es la base tanto para la relación "[...] contiene más elementos que [...]", como para la relación "[...] contiene menos elementos que [...]". Entre estas últimas no existe identidad de nivel jerárquico, como podría aparecer obvio; sin embargo, la relación "menor que" ha demostrado ser más difícil de aprender y de poseer que la otra y por lo tanto parecería aconsejable, en un programa jerárquico, estudiar estas nociones en este orden: igualdad, mayoría, minoría. (En este punto cito un estudio de Donaldson y Balfour de 1968 que mostraba cómo el concepto "más" es más fácil de asimilar que el concepto "menos" y la prueba que se hizo en Palermo en 1974 con el mismo resultado).

Entonces, hay dos categorías de estudiosos: aquellos que creen en las jerarquías del aprendizaje y aquellos que las rechazan. Los que creen pueden usarlas como planos para la enseñanza; es más, hay quienes llegan a usarlas como planos "individuales", dado que se pueden calibrar sobre las competencias reales de cada niño. A propósito de lo anterior, hago referencia a las pruebas hechas por Resnick, Wang y Kaplan en 1973, quienes idearon un currículo básico para la enseñanza de la aritmética, muy detallado y personalizado, alumno por alumno (se puede ver Resnick e Ford, 1991, pp. 50-54). En cierto sentido, nuestro proyecto Ma.S.E. fue también un tentativo con un vago carácter jerárquico; sin embargo, dada su difusión, no nació como un proyecto personalizado, aunque las aplicaciones concretas mostraron que podría convertirse en tal.

Pueden surgir muchas dudas sobre el concepto mismo de jerarquía, pero, al menos hasta cierto punto, me parece útil para indicar el modo de proceder de manera secuencial y lógica, en lugar de caótico e improvisado. La elección entre una u otra jerarquía está a discreción del profesor, dependiendo de su experiencia, sensibilidad y cultura. Este punto está estrechamente relacionado con la transposición didáctica del Saber hacia el "saber que se quiere enseñar" y el "saber enseñado", más exactamente en el componente de la ingeniería didáctica (D'Amore, 1999a).

No obstante, no se excluye una elección diametralmente opuesta, la elección de la inmersión total. Tomemos el caso de la didáctica de los problemas que es el que más nos interesa. Se puede crear una escala de problemas matemáticos, del más simple al más complejo.

[¡Atención! ¿Qué quiere decir simple? No es una cuestión menor. En la sección 8.1. se muestra que un viejo criterio de clasificación muy difundido y aceptado en realidad no funciona; se trata del siguiente criterio: entre menos operaciones requiera la solución, más fácil es el problema – entre más operaciones se requieran, más difícil].

Entonces, el niño debe, con su propio ritmo, recorrer la escalera y mientras demuestra sus habilidades para resolver problemas de cierto nivel, accede a problemas de nivel superior. Por el contrario, se puede decidir "sumergir" al niño en un contexto problemático "difícil", "complejo", a propósito, por varios motivos: porque los estímulos más fuertes son seguidos por una motivación más activa; porque se quiere provocar la reelaboración de la situación, el desenredo de la madeja; porque se busca suscitar más consciencia, más involucramiento, más ganas; porque se busca una reelaboración a la "inversa" de las etapas de la solución (descubrir «Lo que debo saber antes de [...]») etc. Para ser franco, me parecen dos actitudes, dos "estilos" didácticos significativos y practicables. Tal vez, en el segundo se requiere una mayor competencia por parte del profesor, o quizá una mayor "vigilancia" matemática: en una situación compleja, las respuestas de los niños pueden ser muy diferentes. Me parecen tan significativas y practicables las dos propuestas, que no tendría objeción en practicarlas ambas: mientras la jerarquía se desarrolla gradualmente, a lo largo de la escalera, y aún mejor de manera individual, poco a poco llega la sacudida; una situación problemática compleja saca de lugar el tranquilo andar cotidiano y hace que todo sea puesto de nuevo en discusión, anima a los niños, hace que ellos den pasos de gigante hacia adelante, haciéndolos reflexionar a la "inversa", precioso resultado en tanto ocasión para el meta conocimiento.

Esta posición "mixta" podría ser útil para responder a las objeciones hechas sobre el tema de las jerarquías, objeciones que afirman que la didáctica basada en jerarquías podría limitar a los estudiantes capaces. De hecho, es obvio que en cualquier grupo normal hay niños que yo defino como "de aprendizaje veloz" (mientras otros, por ejemplo, Terrassier, 1985, los llaman "superdotados", lo cual, a veces, me parece excesivo). Estos estudiantes podrían muy bien saltarse diversos peldaños de la escalera, o toda la escalera de una vez, o unos aquí y allí, para alcanzar los peldaños superiores; esos alumnos son penalizados por la obligación de recorrer toda la escalera. Las inmersiones totales en problemas complejos podrían ser la ocasión para hacer que dichos estudiantes se sientan satisfechos y comprendidos (además del hecho que la didáctica jerárquica es, no digo totalmente pero sí bastante, personalizada, por lo que estos niños no se verían obligados a respetar los tiempos comunes).

Más allá de la confirmación de las bondades de la inmersión total, me gustaría recordar varias pruebas hechas a partir de los años 60, por Z. Dienes en 1963, por ejemplo. Con tales pruebas se comprobó que, en estos casos, al afrontar y resolver problemas complejos, los niños demostraron haberse apropiado de conceptos de nivel jerárquico inferior, sin haberlos practicado explícitamente con anterioridad. Es más, los mismos Dienes y Golden (1971) llegaron a la hipótesis didáctica conocida como enfoque profundo (*deep end*): es mejor ir directamente a cierto nivel de complejidad, antes que seguir toda la escala jerárquica. En últimas, si numeramos idealmente los peldaños del 1 al 10, por ejemplo, podemos:

- partir de 1 y luego, poco a poco, pasar al 2, luego al 3 etc., gradualmente pero siempre respetando los ritmos individuales; esto puede ser llamado "didáctica gradual absoluta";
- partir de 6 y comprobando la adquisición desde el 1 hasta el 5, luego ir al 10 y comprobar desde el 7 hasta el 9; esto puede ser llamado "didáctica de la inmersión total";
- partir del 1, ir al 2, saltar al 5, comprobar el 3 y el 4, ir al 6, saltar al 8, comprobar el 7, ir al 9 y luego al 10 (o un proceder análogo), respetando, en los pasajes graduales, los ritmos individuales; esto puede ser llamado "didáctica de profundidades mixtas".

A mi modo de ver, la última elimina al menos algunos de los defectos de las otras dos posiciones extremas. Por ejemplo, las acusaciones que pesan sobre la didáctica de la inmersión total hechas por Resnick, Siegel y Kresh (1971) y por Caruso y Resnick (1972) luego de varios experimentos, podrían muy bien ser superadas por la didáctica mixta anteriormente propuesta. Entre otras, es de resaltar que una didáctica fuertemente estructurada beneficia a los estudiantes con capacidades menores, y que los estudiantes "fuertes" no tienen necesidad de tales estructuras (me refiero al ampliamente citado trabajo de Cronbach y Snow de 1977).

Lo que me asusta es que se llegue, dada la lucha que se presenta siempre entre los dos extremos, a concebir un "arte de la didáctica": con todo el esfuerzo que ha costado llegar a la aceptación de la cientificidad de la didáctica de la Matemática por parte de unos matemáticos activos en esta, como disciplina autónoma, autosuficiente ¡La hipótesis que todo se reduzca a un arte es espantosa! Sin embargo, el peligro existe (ver Resnick y Ford, 1991, pp. 56-57).

Hay un amplio debate sobre el problema del significado que se puede atribuir a la idea de subdividir un problema complejo en una sucesión de ejercicios elementales.

Para resumir, no es que la subdivisión aumente el porcentaje positivo, sino que el meollo entorno al cual el problema está construido se pone en evidencia.

Veamos un ejemplo que tomo en su formulación original.

Sea A el siguiente texto:

Los 18 alumnos de noveno quieren hacer una excursión escolar de un día de duración de Bolonia a Verona. Para tal fin, deben tener en cuenta los siguientes datos:

1. dos de los alumnos no pueden pagar;
2. sería bueno "invitar" al profesor acompañante;

3. de Bolonia a Verona hay 120 km;
4. un autobús de 20 pasajeros cuesta 200.000 pesos diarios más 500 pesos por kilómetro (incluidos peajes).

¿Cuánto dinero gastaría cada alumno?

Aquí una subdivisión del problema en 3 componentes:
A1. Los 18 alumnos de noveno quieren hacer una excursión escolar de un día de duración de Bolonia a Verona. Ya que dos de los alumnos no pueden pagar y el profesor acompañante es invitado ¿entre cuántos se debe repartir el gasto?
A2. Los 18 alumnos de noveno quieren hacer una excursión escolar de un día de duración de Bolonia a Verona. El autobús de 20 pasajeros cuesta 200.000 pesos diarios más 500 pesos por kilómetro (incluidos peajes). De Bolonia a Verona hay 120 km. ¿Cuánto dinero gastará la clase?
A3. Como A.

La propuesta de A directamente o la sucesión A1, A2, A3 no produjo ninguna variación significativa en IV de primaria. Casi la totalidad de los niños a quienes se les propuso A cometieron el error de evaluar el gasto: 500×120+200000, sin calcular el gasto del regreso. Casi la totalidad de los niños a quienes se les propuso la sucesión Al, A2, A3, cometió el mismo error en la fase A2. De hecho, la gradualidad no aumentó en modo significativo la respuesta positiva. Entonces, se hizo la prueba fraccionando A2 en dos componentes, uno de los cuales preguntaba explícitamente cuántos km se recorrerían ese día. Tal forma explícita favoreció notablemente el porcentaje de respuestas positivas. El meollo conceptual se deshizo y, frente a la pregunta, explícita, muchos niños calcularon (120×2)×500. Por lo tanto, el fraccionamiento de un problema complejo produce una mejoría significativa en el porcentaje de solución solo cuando el meollo conceptual del problema es evidenciado de manera explícita; el fraccionamiento de por sí no produce mejoría de ningún tipo. Es preciso entonces reflexionar sobre la calidad de la elección de los componentes del problema y no solo, de manera acrítica, sobre el fraccionamiento en sí.

El problema anterior fue una oportunidad formidable para un estudio específico sobre el contrato didáctico; las fallas de cálculo de los gastos debidas al regreso, de hecho, fueron puestas en evidencia por parte de los estudiantes entrevistados por falta de una pregunta en ese sentido: «Si querías que calculáramos también el regreso, tenías que decirlo». En varios de mis trabajos sucesivos, he analizado detalladamente esta circunstancia desde el punto de vista de la teoría de las situaciones (por ejemplo, en D'Amore, 1999a, c).

Nota bibliográfica

Para la redacción de esta sección he empleado sobre todo (AA. VV., 1991) [aquí sugiero sobre todo la lectura de los textos de P. Boero, E. Scali, A. Rondini y C. Rubini]; (Bourne, 1966; Boscolo, 1986; Bruner, Goodnow, Austin, 1956; Carroll, 1973; Caruso, Resnick, 1972; Cronbach, Snow, 1977; D'Amore, 1986-93, 1988a, 1988b, 1989, 1991b, 1992a, 1999a, 1999c; D'Amore, Fandiño Pinilla, Sbaragli, 2011; D'Amore, Sbaragli, 2011; Dienes, 1963; Dienes, Golding, 1971; Donaldson, Balfour, 1968; Flavell, 1972; Gagné, 1962; Gagné, Briggs, 1974; Gagné, Mayor, Garstens, Paradise, 1962; Gagné, Paradise, 1961; Gelman, Gallistel, 1978; Guttman, 1944; Handjaras et al., 1983; Palermo, 1974; Resnick, 1973; Resnick, Ford, 1991; Resnick, Siegel, Kresh, 1971).

2. El papel fundamental de la motivación

2.1. La motivación

«Podría hacer más, pero es distraído y tiene pocas ganas». «No se interesa». «Está desmotivado».

Cuántas veces en nuestra vida como docentes hemos escuchado estas frases, quizá algunos de nosotros las hemos dicho también. El hecho es que a ningún niño se le dan alternativas: cada niño debe ir a la escuela, pero no es posible que cada niño muestre interés por todo, siempre. Hay una fuerte asimetría en la relación fundamental que rige la escuela, es decir la relación profesor/alumno: el profesor está en la escuela por elección personal, se le paga por educar, tiene poder de decisión (aunque limitado); el alumno está en la escuela por obligación, incluso cuando no tiene ganas (es razonable pensar que de los 200 días escolares haya más de un día en el que el estudiante prefiera hacer algo diferente).

«Está desmotivado» suena a acusación, una culpa. ¿De quién?

Por otro lado, ¿cuál es el mecanismo que hace nacer una"motivación para aprender"? Y ¿qué es esta motivación?

Haciendo uso de la infinita bibliografía sobre este tema, trataré de delinear una respuesta general, no solo relativa al mundo escolar, para disponer de más elementos.

Basándome de manera preliminar en los célebres y clásicos análisis de Azrin (1958) y de Goldiamond, Dyrud y Miller (1965), presentaré una selección de motivaciones operativas.

1. Motivación referida a las variables que hace eficaz el logro de un comportamiento inducido.

Un ejemplo banal: un niño fue privado toda la mañana de bebidas y estuvo bajo el sol; al final de la mañana, la mamá le dice: «No has bebido en toda la mañana y has estado siempre bajo el sol, debes tener sed».

2. Motivación basada en el comportamiento.

Un ejemplo banal: un niño está acostumbrado desde hace tiempo a tomar un chocolate cada vez que va a ver a una señora, pero la mamá le dice que evite este comportamiento por educación. El niño entra y no va directamente, como suele hacerlo, al tazón donde están los chocolates. La señora lo observa, espera y, después de un rato, le dice: «¿Cómo puedes privarte de esos chocolates tan ricos? ¡Vamos, toma uno!». La motivación para actuar está relacionada con un comportamiento precedente, repetido en el tiempo, por demanda.

3. Motivación basada en las consecuencias.

Un ejemplo banal relacionado nuevamente con la comida: la motivación es inherente a un hecho (o a una serie de hechos) que generalmente no está relacionado con la necesidad; un niño necio hizo un pacto con su mamá: organizar su habitación para así ser considerado educado y querido. Sin embargo, el niño no siempre respeta dicho pacto. Una mañana, la mamá le dice: «¿Quieres desayunar? Entonces tiende primero la cama y luego te doy el desayuno».

4. Motivación basada en estímulos discriminatorios.

Diferentes estímulos pueden crear la misma motivación e incluso reforzarla. Aquí se juega con gran parte de la motivación interna, la cual no es banal como en los casos anteriores. Diferentes estímulos pueden llevar a distinguir, de manera consciente o no, los diversos componentes involucrados. Tales estímulos pueden ser establecidos por parte del actuante de manera consciente o no (en nuestro caso por parte del alumno) o por parte del profesor. Por ejemplo, Holland e Skinner (1961) estudiaron el comportamiento animal, con base en el cual el animal escoge entre varios estímulos aquel que reconoce como un refuerzo (el famoso experimento de la elección del color rojo). De tal manera, la motivación de tipo 4 no es solo deliberada (por parte del sujeto) sino que puede ser inducida.

De todas formas, este apresurado análisis por sí mismo no permite estudiar, en mi opinión, el fenómeno académico que nos interesa: en Gagné (1973, pp. 330 e ss.) se entra más en lo específico. En esto me inspiraré para la siguiente sección.

Entre tanto, acepto inmediatamente la afirmación de Gagné según la cual el problema de monitorear, conocer, reforzar, desarrollar y utilizar la motivación es «la exigencia más seria que la escuela puede encontrar».

Por lo tanto, el problema es enorme: al menos psicológico, pedagógico y didáctico. "Tener motivación" se relaciona (en gran medida) con la esfera afectiva: una acción educativa que tenga en cuenta esto abarca problemáticas enormes, que ni siquiera sueño con afrontar aquí. Me limitaré a dos aspectos relacionados con esta cuestión:

- motivaciones para frecuentar la escuela;
- motivaciones para aprender.

Pasaré por alto un estudio profundo de las primeras motivaciones, lo cual no es rigurosamente banal. El niño, como decía anteriormente, tiene la obligación de ir a la escuela; tal obligación puede tener consecuencias negativas sobre su comportamiento, atención y disposición, si no hay motivación. A veces, al menos en lo que se refiere a la escuela primaria, la presión social (y familiar de manera particular), el placer de encontrar algo nuevo y la posibilidad de establecer relaciones con algunos o todos los compañeros de clase y con el ambiente son motivaciones suficientes. Sin embargo, hay estudios sobre la motivación negativa en cuanto a la frecuencia escolar, especialmente en lo referente a las clases menos favorecidas. No hay que olvidar que Huckleberry Finn considera que perder el tiempo yendo a la escuela es"cosa de nenitas". Al parecer esta actitud no está del todo extinta hoy en día. Los estudios de Riessman y Wilson (en los años 60) (citados por Gagné, 1973) demostraron (especialmente para los niños de los Estados Unidos) que hay cierta diferencia entre la contrariedad provocada por la obligación escolar y la motivación de aprender una vez éstas se juntan. Sin entrar en detalles, me limitaré a exponer un comportamiento asumido por muchos estudiosos de la psicología del comportamiento escolar que haré mío: doy por descontada la presencia en el ambiente escolar motivada de modo positivo, de otra manera la complejidad de la problemática excedería mis posibilidades y competencias. Diré solamente que, si la familia del alumno estima la escuela y la apoya, se resuelven gran parte de los problemas; de esta forma, si la comunidad en la cual vive el niño acepta e impulsa la escuela, es plausible pensar en una motivación positiva para la frecuencia. Pero el caso contrario no es tan raro: la escuela obligatoria para los trashumantes, para jóvenes inmigrantes sin título de estudios reconocido (que se ven obligados a asistir a la primaria), para niños acostumbrados a estar en la calle sin control y sin atención, los cuales no son una minoría, sino que constituyen (en el mundo y también en Europa) un caso cuyo porcentaje hay que tener en cuenta hoy (y aún más mañana).

Y llegamos ahora a la motivación para aprender.

En primer lugar: ¿es ésta una motivación específica para algunos temas particulares del aprendizaje o es, por así decirlo, generalizada? En el primer caso, ¿es más eficaz el aprendizaje cuando hay motivación? Contrario a lo que se podría pensar, no hay mucha diferencia en los resultados de los dos tipos de aprendizaje, como se demostró a mediados de los años 60 gracias a las investigaciones de Postman (citadas por Gagné, 1973). Lo cual nos lleva a no considerar la motivación para aprender algo específico, sino una motivación general. Por otro lado, la confianza que el niño le tiene a su profesor hace parte de las generalidades del contrato didáctico: confío en ti, tú sabes qué debo aprender y por qué, y como tengo que contestar a tus preguntas, estoy en tus manos. Este hecho lleva inevitablemente a una situación que he llamado el"fenómeno de la escolarización" (D'Amore, 1999b). En estos términos, los impulsos que motivan al niño a aprender parecen ser:

- el deseo de aprobación (los compañeros, los profesores, los padres o la sociedad en general);
- evitar la desaprobación de los demás (lo cual es una consecuencia y un reforzamiento del deseo anteriormente expuesto);
- alcanzar una posición de estima entre los niños de la clase (estima social);
- el deseo más o menos inconsciente de dominar las habilidades intelectuales que lo estimulan.

Obviamente tales impulsos se interrelacionan y pueden reforzarse mediante estímulos oportunos (y aquí retomo lo que dije en la apertura de esta sección). Los refuerzos y estímulos son:

- las expresiones explícitas de aprobación;
- la falta de desaprobación;
- las demostraciones de estima social;
- la facilidad para dominar habilidades;

sin embargo, el refuerzo ocurre por medio de una cuidadosa elección de tareas que se proponen al niño, precisamente para darle la posibilidad de mostrar la idoneidad que posee y de merecer, por ende, aprobación y estima. Entre otras, como práctica escolar ya consolidada, más o menos velada, más o menos explícita, el profesor hace una declaración sobre el desempeño. Y es bien sabido que, aún en tiempos de evaluación por conceptos y no por notas, la sociedad y la familia tienden a cargar al niño de expresiones de motivación al respecto. (De todos modos, los papás y mamás de los niños que inician la escuela primaria hoy son los alumnos que en lugar de notas obtuvieron expresiones valorativas sobre su desempeño; y, aun así, estos padres se expresan en términos de notas sobre el desempeño de los hijos. Lo que, sin duda, quiere decir algo).

Seguramente la mejor motivación es la autosatisfacción de quien es consciente de haber alcanzado metas positivas y que, consecuentemente, tiene el deseo de mejorar. Si se alcanzara este nivel, ¡tendríamos sustancialmente autodidactas! Pero estamos lejos de lograr este tipo de motivación tanto en la normativa como en la práctica académica cotidiana.

J. G. Nicholls (1983) distingue tres tipos de comportamientos vinculantes en su teoría sobre la motivación:

- vínculo extrínseco: aprendo para obtener algo (consenso social, terminar la escuela, recibir premios o recompensas, [...]);
- vínculo interior: deseo mostrar que soy juicioso e inteligente;
- vínculo en las tareas: estoy satisfecho con mis mejoras y con la facilidad con la que puedo realizar las tareas asignadas.

¿Cómo mejorar la motivación?

Se han tenido experiencias en este campo (Mager, 1962; Bereiter y Englemann, 1966; y otros en los Estados Unidos, especialmente después del asunto del Sputnik [...]):

- aumentar la recompensa en caso de comportamientos positivos;
- preguntar "sobre la marcha", sin esperar que el estudiante haya terminado;
- hacer que el estudiante sea consciente por sí mismo de sus propios éxitos;
- crear una escala de recompensas y premios;

es obvio que, para ser críticos, ninguno de estos métodos es por sí solo la clave mágica; por ejemplo, el refuerzo positivo (estudiado por Skinner, 1968) es muy valioso, pero no es la solución.

Hay también dos tendencias opuestas que tal vez convenga conocer; hay quienes sostienen que la motivación más fuerte es la de las tareas, mientras que la del desempeño es apenas una consecuencia, especialmente Ausubel (1968), a quien cito:

> La relación causal entre la motivación y el aprendizaje no es unidireccional, sino recíproca. Por este motivo, no es necesario postergar las actividades de aprendizaje en aras del desarrollo del interés y las motivaciones adecuadas; ya que la motivación no es una condición necesaria para el aprendizaje. Frecuentemente, la

mejor manera de enseñar a un estudiante no motivado es indagar sobre el hecho y concentrarse en la manera más eficaz posible de enseñarle. Habrá en todo caso cierto grado de aprendizaje, a pesar de la falta de motivación, y se puede esperar que, de la satisfacción inicial de haber aprendido, el estudiante desarrolle la motivación para seguir aprendiendo. Por lo tanto, en algunos casos, el modo más apropiado para suscitar motivaciones para aprender y para focalizar los aspectos cognitivos del aprendizaje es confiar en que la motivación generada por el buen desempeño académico dé energías para el aprendizaje futuro.

Entonces, los estudios entorno a la motivación han arrasado con la llamada "teoría de los intereses", poniendo en evidencia todos los procesos internos que influencian el empeño (en sus varios "tipos") y las elecciones y los resultados consecuentes (en términos de éxito-fracaso). Los primeros pasos para intentar buscar una definición de la "motivación" nos llevan a hacer una distinción entre los investigadores que incluyen la disposición heredada o los que la excluyen, aceptando solo los aprendizajes explícitos; mientras que todos aceptan las disposiciones conscientes e inconscientes. En últimas, la motivación va hacia el estudio de las características del comportamiento (individual y social). Desde esta perspectiva, la familia y el profesor juegan roles centrales, ya que ellos son elementos insustituibles en la educación, en la estimulación y en la orientación, explícita o no, del niño. El profesor es un activador de comportamientos, positivos y no, y de alteraciones; es por esto que, una visión clínica lleva al profesor a autoanalizar sus propios comportamientos como base para analizar los del niño. Especialmente en el caso de los niños pequeños, pues la figura del profesor es un hecho nuevo, es la primera vez que un adulto, que está atento a las necesidades del niño, comparte el mismo comportamiento con otros sujetos extraños (y es esencialmente por esta razón que el preescolar puede desarrollar un rol socializador positivo).

Retomando a D. P. Ausubel, parecen relevantes tres "campos motivacionales" que caracterizan la interacción entre el profesor y el alumno; los cuales tomo de M. Groppo (1970):

- la motivación explorativa: en la familia reina una buena relación afectiva, por lo cual el niño tiene un buen nivel de estabilidad emocional e intenta establecer una relación explícita con el profesor basada en evidencia y problematización;
- la motivación incorporativa: el niño rechaza la figura del profesor porque tiene una experiencia familiar poco satisfactoria en el campo de las relaciones afectivas;
- la motivación conformista: el niño busca una relación afectiva con su profesor intentando recrear el ambiente familiar.

Es claro que tres estilos diferentes en el acercamiento con el profesor no pueden sino involucrar tres estilos didácticos diferentes; con este objetivo, el profesor debería, en su análisis de la clase, tener en cuenta estas características, distinguiendo y aislando los tipos y las diferencias y adoptando estilos individuales al menos en cuanto a la relación se refiere. Es por tanto así que P. Scilligo (1971) toma en consideración a la motivación no solo entre los factores que se deben tener en cuenta en los estudios sobre el aprendizaje, sino además en clave didáctica, poniéndola como instrumento y objetivo mismo de la educación. Siento que debo apropiarme de esta posición.

Skinner hace eco a Ausubel, diciendo que el problema de la motivación (en la escuela) no consiste en "impartir" motivaciones, sino en predisponer las condiciones para el estudio y el aprendizaje de manera tal que sean reforzadas. Llamaremos esta posición "motivación por las tareas".

En cambio, la otra tendencia puede ser denominada "motivación por el desempeño". La posición es inversa y por tanto no requiere muchas explicaciones. Entre los primeros en sustentar esta tesis se encuentra McClelland (1961) quien no estudió el caso particular de la escuela, sino el del grupo en general; para este estudioso, una motivación por el desempeño duradera es un motor y puede ser obtenida mediante una definición clara de las metas individuales, la percepción de mejoría individual, la disposición a asumir responsabilidades individuales en lo referente a las actividades propias, etc. Entonces, es necesario primero motivar para el desempeño; la motivación por las tareas es una consecuencia.

Otros autores prefieren, siempre en el ámbito de la motivación por el desempeño, ver como base de la motivación el aumento de las competencias o un "sentimiento de eficacia", y esto puede y debe ser aprovechado en el ambiente educativo, hasta llegar a hacer que se "aprenda" la motivación misma.

Me parece que hay verdad en ambas posiciones, como sucede frecuentemente, sin tener que ser sectarios forzosamente.

Cuando no hay motivación, activar igualmente una tarea es también una forma de comunicación y, si el profesor es hábil, no se excluye que tal acción pueda crear motivación. Pero esto significa, al mismo tiempo, crear condiciones adecuadas para hacer que, mediante un desempeño positivo (que los estudiantes se vean a sí mismos incluidos positivamente en el contexto social de la clase), sea en sí un elemento de motivación. Me parece que hay un intercambio entre las dos posiciones.

Ni quisiera que se olvidase que nos estamos ocupando de la resolución de problemas de Matemática. Aquí no hay alternativa: ¿cómo se puede convencer a una persona que no tenga motivación a resolver un problema? En esta actividad, más que en otras, a mi modo de ver, la cuestión de la motivación es fuerte y hay que ponerla en evidencia con cuidado. Ignorar este hecho, empecinándonos en el desempeño, puede ser tiempo perdido y un modo para no poder recuperar en el ámbito personal.

Un sabio acuerdo motivacional relacionado no solo con la Matemática en general, sino de manera específica con la resolución de problemas matemáticos, pasa de manera forzosa por aquí.

No quiero olvidar el tema de la atención. «No está atento», no es una afirmación inteligente, ni puede ser una acusación significativa. No se trata de una afirmación circunstancial, sino genérica, si es cierto que los estudios de la Psicología de la educación han "sembrado" el tema de la atención en un set de componentes diversas.

No estar atento no es un hecho específico de por sí; puede querer decir mil cosas diferentes, desde la típica falta de atención (el profesor muestra algo en el tablero, mientras el niño mira sus propios dibujos) hasta la falta de respuesta (que puede tener a su vez causas muy diferentes), de la incapacidad para establecer un orden secuencial (lo cual hace que se den respuestas poco pertinentes) hasta la incapacidad para explorar el ambiente (lo cual, en cambio, el profesor da por descontado).

En el conjunto de las capacidades que se deben poner en juego para resolver un problema, también es fundamental la capacidad de estar atento. A mi modo de ver, en este caso juega un rol excepcional la motivación. Pero "motivar" de tal manera que el niño vea el texto del problema con atención y curiosidad, en cambio de ver sus propios dibujos, hace parte del profesionalismo del educador.

Aquí encontraría espacio una problemática sobre la cual me limito a dar la siguiente referencia: la importancia de la organización de la situación didáctica.

Nota bibliográfica

En la redacción de esta sección, hice uso de (Ausubel, 1968, sobre todo del cap. 10; **Azrin,** 1958; Bereiter, Englemann, 1966; Cobb, 1985; D'Amore, 1999b; Gagné, 1973, sobre todo el cap. 11; Goldiamond, Dyrud, Miller, 1965; Hewett, 1968; Holland, Skinner, 1961; Kleinmuntz, 1976; Mager, 1962; McClelland, 1961; Nicholls, 1983; Skinner, 1968).

En relación con la asimetría en las relaciones escolares específicamente, ver (Caroni, Iori, 1989; Groppo, 1970; Scilligo, 1971).

Consultar también (Barth, 1990, en particular desde la p. 181; Racle, 1983).

Según Racle la motivación no es un estado innato del receptor, ni una reacción voluntaria, más bien es un mecanismo fisiológico que se ejercita en dos planos: uno específico que conduce hacia un sujeto deseable y un plano no específico que asegura un estado de actividad general del organismo, adaptado y adecuado para reaccionar a estímulos externos. Por lo tanto, la motivación es un mecanismo de tipo acción/ retroalimentación que puede ser manejado desde el exterior.

A propósito de la vasta e importante problemática de las relaciones afectivas con los profesores, consultar (Aspy, Roebuck, 1977). Me gusta traducir el muy significativo título del libro apenas citado: Kids don't learn from people they don't like, Los niños no aprenden de las personas que no les gustan. Hecho confirmado por (Tausch, 1978).

Sobre la capacidad del profesor de entender el desarrollo de las relaciones, ver (Abraham, 1984).

Evito cuidadosamente, para no perderme en caminos infinitos, toda cuestión inherente al Psicoanálisis, por confesada incompetencia. Sin embargo, en esta sección, podría muy bien encontrar lugar una mención relacionada con la problemática del así llamado "mecanismo del placer preliminar".

Sobre la problemática general de la motivación para aprender, consultar también (Boscolo, 1986, especialmente las pp. 235-260).

Sobre las problemáticas del niño como elemento social, también ligadas a la capacidad o incapacidad de resolver problemas, ver el libro (Gardner, 1987, especialmente de la p. 270 en adelante).

2.2. Motivación y resolución de problemas

El modelo de escuela que los padres tienen en mente, incluidos los padres jóvenes, es muchas veces bastante diferente al modelo que la escuela en realidad ofrece al niño. Aún si los padres no estudiaron de memoria las tablas de multiplicar, han recuperado un modelo viejo consolidado en el tiempo, con niños que realizan operaciones continuamente y que resuelven "problemas" (que son sólo ejercicios) todo el día. A veces el profesor es consciente de esta diferencia de modelos, pero no siempre. Incluso el profesor más experto puede creer erróneamente que los padres (hasta los padres que aparentemente están de acuerdo) afianzarán en casa el trabajo educativo y didáctico. La realidad enseña que de hecho no es sí: los padres a veces critican, delante del niño, la labor del profesor. Esta discrepancia crea un ansia para nada irrelevante. Quedándonos en el tema de los problemas, el profesor puede estar convencido del hecho que a veces se entiende automáticamente que la tarea del niño es una cuestión de aplicación, otras veces en cambio es una deducción obtenida a partir de la observación y el razonamiento, a veces es la planificación de algo que requiere autonomía u otras veces puede ser una creación (o, para no exagerar, una demostración de autonomía). En fin, se puede pasar de una simple operación escrita (aplicación), al análisis de las propiedades particulares de una figura (observación, deducción de propiedades), a inventar una cosa hecha de tal o cual manera (idear, planear), hasta una creación autónoma (inventar un problema imposible). Esta escala de solicitudes, entre otras cosas muy razonables, no es banalmente reconocida por parte del niño, lo que le puede causar vergüenza. Parece preferible, entonces, crear una serie de acuerdos explícitos, haciendo que la calidad de la solicitud sea evidente para el estudiante, es decir hacer la solicitud de manera crítica. Tal vez los niños más "fuertes" pueden, basados en la experiencia, más o menos explícitamente "reconocer" la calidad del trabajo que se les pide. Pero, para los niños más "débiles" esta incerteza puede convertirse en una desventaja y por tanto puede ser contraproducente. Por lo anterior es que parece razonable fijar bien los criterios de evaluación (ver D'Amore, Zan, 1996b):

- se evalúa solo el "razonamiento seguido en la resolución de los problemas"; lo cual significa que no se podrá más adelante recriminar un eventual descuido en la ejecución de los cálculos;
- se evalúa con meticulosidad extrema la ejecución de los cálculos: viceversa.

Estos acuerdos explícitos deben ser respetados por ambas partes. Por lo tanto, es indispensable entrar en detalles sobre las fases de corrección de los trabajos escritos sobre la resolución de problemas, dando sugerencias, completando, y no solo señalando los errores (especialmente, de manera acumulativa, ya que esto no tiene ningún valor).

El lado afectivo hace siempre parte del gran capítulo sobre la motivación; un bloqueo que perdura y que es difícil de eliminar puede ser inducido en los niños que se equivocan frecuentemente si no hay una intervención tendiente al refuerzo afectivo. Para eliminar tales dificultades, Boero (1986) sugiere:

> [...] elegir situaciones problemáticas bien contextualizadas, es decir problemas contextualizados en ámbitos culturales ricos y estimulantes para los niños: los "intercambios económicos", las "producciones hechas en clase", los "cambios estacionales", el análisis del fenómeno de las "sombras", las comparaciones históricas cuantitativas, la geografía económica, las "comparaciones de costo beneficio" entre diferentes tipos de carros (por ejemplo, en los medios de transporte).

Efectivamente, también las experiencias hechas o seguidas por mi muestran que los niños emotivamente o culturalmente más débiles pueden recuperarse (hablo de interés y de motivación, primero; de éxito y de capacidad, después), proponiendo temas de reflexión problemática más cercanos a su realidad. Sin embargo, debo decir que no siempre es así; si la realidad es adversa y cotidianamente difícil, en más de una oportunidad se ha demostrado la eficacia de una situación problemática ficticia, sobre la que se ha establecido un acuerdo. Por ejemplo, la planeación de un viaje de vacaciones a Zaire para una niña (R) que tiene graves dificultades familiares, conllevó al planteamiento de estrategias ficticias y reales sobre una problemática enteramente ficticia, consciente y agradablemente ficticia. Por otro lado, se trataba de un caso humano en el cual cualquier referencia a la realidad personal o familiar podría haber sido perjudicial: la niña necesitaba evadir la realidad y crear problemas atractivos. Lo anterior no tiene el ánimo de contrastar la propuesta de hacer referencia a situaciones reales en el caso de los niños más débiles, sino que tiene el ánimo de decir que no siempre el más débil (muchas veces por privación propiamente de la realidad) ama solo los contextos reales. (El discurso sobre los "más fuertes" es muy diferente: la motivación ya existe, generalmente, y la contextualización es casi del todo irrelevante).

El papel de los padres parece notable en lo concerniente con todo dicho en esta sección.

Nota bibliográfica

Para profundizar lo dicho en esta sección, sugiero (Boero, 1986) donde se puede encontrar una amplia bibliografía.

A propósito de la revelación de errores en los textos de Matemática por parte del profesor, especialmente en la actividad de resolución de problemas, encuentro muy pertinente (Baruk, 1985).

Ver también (D'Amore, Zan, 1996b).

2.3. Motivación, volición y afectividad

> Que un elemento afectivo sea parte de cada descubrimiento o invención es bastante evidente, y muchos pensadores han insistido sobre esto: es claro que ningún descubrimiento o invención significativa puede realizarse sin la voluntad de descubrir.

Así se lee en Hadamard (1993). Claro, cuando el gran matemático Jacques Hadamard (1865-1963) habla de descubrimiento o invención, se refiere a ejemplos de descubrimiento o invención de alto nivel matemático.

¿Pero, ya que todo se relativiza (y a mi modo de ver cada descubrimiento o invención puede ser de alto nivel, según las bases de las cuales se parte), por qué no considerar la frase de Hadamard como una frase adaptable a una situación de clase en la cual la didáctica sea, por lo menos en parte, inspirada en las técnicas del aprendizaje por descubrimiento? Nos podemos referir al original *discovery learning* de Bruner (1961) o a una de sus tantas variantes sucesivas.

Por otra parte, dado que *las emociones juegan un rol fundamental en la construcción personal del saber matemático,* hecho que ha sido afirmado con fuerza también por parte de Kruteskii (1976) precisamente en el ambiente de clase y en los primeros niveles de escolaridad. Kruteskii habla de las *emociones positivas* experimentadas por los estudiantes que logran buenos resultados en Matemática, exactamente en los mismos términos en los cuales lo hacían Hadamard y otro gran matemático, Henri Poincaré (1854-1912),

> [...] con la consecuencia que los aspectos relacionados con el conocimiento, tan evidentes en la investigación científica, aparecen profundamente conectados a aspectos emocionales» (Zan, 1995) [ver Poincaré (1906, 1914)].

El mismo Hadamard concluye: «Vemos nuevamente cómo la dirección del pensamiento implica elementos afectivos».

Lo cual, en una línea rápida, me gusta resumir de la siguiente manera: «Todo acto cognitivo presupone un ámbito afectivo» o sea: «No existe lo cognitivo sin lo afectivo».

La máxima gratificación posible para un profesor dispuesto a aceptar este tipo de consideraciones es, basándose en ellas, ver críticamente la didáctica propia. Lo cual se puede ejemplificar a partir de una frase con la que concluye Zan (1995), haciendo referencia a los que *no lo logran resultados positivos* en el campo de la Matemática:

El reto propuesto por quien"no lo logra" (más que un reto, es un llamado [...]) no prevé caminos delineados a priori, ni admite soluciones técnicas. Pero si se tiene suficiente voluntad, paciencia y sobre todo fantasía para recoger tal reto —para escuchar el llamado— quizá se tenga la gran emoción de escuchar a nuestro alumno decir: «Una vez, en Matemática yo no lo lograba».

Pero: ¿qué se entiende por"afectividad"exactamente? Cito a Pellerey (1992):

> Por afectividad se entiende en general un amplio espectro de sentimientos y estados de ánimo que se presentan con características diferentes respecto a la cognición pura. En este espectro se incluyen normalmente los valores, las creencias, las concesiones relacionadas con el sentido y el porqué de un área de estudio, las concesiones en sí relacionadas con tal área, los comportamientos, las motivaciones y las emociones. Las creencias o concesiones de referencia se constituyen a partir de un conjunto de apreciaciones y valoraciones subjetivas, relativas a la matemática, elaboradas bien sea por el alumno o por los profesores (...). En este caso prevalece el componente cognitivo, aunque tal conjunto constituya una parte importante del contexto personal en el que se desarrolla la dimensión afectiva.

Entre los múltiples componentes de esta "afectividad", hay dos puntos que consideramos, dada nuestra experiencia, de extraordinaria importancia:

- la imagen de sí mismo en el quehacer matemático
- la motivación que tengan los alumnos al hacer Matemática.

Existe una amplísima bibliografía sobre cada uno de estos puntos. Por ejemplo, sugerimos la lectura de: Pellerey y Orio (1996) quienes hacen énfasis en este tipo de investigación (más de tres páginas de bibliografía en el contexto internacional); Cornoldi y Caponi (1997) y Zan (1997).

Indudablemente, el componente de la"motivación"tiene un peso relevante en los procesos de aprendizaje. Se puede advertir tal peso en modo epidérmico, hablando con los profesores, pero se advierte aún más como motivo recurrente en las investigaciones de carácter meta cognitivo.

Tal vez convenga, en primera instancia, distinguir entre motivación y volición:

> En esta[5] perspectiva, la motivación debe ser vista como el proceso mediante el cual se forman nuestras intenciones; es decir, la elaboración de las razones que nos llevan a hacer algo. Mientras que la voluntad es el proceso base en el cual nuestras intenciones se producen; en otras palabras, el querer conseguir concretamente el objetivo expresado por nuestras intenciones (Pellerey, 1993);

pero, refiriéndose a Heckhausen (1990), el mismo Pellerey (1993) afirma:

> La motivación es concebida por Heckhausen según una perspectiva un poco restringida y precisa con respecto al concepto global tradicional. En este sentido, Heckhausen considera, de hecho, los procesos que incorporan la expectativa de resultados deseables o no deseables que se derivan de las acciones emprendidas y la percepción de la capacidad de lograr tales resultados por medio de éstas. El proceso se produce en el contexto de la relación entre persona y situación y constituye el primer paso del actuar, en cuanto elaboración cognitiva marcada por componentes afectivos, que insta más o menos fuertemente a una conclusión operativa (tendencia motivacional). El proceso motivacional, aun siendo el primer paso hacia la acción, no incluye la generación de la intención en sí. Es necesario que se desarrolle al menos un acto de

....

[5] El autor de este pasaje (Pellerey, 1993) se refiere a los célebres trabajos de Kuhl (1983, 1984) sobre los procesos que preceden la realización de nuestras intenciones.

consenso interno para transformar la finalidad de una acción en una intención de actuar explícita. Se trata del momento decisivo propiamente dicho, que no está relacionado tanto con el hacer o no algo, sino con hacer algo en este mismo momento, en este contexto preciso. Es entonces cuando se pasa del deseo a la elección.

Por lo tanto, aceptando la posición de Heckhausen, se pude decir que el paso del *deseo* a la *acción* no es tan banal e inmediato[6]: hablar de motivación en general, entonces, resulta un poco vago; se necesita por lo menos un acto decisivo y este acto parece estar fuertemente influenciado por:

- las decisiones personales previas del estudiante
- la capacidad por parte del profesor de crear el contexto propicio.

Solo que el contexto en el cual se desarrolla la Matemática parece estar a menudo ya confeccionado; las expectativas del estudiante y las decisiones previas (del profesor) en este sentido parecen cristalizadas por un modelo matemático ya pre constituido, ya decidido *a priori* por alguien más o, lo que es aún peor, por la naturaleza misma de la asignatura.

Nos podríamos limitar a pensar en una situación estándar en la que el profesor

- adopta una estrategia para reforzar la motivación *intrínseca,* haciéndola lo más *extrínseca* posible; por ejemplo, la estrategia del *incentivo* (o, en líneas más generales, técnicas para aumentar la autoconfianza)

y, por lo tanto

- favorezca la creación de una motivación interna [el límite de todo esto es que parece casi inevitable recaer en un modelo preconcebido; ver: Franta (1993)].
- O, y es aquí donde entra en juego nuestra experiencia (la cual describiremos más adelante), se necesitaría:

....

[6] Ciertamente, hay que examinar si no es banal solo el "paso", o también los dos "polos": el deseo y la realización. Pero este punto debo pasarlo por alto, dejando en las manos de los más expertos la tarea de continuar.

- por un lado, desplazar la expectativa preconcebida en relación con la Matemática (estándar: la de la escuela); se trata sustancialmente de poner en cuestión las viejas convicciones;
- por otro lado, convencer implícitamente (para evitar la demagogia; es decir, basándose en la tarea asignada y no en recomendaciones ni prédicas estériles) que cualquiera está capacitado para construir Matemática (e incluso que la Matemática son un producto *construible de manera personal*); se trata entonces de elaborar nuevas convicciones;
- en fin, incluir en la evaluación (que frecuentemente es un paso motivacional fuerte para el estudiante) precisamente el fruto de las tareas asignadas, sin dar a la Matemática escolar tradicional un tratamiento diferente, en el momento de la evaluación, al de la Matemática construida sobre la instancia no estándar (de manera que se dé dignidad tanto a la parte estándar como a la no estándar); sustancialmente se trata de una elección de tipo didáctico con el fin de llevar a cabo los primeros dos puntos.

Se trata de crear un *contexto emocional positivo* que debe ser estable a nivel cognitivo y relacional (ver la experiencia narrada en D'Amore, Giovannoni, 1997).

En resumen, es obvio que la emoción que no se relaciona con hechos contingentes y raros modifica el sistema mismo de convicciones y valores (sobre este punto, ver Pellerery y Orio, 1996): las reacciones emocionales repetidas llevan a asumir comportamientos; nos parece que un resultado positivo se puede obtener si el estudiante está dispuesto a modificar el modelo mismo de expectativa estándar de la Matemática por un modelo no estándar que el profesor le da como alternativa (repetimos: no de manera episódica, sino de manera estable en cuanto al tiempo y a la motivación).

Lo anterior nos lleva necesariamente a una reflexión sobre los comportamientos frente a la Matemática.

Recuerdo aquí los estudios pioneros de Aiken (1970, 1976), en los cuales se distinguieron los momentos cruciales del nacimiento de un comportamiento negativo en relación con la Matemática en la franja escolar que corresponden a los grados de 6 hasta 8 (es decir más o menos alumnos entre los 11 y los 14 años de edad). Aquí se trata de revertir el fenómeno buscando, en la medida de lo posible, comportamientos positivos. Ahora bien, existe un *Inventario de comportamientos con relación a la matemática* de Sandman (1980) que incluye seis escalas de medida:

- el placer de hacer Matemática
- el valor dado a la Matemática
- la percepción del profesor de Matemática
- la ansiedad con respecto a la Matemática
- el auto concepto en el quehacer matemático
- la motivación para hacer Matemática.

El hecho que los valores mínimos se alcancen en el paso de la primaria a la escuela sucesiva, e incluso que tales valores se vuelvan negativos propiamente entre los grados 6 y 8, además de ser evidente ante los ojos de cualquier profesor e investigador, es confirmado por algunos estudios, por ejemplo los de Anderman y Maehr (1994); lo anterior se adhiere al rechazo, a la aversión, a la motivación negativa, al negarse a creer que la construcción personal de la Matemática es una posibilidad: una especie de autodefensa de un"monstruo"que no se puede controlar de ninguna manera.

El interés investigativo e incluso el interés solo pedagógico en este sentido se debe centrar, más que en los procesos de la enseñanza, en los procesos del aprendizaje; mejor aún, debe centrarse en la relación enseñanza/aprendizaje partiendo de las siguientes convicciones, tal como se presentan en D'Amore y Frabboni (1996):

- el sujeto de la enseñanza de la Matemática no es la Matemática misma sino el alumno y, por lo tanto, la atención del profesor debe estar concentrada en los alumnos que están aprendiendo Matemática; de tal manera, se vuelve vital reconsiderar cada vez y tener siempre presentes todas las implicaciones incluidas en el triángulo de la Didáctica (Chevallard, 1985);

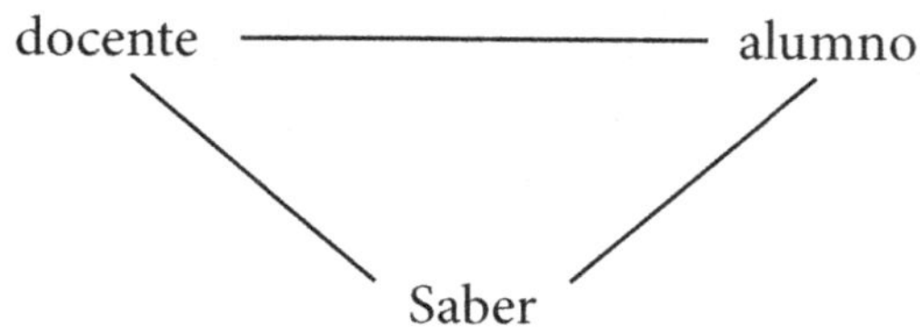

- el aprendizaje no se mide a través de una "cantidad de competencias adquiridas" vagas e indefinidas, se mide sobre todo a partir del placer, el deseo y la disposición a usarlas;
- la motivación intrínseca para aprender se debe mostrar como un *objetivo didáctico*, no como una *condición de inicio* (D'Amore, Sandri, 1994);
- en la enseñanza de la Matemática es necesario respetar al individuo; en este punto se sitúa la intención de no forzar aprendizajes vacíos o meramente formales, sino la necesidad de construir el pensamiento matemático, con la colaboración continua y cercana del alumno mismo, inclusive con la intención de dejar en él recuerdos positivos (no solo de orden cognitivo) de la materia (ver Furinghetti, 1993);
- en el proceso aprendizaje/enseñanza de la Matemática hay que considerar como algo prioritario que se debe tener siempre bajo observación la imagen que tanto el profesor como el alumno tienen de la Matemática, la imagen que tiene el alumno de sí mismo cuando hace Matemática y también la imagen que tiene el profesor de sí mismo en el desempeño de su rol.

Nota bibliográfica

Para la redacción de esta sección, hice uso de (Aiken, 1970, 1976; Anderman, Maehr, 1994; Boero, 1986; Bruner, 1961; Chevallard, 1985; Cornoldi, Caponi, 1997; D'Amore, 1994a, 1995a; D'Amore, Frabboni, 1996; D'Amore, Giovannoni, 1997; D'Amore, Martini, 1997b; D'Amore, Oliva, 1994; D'Amore, Sandri, 1994, 1996; Franta, 1993; Furinghetti, 1993; Hadamard, 1993; Hart, 1985; Heckhausen, 1990; Kruteskii, 1976;

Kuhl, 1984; Laborde, 1982, 1995; Maier, 1993; Pellerey, 1992; Pellerey, Orio, 1996; Poincaré, 1906, 1914; Sandman, 1980; Zan, 1995, 1997).

De manera particular, sobre la distinción entre motivación y volición ver (D'Amore, 2003; D'Amore, Fandiño Pinilla, 2012; D'Amore, Godino, Arrigo, Fandiño Pinilla, 2003; Fandiño Pinilla, 2006; Pellerey, 1993).

A propósito de la motivación externa al aprendizaje de la Matemática, la educación de la intuición y la superación de los estereotipos escolares puede ser muy fructífero el estudio de las investigaciones de G. B. Saxe; quien, en efecto, hace mucho tiempo estudia situaciones de aprendizaje de la Matemática fuera del mundo escolar y, de tal manera, ha logrado comparar el aprendizaje escolarizado y el no escolarizado, obteniendo resultados interesantísimos. Sugiero (Saxe, 1977, 1979, 1982, 1985). Sobre todo, en lo relacionado con nuestro tema (Saxe, 1988). Para el lector poco familiarizado con las búsquedas bibliográficas (Saxe, 1991).

Un estudio critico – analítico del triángulo de la Didáctica en (D'Amore, Fandiño Pinilla, 2002.

2.4. El contrato didáctico en el laboratorio

Una sección breve para decir solo que: si al menos parte de la actividad escolar de la Matemática se desarrolla en el laboratorio, el contrato didáctico cambia porque cambian la motivación, el interés, el comportamiento y la volición.

Como lo dije anteriormente (con varios ejemplos de"casos") la figura del profesor que da o promueve problemas es distinta solo si en cambio del ambiente de clase se trabaja en un ambiente distinto, un especifico ambiente de laboratorio, por varios motivos. Esto depende de varios factores, entre los que el "hacer" tiene un rol privilegiado, más que el "escribir" o el"hablar". Las situaciones problemáticas que se delinean en el laboratorio se relacionan muchas veces con algo que se debe construir, hacer o manejar en la práctica, concretamente; para cuya realización se deben superar no solo obstáculos conceptuales sino también obstáculos prácticos y concretos. La ayuda del profesor (o del "técnico del laboratorio", cuando existe) es esencial y significativa. La motivación que nace de esta actividad puede ser diferente y muy productiva: al final hay un producto funcional, un objeto que se puede mostrar; no solo un simple resultado o una simple aceptación social, existe la posibilidad de mostrar con orgullo un objeto, algo que funciona y que tiene un sentido.

Lo anterior me lleva consecuentemente al problema de la operatividad:

- en el laboratorio se puede pensar en un reto o en una simulación de la realidad en términos reales;
- en clase, la simulación del laboratorio no logra ser convincente (tan solo como modalidad ficticia); a lo cual yo llamo extrañamiento del ambiente o identificación *artificial*.

El origen de muchas de las molestias que produce el simple acercamiento a la Matemática es precisamente no querer distinguir lo real de lo ficticio. El mero acercamiento a la formalización de lo real puede generar un rechazo que, paradójicamente (valdría la pena reflexionar) es más acentuado en los estudiantes más "listos". Cito aquí el caso de una niña de cuarto grado, J.; J. es muy lista en todas las asignaturas, sobre todo en idiomas y en dibujo; la niña demuestra creatividad, sabe hablar y contar historias, comprende los textos inmediatamente, es espontánea y activa; en Matemática es muy rápida, pero no participa activamente en la resolución de ejercicios ni en la ejecución de operaciones. Apenas se acerca a la descripción de una situación problemática, aún más si la situación es real, J. se cierra y no muestra disposición para escuchar, rechaza el contacto con la formalización y manifiesta incomodidad y poca tolerancia.

¿Qué se puede hacer en este caso? No se trata de una manifestación aislada, aún si en este caso se manifiesta de manera macroscópica; hay que "enmascarar" las situaciones problemáticas de carácter matemáticos, lo que puede pasar con:

• decir que se trata de otra cosa, no de Matemática;

• recurrir al laboratorio, donde el lenguaje puede no ser formal (puede estar relacionado con el dibujo u otra labor concreta).

Nota bibliográfica

Para la redacción de esta sección, utilicé (D'Amore, 1990-91; Fischbein, Vergnaud, 1992).

Las referencias bibliográficas generales para todo el capítulo son aquellas relativas al estudio de la relación comunicativa que pasé por alto para no hacer demasiado pesado el texto. Me limito a algunas referencias significativas: (Caroni, Iori, 1989; Argyle, 1974; Coffman, 1971; AA.VV., 1978).

Para el tema de la enseñanza vs. aprendizaje, una visión unitaria de proceso de interacción, ver (Postic, 1979).

Sobre el tema de las interacciones verbales profesor/alumno existen cientos de técnicas diversas, tal y como lo expone el clásico (Ballanti, 1984).

Entre las técnicas de interacción verbal, me parece aún interesante el modelo de Amidon-Hunter (el cual perfecciona sustancialmente el modelo precedente de Flanders), muy complejo y variado; ver (Amidon, Hunter, 1983).

Actualmente, en este campo, es indispensable poner atención a la llamada "interacción no verbal" (examinada en una fase especial por nosotros, la fase en la que los niños de una clase resuelven problemas dados por un experimentador, en presencia tanto de éste como del profesor); ver (Kaes, Anzieu, 1981; Kaes, 1983; AA.VV., 1974; AA.VV., 1985).

3. La intuición

3.1. La capacidad de resolver problemas con un golpe de intuición

Cuántas veces, me cuentan los profesores, sucede que un niño que sabe responder, sobre todo de manera oral, a la pregunta de un problema, incluso cuando debe usar dos algoritmos diferentes, no sabe "explicar" cuál fue el procedimiento que ha seguido para resolverlo. Éste no es un fenómeno aislado o reservado a casos particulares: se trata de algo recurrente que es interesante si se quiere estudiar el mecanismo complejo de la resolución de problemas. A menudo el niño es consciente de esta situación, tanto así que no es raro que diga: «El resultado es este: (...), pero no sé cómo lo encontré».

El hecho es que, si se fuerza al niño a dar una explicación del procedimiento que siguió, en condiciones que lo impulsen de manera placentera a hacerlo, se obtienen resultados sorprendentes a primera vista.

Aquí algunos protocolos significativos por motivos diferentes, recogidos en nuestras experiencias en el NRD de Bolonia.

El siguiente es el texto sobre el cual se trabajó:

Ángela tiene que ir de Bolonia a Rímini (120 km) pasando por Faenza (60 km) en autobús; sale a las 8 y viaja a 60 km por hora ¿A qué hora pasa por Faenza?

En el momento en que Ángela pasa por Faenza, Julián sale de Bolonia para ir a Rímini, haciendo el mismo recorrido de Ángela, pero en carro, a 120 km por hora.

¿Quién llega primero a Rímini, Ángela o Julián?

Simona, de quinto grado, responde «9» a la primera pregunta y «Julián» a la segunda. Ante el pedido de explicar el razonamiento, escribe:

Ángela pasa por Faenza a las 9

120+60=180

180:60=3

Julián (borrado después)

180:120=1 r. 6

Si Ángela viaja a 60 km por hora y los kilómetros de Bolonia a Faenza son 60, le tomará una hora.

Roberto, de cuarto grado, responde «9» a la primera pregunta y «Llegan al tiempo» a la segunda. Cuando se le pide explicar el razonamiento, escribe:

Pasa por Faenza a las 9. Llegan a Rímini al mismo tiempo. En la primera respuesta (borrado después) hice 60:6 y me dio 10 y en la segunda respuesta 120:6 y me dio 20.

Dejando de lados otras consideraciones que se pueden hacer sobre estos documentos, creo que es plausible al menos la siguiente: es necesario rendirse y aceptar que de hecho hay niños que saben resolver a los problemas, incluso aquellos complejos, pero que no saben justificar su respuesta (correcta o no). Ciertamente, gran parte de esto depende de una dificultad en el manejo argumentativo del lenguaje (esto entra, por ejemplo, en el complejo mecanismo de aprendizaje argumentativo en Matemática: Fandiño Pinilla, 2008); pero en muchos casos la"explicación" oral o escrita no es más que un simple intento de llenar un vacío, por contrato didáctico («Es lo que el docente espera de mí»).

Lejos de ser magia, o cualquier otra cosa más allá del mundo deductivo matemático, el fenómeno parece entrar también en la parte más creativa de la práctica matemática, por lo menos ciñéndonos a lo que afirma Jules Henri Poincaré en *La ciencia y la hipótesis*. En el primer capítulo (*Sobre la naturaleza del razonamiento matemático*), el autor debate la muy difundida tesis (el autor escribió dicho artículo en

1894 y posteriormente lo recoge en una edición de 1906) en la cual se afirma que la creación de la Matemática se da de manera rigurosamente deductiva; es más, muestra con varios ejemplos que no es así. La importancia de los actos puros de intuición precede a la construcción del conocimiento (particularmente con referencia a la Matemática), por lo que Poincaré logra al mismo tiempo ser anti-kantiano y anti-empirista: las proposiciones matemáticas (se discute en particular de la Geometría) no son ni juicios sintéticos a priori, ni juicios sintéticos a posteriori. No puedo ahondar en esta fascinante cuestión, por lo que reenvío al texto mismo (en cuyo prefacio se trata la célebre polémica con Bertrand Russell).

De tal manera que, en la práctica matemática creativa, constructiva, el acto de intuición es preponderante. Si un jugador de ajedrez, en una situación determinada, tuviera que prever en detalle hasta la quinta jugada posible, tendría que examinar y analizar miles y miles de desarrollos posibles en el juego en curso; es por esto que el jugador se limita a un acto de intuición (guiado por la competencia y por la experiencia) en su propia jugada. De la misma manera, el matemático no analiza su proceso desde el punto de vista deductivo, al contrario, da pasos análogos dictados por su intuición.

¿Por qué no se puede esgrimir la misma posición a propósito de la resolución de problemas? Para confirmar esta posibilidad existen aquellos niños de los que se hablaba anteriormente.

Se podría también pensar en exagerar lo que Glaeser llama: los "eureka".

Según G. Glaeser (1975), en el acto creativo (dentro del cual se debe incluir la resolución de problemas) hay 5 fases que constituyen un proceso heurístico:

- la preparación (aquí, la motivación juega un papel esencial: el profesor favorece el interés del niño proponiéndole o haciendo emerger una situación problemática interesante);

• la incubación (los primeros tentativos de análisis, a veces implícitos, que el niño pone en marcha; por ejemplo, repetir el problema, ponerse en situación y dar una representación al hecho descrito);
• la carpintería[7] (es la fase donde suceden las primeras hipótesis tímidas: «Y si (...)» con las cuales el niño entra en contacto con el problema, estudiándolo desde varios ángulos y haciéndolo propio), (incubación y carpintería son dos fases conectadas y no rígidamente divididas);
• la inspiración[8] (puede ser el momento final, cuando el niño da la respuesta final, o un caso intermedio, una iluminación significativa en el proceso de resolución; es el momento de actividad máxima, en el cual el niño está más involucrado);
• la prueba y la redacción (actividad explícita, si el profesor ha acostumbrado a los niños a esta fase; o simplemente una revisión mental, rápida, de coherencia entre la solución encontrada y el problema propuesto).

Me gusta poner el acento, en este capítulo dedicado a la intuición, sobre la inspiración o eureka de Glaeser.

Todas las otras fases se pueden adquirir, pero el punto fundamental del proceso de resolución está en el momento en el cual entran en juego varios factores importantes: la motivación, la personalidad, el estilo, la afectividad, la competencia, la asimilación, etc. Por lo tanto, no parece poderse excluir el hecho que se pueda interpretar la postura filosófica de Poincaré, en esta circunstancia, teniendo en cuenta la existencia del fenómeno de la resolución con la incapacidad de rendir cuenta exteriormente de la experiencia interna, con un agigantamiento de esta fase que en algunos niños puede ser tan fuerte y violenta que anule, al menos de manera explícita, otras fases. Vale la pena observar que la fase de preparación es absolutamente necesaria (es el momento de la motivación), la incubación y la carpintería pueden ser del todo interiores

• • • •

[7] En origen: bricolaje.
[8] En origen: eureka.

(en esta parte juega un papel formidable la experiencia del sujeto), la prueba puede también estar del todo ausente, pero el eureka explota vivamente dominando todo el proceso.

Sea lo que sea, es a la intuición a la cual se puede hacer referencia como punto neurálgico de la resolución de un problema. El hecho que algunos niños hagan referencia a un acto puro de intuición para concentrar un proceso de resolución de problemas de otro modo complejo, parece no tener connotaciones negativas. Es probable que con un proceso más o menos lento de maduración individual, antes o después, con la guía consciente del profesor, el niño descrito en esta sección termine sabiendo hacer explícitos los"pasos lógicos"que lo llevaron a formular la solución. Sin embargo, es necesario decir que la"lógica"de estos pasos es una lógica adulta y que me parece pertinente anotar explícitamente que el profesor no debe perseguir con sus tiempos, con su lógica, con sus modos de actuar, las respuestas esperadas; las respuestas pueden ser personalizadas (en todos los sentidos) para cada niño.

De un niño que no sabe hacer explícito el"razonamiento lógico"que lo ha llevado a la solución (como a veces dice el profesor), no se puede simplemente decir: «No sabe razonar, no tiene lógica», como muchas veces se oye decir. Como hemos visto, la cosa es mucho más compleja y consta de diversos puntos, entre los cuales juega un papel excepcional la capacidad de exteriorizar los propios eureka (aún mejor la pareja: carpintería-eureka, para decirlo a la manera de Glaeser), la capacidad de auto distanciamiento, de dar representaciones externas de los procesos internos y a las situaciones descritas.

3.2. Entonces, ¿qué es la intuición?

Una pregunta de este tipo puede causar burlas: cada uno de nosotros sabe, de manera (…) intuitiva, lo que es la (…) intuición. Pero, cuando se intenta formular una definición, resulta siempre algo decididamente poco (…) intuitivo.

Burlas aparte, el concepto de intuición es uno de los más complejos de toda la Psicología, así que está lejos de cualquier ser humano razonable la idea, la presunción de responder a esta pregunta.

Por lo tanto, me limitaré aquí a dar solo una breve e incompleta presentación de situaciones y posiciones, examinando las que parecen ser las más convincentes, las más cercanas al problema en cuestión (el estudio de las estrategias para la resolución de problemas de Matemática), aquellas que desde hace décadas guían mi grupo de investigación en el estudio de los procesos para la resolución de problemas de Matemática.

De tal manera que advierto inmediatamente que no voy a citar posiciones importantísimas en el discurso general sobre la naturaleza de la intuición humana, si no son pertinentes en el caso específico de la resolución de problemas de Matemática.

La intuición parece ser un conocimiento inmediato, aceptado de manera directa (no solo por ser evidente, sino, sobre todo, porque concuerda con la experiencia, interna y externa, que tiene el sujeto sobre determinado tema), un golpe instantáneo, que dé la impresión que (al menos en esta fase) la prueba (la demostración) no es necesaria.

He intentado condensar, con la ayuda de lo que dice Efraím Fischbein (1985a), las posiciones de los gigantes Descartes, Spinoza, Kant y Bergson, aun si tales posiciones no se parecen entre sí. He incluido también los planteamientos de los seguidores del intuicionismo. El resultado es una descripción de la intuición muy ingenua y fácilmente criticable, que en todo caso es un punto de partida.

Es evidente que hasta ahora he confundido intencionalmente dos acepciones del todo diferentes de la intuición:

- una, para la que se requiere un acto creativo al estilo Poincaré y, creo que se puede afirmar, al estilo de Polya (1945);

• la otra, en la cual se tiene un acto que condensa en un todo único la experiencia y la competencia de casos no siempre análogos a aquellos tratados.

Ahora bien, si es cierto que la primera acepción es sin lugar a dudas la más fascinante, también es cierto que la segunda, dada un poco por descontada, es la que se presenta más frecuentemente en las actividades didácticas usuales, excelentemente descrita, por ejemplo, por Efraim Fischbein (1985a). Aunque lo que diré a continuación puede ser aplicado también a la intuición del primer tipo, es el segundo tipo de intuición el que examinaré más cuidadosamente.

Parece importante el hecho que la intuición se ubique en una dimensión temporal limitada, un hecho que ha sido puesto en evidencia escasamente; una intuición elaborada y larga temporalmente debería tal vez llamarse de manera distinta.

Varios nombres diversos han sido dados a este fenómeno a través del tiempo, con frecuencia con acepciones diferentes. De tal manera que encontramos el *insight* [propuesto por la Psicología de la Gestalt (iniciada ya a partir de premisas de filósofos alemanes y puesta en evidencia a partir de un famoso estudio de Max Wertheimer de 1912, sobre todo con una publicación de 1920)]. Polanyi (1967) a su vez sugiere que un acto de intuición, fundado en una competencia precedente, no puede ser más que conocimiento tácito o implícito (ya que si fuera explícito no llevaría a un acto de irrupción ni a un golpe instantáneo, sería en cambio un "simple acuerdo" entre lo que se conoce explícitamente y lo que se propone).

Una reseña completa de las diversas posturas requeriría el libro completo; además, no tendría la competencia para hacerlo: por este motivo, como ya lo he dicho, me limito a algunas, solo aquellas que de alguna forma son compartidas o aceptadas al menos parcialmente.

Hay (siguiendo a Fischbein, 1985a) dos categorías fundamentales de la intuición:

- la intuición de anticipación;
- la intuición de aceptación.

La primera es típica del *problem solving* y es la que más se parece a la categoría delineada por Poincaré y la Gestalt. Fischbein (1985a) la define como una «conjetura preliminar, global y plausible que se hace en el proceso de solución de un problema». Me parece que este tipo de intuición puede ser explícita o implícita y que, de hecho, en lo niños se presenta de tal manera. Por lo tanto, algunos eureka de Glaeser pueden ser considerados fruto de la anticipación. Obviamente, nadie ha dicho que la intuición de anticipación proporcione siempre intuiciones correctas. El texto de un problema, su formulación y los mecanismos que entran en juego son tales y tan diversos que pueden suscitar en los niños intuiciones y anticipaciones incluso contrastantes, algunas correctas y otras no. La fuerza de las emociones puede jugar malas pasadas y llevar a los niños a no reconsiderar el fruto de la intuición, comparándolo con el texto del problema: una actitud muy difusa entre los niños es dar respuestas rápidas a los ejercicios propuestos («Se necesita el signo más» o frases similares). Tal actitud podría estar relacionada con la "explosión" emotiva del acto de intuición de anticipación (y, además, naturalmente, al contrato didáctico).

La intuición de aceptación es más cercana filosóficamente al pensamiento de Descartes, Spinoza y Cantor. Siguiendo a Fischbein (1985a), «Las intuiciones de aceptación son conocimientos (representaciones, interpretaciones, relaciones) que son aceptadas como ciertas y autoevidentes por parte del sujeto que aprende». Su base es doble:

- las competencias y la experiencia adquiridas y, por tanto, la correspondencia con el modelo que el sujeto ha construido previamente (de manera explícita o solo implícita) con respecto a un tema dado;
- la fe en la fuente: un texto, el profesor.

Las dos componentes de la base se entrelazan de manera tan compleja entre ellas y con las varias cláusulas del contrato didáctico que en los sujetos muy jóvenes es incluso difícil separarlos. Tanto así que algunas de estas intuiciones de aceptación son indiscutibles para los niños pequeños, ponerlas en discusión puede causar reacciones violentas y dramáticas («¡Lo dijo la profesora!»; «Es necesario el por»).

El hecho es también que las intuiciones de aceptación pueden ser erradas; pero ¿con respecto a qué análisis? El análisis de"otro"se vuelve aceptable (tanto como para poner en crisis al sujeto a quién tal análisis va dirigido) solo si este "otro" es una fuente tan o más autorizada (culturalmente, por experiencia o por fuente de fe) que aquella que dio la intuición de aceptación que se quiere poner en discusión.

Aún más: la intuición de aceptación (unida a la intuición de anticipación, a su vez) puede dar un modelo de la realidad que bloquea, en lugar de ayudar, la evolución del conocimiento (en particular, del conocimiento científico). Por este motivo, aunque comparto el rol fundamental del proceso intuitivo en el descubrimiento científico y matemático, considero necesario de cuando en cuando hacer explícitos los principios sobre los que se fundan los procesos. Por ejemplo, en Matemática se puede pensar en un sistema axiomático como forma de explicitación (que después se propone a priori) de las aserciones sobre las que se funda cierta teoría, aserciones que no se ponen en discusión; la antigua pretensión que los axiomas sean"verdades eternas", expresiones lógicas y objetivas de la realidad concreta, ha sido superada hace siglos: se trata solo de proponer un sistema convencional de"verdades"(que al final es solo coherencia, ausencia de elementos contradictorios).

Como dije anteriormente, el «¡Lo dijo la profesora!» es una afirmación que hace referencia al contrato didáctico, inherente a la intuición de aceptación que expresa fe en la fuente de la competencia. Este es un tipo de fe ingenua, aunque fundamental en el proceso de aprendizaje; por ejemplo, si los sujetos son niños (pero no solo: si se piensa en ciertos cursos universitarios [...]). Otras fuentes de competencia relacionadas con la intuición de aceptación son: la prueba empírica, la demostración o cualquier otra fuente, por así decirlo, formal. Se podría citar, a propósito de esto, una investigación conducida por el mismo Fischbein (Fischbein, Vergnaud, 1992) y repetida varias veces, incluso con estudiantes de los últimos grados. Una vez demostrada cierta afirmación de carácter general, se preguntaba a los estudiantes, de manera oportuna, si la prueba de otros casos específicos habría reforzado o dejado sin cambios la propia aceptación de lo que se había apenas demostrado. Es obvio que, al hacer una demostración de carácter general, cada prueba específica es del todo inútil y por lo tanto no tendría por qué reforzar la confianza. La respuesta de los estudiantes, en cambio, fue contraria en una gran proporción: otras pruebas habrían reforzado la propia confianza en la afirmación que ya se había demostrado en general. Esta bella investigación debe hacer reflexionar a quien se dedica a la Didáctica de la Matemática a cualquier nivel.

Entonces, existe una confianza cognitiva (como la llama Fischbein, 1985a) en la que «la aceptación del sujeto parece ser indiscutible. Este es el campo propio de las intuiciones».

Pero los conocimientos, una vez adquiridos, no se dejan (...) en paz; cada uno de nosotros los reelabora continuamente, los discute cada vez que nos encontramos frente a un hecho nuevo o, aun de manera más simple, frente a un hecho. Asimilado el hecho, tratamos de acomodarlo en el esquema, el modelo de las competencias adquiridas; es más, según Jean Piaget (por ejemplo, Piaget, 2000), esta pareja "asimilación-acomodamiento" es el eje de la adquisición de competencias (y, por consiguiente, de la evolución mental del individuo) aun con diferencias fundamentales entre aprendizaje y evolución, sobre las que no insistiré ahora.

Los conocimientos se someten entonces continuamente a revisión, reorganización y prueba; pero ¿con qué propósito? Parecería que el propósito es hacerlos lo más interiores que se pueda o, si se prefiere, autoevidentes y auto consistentes (como prefiere decir Fischbein). Tal discusión continua puede ser llevada a cabo de manera explícita (deliberada) con pruebas, pero puede también ser del todo implícita (no deliberada). En fin, conocimientos y competencias, adquiridas de una u otra forma, se ponen a prueba y se rediscuten también de modo no deliberado con el fin de hacerlas tan "sólidas" como para considerarlas directamente evidentes y usarlas como base de conocimiento directo.

Las percepciones sensoriales tienden también a ser asumidas como experiencias directas. Sin embargo, no parecen aplicarse a elementos singulares, sino, de manera más fuerte, a categorías enteras de eventos (hechos o fenómenos); lo que constituye una base sólida de experiencia y conocimiento directo (por lo tanto, evidente).

En *El proceso cognitivo*, y más precisamente en el capítulo 2, *El desarrollo de la percepción y de la atención*, el mismo Lev S. Vygotsky (1978/1987) asegura que «toda la percepción humana consiste en percepciones categorizadas más que aisladas». En los *Estudios de los comportamientos de elección en los niños*, llevados a cabo en los años 20, cuestión central para nosotros dado que la resolución de un problema es ante todo una cuestión de elección, Vygotsky analiza lo que sucede con el uso de signos auxiliares, incluso en problemas de carácter concreto:

> El uso de signos auxiliares interrumpe la función del campo sensorial con el sistema motor y por lo tanto posibilita nuevos comportamientos. Se crea una "barrera funcional" entre el momento inicial de la respuesta y el final (...). El niño que había resuelto un problema de modo impulsivo primero, ahora lo resuelve enteramente mediante una conexión establecida entre el estímulo y el signo auxiliar correspondiente. (...) El sistema de signos reestructura todo el proceso psíquico y hace que el niño esté en capacidad de dominar su propio proceder.

La totalidad de este capítulo de Vygotsky está relacionada con el desarrollo de la percepción, en tanto acto de consciencia directa y de atención. No se puede negar el hecho que en este delicadísimo punto se encuentra el primer impacto para el niño pequeño (incluso el niño de escuela primaria) con la descripción de una situación problemática para cuya resolución existe suficiente motivación.

Pero, no hay que olvidar las intuiciones "intelectuales", como las llama Fischbein (1985a). Se trata de aquellas intuiciones sofisticadas que le permitieron afirmar a Descartes que la conclusión de la búsqueda certera del conocimiento se basa en la intuición (¡vaya, qué intuición!); y a Bergson asegurar que la intuición es lo opuesto al método analítico y que es la fuente del conocimiento auténtico. Incluso sin llegar a tales niveles, se puede pensar en el conocimiento inmediato derivado de una competencia intelectual, como el conocimiento del espacio (¿a priori?, ¿adquirido?, ¿educable?) o el conocimiento del tiempo (las mismas preguntas). Fischbein anota que, cuando el término intuición se refiere al conocimiento, se usa frecuentemente a manera de adjetivo más que a manera de sustantivo: "conocimiento intuitivo, representación intuitiva, significado intuitivo".

El mismo Fischbein sugiere una definición de significado intuitivo que nos interesa en este estudio sobre los problemas, ya que es de carácter operativo; me refiero precisamente al carácter operativo de la acción propuesta a partir de la pareja problema-resolución.

El autor proporciona dos ejemplos relevantes:

- el significado intuitivo de una división es la *hipótesis de comportamiento* correspondiente en sentido operativo, es decir la repartición de cierta magnitud en partes iguales;
- el significado intuitivo de la igualdad de dos segmentos AB y CD es la hipótesis de comportamiento operativo correspondiente: si ponemos A sobre C, entonces B cae sobre D.

En todo caso, el significado intuitivo es un hecho comportamental. En el caso de una operación o de un concepto es el "correspondiente comportamental del concepto mismo". En el caso de una relación, como la igualdad, los diversos modelos asumen roles diferentes (incluso opuestos). Por ejemplo, si en 5+3=8 el signo = se puede entender como procedimental, en tanto que expresa el sentido de "se obtiene", el mismo signo en 8=5+3 no se puede interpretar como tal, sino como, por ejemplo, en"se puede descomponerse en".

Este tipo de análisis lleva a una aceptación intuitiva y a la idea de modelo intuitivo que, sin ir mucho más allá, se encuentra bien descrita implícitamente líneas atrás. Muchas veces la naturaleza abstracta de un concepto, de una operación o de una relación es poco accesible o, al menos, parcialmente extraña. Por lo que es más accesible y cómodo operar sobre modelos intuitivos (Fischbein, 1985a):

> La utilidad de un modelo consiste esencialmente en su valor heurístico: éste facilita la resolución de un problema propuesto inicialmente en términos del original. Lo anterior es posible solamente si, entre el original y el modelo, existe cierto isomorfismo.

Sin embargo, la creación de modelos intuitivos como apoyo en la búsqueda, en la definición de una estrategia de resolución, en los conceptos, etc., no siempre (de hecho, casi nunca) es consciente, muchas veces es automática o sea fruto de una intuición inconsciente (idem):

> [...] con frecuencia no somos conscientes de esta transposición de términos. Muchos errores sistemáticos y muchas ideas erróneas que son recurrentes a lo largo de una investigación científica tienen su origen en el uso inadecuado de modelos intuitivos.

A mi modo de ver, sin el ánimo de incomodar la investigación científica, aquí hay un punto fundamental en el proceso de resolución de un problema, sea fruto de la intuición de anticipación, de la aceptación o de una mezcla de las dos. Un modelo intuitivo tiene siempre un significado pictórico-comportamental y tiene siempre el efecto de aceptación inmediata. Un ejemplo bien convincente que da Fischbein (1985a) es el del uso de un diagrama de árbol para resolver problemas de probabilidad: el modelo es la situación, el concepto, el problema. Yo mismo lo he verificado con muchachos de 22 años, estudiantes del pregrado en Matemática: la cuadricula dibujada (*lattice* en inglés) que representa una determinada estructura algebraica, es esta misma la estructura. También con niños pequeños: el dibujo de la trayectoria de una hormiga en condiciones especiales es el problema, no es simplemente un bosquejo que representa un dato del problema. Claro, las cuestiones de carácter semiótico se vuelven extraordinariamente importantes, pero aún no es momento de entrar en detalles de tipo semiótico (D'Amore, Fandiño Pinilla, Iori, 2013).

En este punto, se abren varios caminos para el investigador en Didáctica y en los procesos de aprendizaje (especialmente de la Matemática, aunque no solo). El sujeto que aprende debería llegar paso a paso, y siempre de acuerdo con su propio nivel crítico (o mental, o de consciencia), a describir de manera explícita su propio modelo intuitivo, a analizar la coherencia del mismo y a poner en discusión la aceptabilidad de dicho modelo (el isomorfismo entre su propio modelo intuitivo y la realidad a la que éste se refiere, ya sea objetiva, conceptual, operacional, relacional o de otro tipo). Aquí es cuando el investigador podría analizar el grado de aceptación y de confianza: solo esto podría permitir una intervención educativa consciente con el fin de modificar un modelo mal formado (por ejemplo, el modelo de la multiplicación entendida exclusivamente como"despliegue", entonces con el uso exclusivo de los números naturales mayores que 1, lo cual no permite razonar intuitivamente sobre el resultado de una situación en la que hay que calcular 0,75×0,24). Paralelamente, es necesario abrir un análisis de las ideas que posee un niño, generalmente organizadas en una estructura que mezcla ideas correctas y misconcepciones (D'Amore, Sbaragli, 2005; Sbaragli, 2005).

Desde hace algunos años tuvimos que incluir en nuestro vocabulario español el término "misconcepción", que no existe aún oficialmente en la RAE (Real Academia Español) pero que tiene una gran difusión en Didáctica de la Matemática, tanto en el mundo anglosajón como en tantos otros idiomas europeos. Misconcepción no es sinónimo de error; esta palabra hace referencia a una concepción creada en el curso de un proceso de enseñanza/aprendizaje que, sin ser aún una idea perfecta desde un punto de vista científico, no podemos decir que sea simplemente falsa, sino que representa un estado de conocimiento en vía de formación. Por ejemplo, para algunos estudiantes jóvenes la multiplicación m×n (excluyendo los valores 0 y 1) *siempre* tiene un resultado mayor tanto de *m* como de *n*; esto se puede explicar porque en su proceso de formación los estudiantes han conocido sólo ejemplos dados únicamente en el conjunto de los números naturales. Dicha convicción errada es, pero, un punto de pasaje necesario, antes de llegar al conjunto de los números racionales, conjunto en el cual este supuesto conocimiento se contradice.

Es esencial estudiar diversos procedimientos encaminados a examinar el significado intuitivo que un sujeto da a los enunciados. No se puede esperar que se pueda aceptar como significado profundo aquello que el sujeto vuelve explícito mediante palabras (ésta es una de las acusaciones más duras contra Jean Piaget en cuanto entrevistador de niños). Existen varias técnicas, resumidas por Fischbein (1985a) y presentes en la literatura sobre este tema. A nosotros, en este caso, nos interesa entender bien que es fundamental establecer el significado intuitivo que varios sujetos asocian a conceptos y, por lo tanto, "medir" (entendido en un sentido amplio) los diferentes grados de aceptación. Lo anterior se debe a que, en los procesos de selección intuitiva, intrínseca, inconsciente e interior de la resolución de problemas, la interpretación intuitiva de los conceptos (operaciones, relaciones, etc.) parece influir de manera esencial, inconscientemente, en la capacidad de memorización y comprensión.

3.3. ¿Se puede educar la intuición?

«Las intuiciones son un fenómeno evolutivo» (siempre Fischbein, 1985a). De tal manera que, si es cierto que existen intuiciones que se forman de manera inmediata y permanecen fijas de una vez por todas, también es cierto que:

- la intuición misma puede evolucionar con la edad y la educación;
- existen representaciones intuitivas nuevas que se crean a través del aprendizaje.

Podemos llamar *primarias* y *secundarias* respectivamente a las dos categorías de la intuición y diferenciar las intervenciones educativas sobre dichas categorías. Pero no hay que ilusionarse: las dos están sólidamente interconectadas y no es posible (como se hizo en el pasado en educación) pretender ignorar la primera apostando todo a la segunda, con el convencimiento (absurdo) que la coherencia de la segunda pueda destruir de alguna manera las intuiciones erradas. Puedo decir que el niño es, en el plano cognitivo, un conservador: se basa, en los procesos de asimilación y acomodamiento, en las intuiciones primarias que son sus "pilares". Aún es posible citar a Fischbein (1985a):

> Nuestra convención previa es que las formas intuitivas que entran en juego en los procesos de comprensión y resolución siguen teniendo un papel importante en todas las edades, independientemente del nivel de razonamiento abstracto que el sujeto haya alcanzado. Por lo tanto, el problema no es eliminar los componentes intuitivos del razonamiento de los estudiantes, lo que, de hecho, no es posible ni oportuno. El problema educativo es desarrollar en los jóvenes nuevas formas de ver que se adapten mejor a las exigencias de la estructura conceptual alcanzada. (...) Insistir excesivamente en dar sugerencias intuitivas usando representaciones artificiales y demasiado elaboradas puede causar más mal que bien. Claramente, la matemática es una ciencia formal: la validez de sus conceptos, enunciados y razonamientos está basada en fundamentos lógicos. La argumentación no se puede sustituir por procesos intuitivos.

Es obvio que Fischbein no se refiere a una edad específica y que el suyo es un discurso general que cada profesor puede hacer propio, calibrándolo y adaptándolo a la edad de sus alumnos y a los temas que tiene intención de tratar. En el caso de la resolución de problemas de Matemática en la escuela primaria, la categorización de las tipologías y la propuesta de maneras estándar de comportarse crea aún más problemas que el hecho de no permitir que la solución sea dada por actos de intuición.

Hemos sabido, por ejemplo, que algunos profesores "recomendaban" a sus estudiantes ciertos comportamientos anteriores a la resolución de "cualquier" tipo de problema de Matemática: hacer una lista de los datos, antes de proponer una estrategia de resolución; escoger las operaciones correctas sobre la base de palabras claves; usar todos los datos numéricos; leer la pregunta más de una vez; (...)

Quisimos explicar a los profesores la falacia de tal generalización y la importancia de la intuición no condicionada por modelos comportamentales pre constituidos, proponiendo a los niños un problema lleno de datos inútiles. En realidad, se trataba de un ejercicio fácil sobre el tiempo (un cierto panadero trabajaba desde las 21 horas del martes hasta las 7 del miércoles y la pregunta era cuántas horas había trabajado); pero, se dio información numérica abundante sobre la cantidad de harina que usaba el panadero, sobre los gastos en los que incurrió, sobre el número de hogazas de pan horneadas, sobre las ganancias esperadas, etc. La lista escrita de todos los datos tomó mucho espacio. Luego, algunos niños olvidaron aquella lista inútil de datos y resolvieron el problema intuitivamente sin cálculos (ya que estaban en capacidad de hacerlo, sin haber formalizado el cómputo de las horas de la jornada); otros niños estaban completamente perdidos, tratando de hallar en medio de un alboroto los números significativos (sin ni siquiera volver a leer la pregunta).

> [...] hay que ser consciente del hecho que todos nosotros (niños, profesores y ¡matemáticos!) tenemos la tendencia natural a atribuir una interpretación intuitiva a cada concepto o enunciado (dice Fischbein, 1985a).

Lo cual se puede extender, a mi modo de ver, al acto intuitivo de resolución de un problema. Si se trata de una "tendencia natural", contrastarla, en cambio de asumir un comportamiento formal, es didácticamente peligroso.

Nota bibliográfica

Para la redacción de este capítulo, hice uso de (Aebli, 1961; D'Amore, Fandiño Pinilla, Iori, 2013; D'Amore, Plazzi, 1990; D'Amore, Sandri, 1991; D'Amore, Sbaragli, 2005; Fandiño Pinilla, 2008; Fischbein, 1985a; Fischbein, Tirosh, Melamed, 1981; Fischbein, Vergnaud, 1992; Piaget, 2000); Poincaré, 1906; Polany, 1967; Polya, 1945; Vygotsky, 1978/1987; Wertheimer, 1920).

4. Aprendizaje, desarrollo y problemas

4.1. Relación entre desarrollo y aprendizaje 1

Si se decide emprender estudios sobre la enseñanza y el aprendizaje, antes o después se acaba, al menos tangencialmente, en las redes de la Psicología. En este sector, más específicamente, hay que dedicarse a la relación entre el aprendizaje y el desarrollo del individuo que aprende.

Éste es uno de los temas más debatidos del siglo, una fuente de posiciones teóricas y de desencuentros entre personajes de prestigio. Es también uno de los campos en los cuales hay menos acuerdos seguros, teniendo en cuenta la dificultad de aplicar análisis de tipo científico a tal problemática. Los diferentes intentos de utilizar un enfoque cuantitativo (datos, estadísticas, ...) no siempre han contribuido de manera significativa.

Entre otras, dado el carácter abstracto del tema, sucede frecuentemente que los investigadores (más o menos conscientemente) postulan algunas de sus posiciones teóricas que no son inherentes a esta problemática (visión personal del mundo, posiciones filosóficas, doctrinas, [...]) que ejercen influencia sobre ellos.

En las primeras cuatro secciones de este capítulo, intentaré dar una breve panorámica de las posturas principales sobre este fascinante tema, para luego intentar una conciliación entre la postura que me parece más convincente y las demás tomadas de otros campos.

El primer enfoque teórico que explica las relaciones entre el desarrollo y el aprendizaje es el de la primera fase de Piaget; con una sola frase, corriendo el riesgo que conllevan las frases lapidarias, se puede decir que: los procesos del desarrollo infantil son independientes del aprendizaje.

Por lo tanto, el desarrollo podría pensarse como un hecho biológico que procede por cuenta propia, mientras que se desarrolla un proceso que no ejerce influencia sobre él: el proceso de aprendizaje. Sin embargo, es obvio que, al estudiarlo, el aprendizaje tiene en cuenta las etapas del desarrollo, así sea solamente para saber lo que se puede o no aprender. El aprendizaje no modifica de ninguna manera el curso del desarrollo.

Entonces, hay, por decirlo así, aprendizajes académicos y no académicos. Por ejemplo: la deducción, la inducción, la visión de mundo, la creación de un modelo lógico sobre el funcionamiento de las cosas y de la naturaleza, de las relaciones de parentela, causalidad, lógica, pensamiento abstracto, generalización, abstracción, (...) Estos son aprendizajes que se dan a causa de las transiciones de las diversas etapas del desarrollo, y no a causa de aportes externos (por ejemplo, la escuela). Esta fuerte afirmación está relacionada con los estudios de Jean Piaget de la primera parte de los años 20 (su posición cambió durante esta década, aunque esta postura siguió siendo inspiradora y central); los estudios revisaban pruebas hechas en el curso de sus famosas investigaciones experimentales (especialmente las entrevistas directas) a niños de todas las edades: las"conversaciones clínicas". (Sin embargo, precisamente esta técnica fue impugnada varias veces). Según Piaget, las preguntas hechas a los niños deben ser formuladas de manera que estén más allá de la capacidad intelectual del niño de tener una respuesta lista, y de manera que el niño no tenga la posibilidad de dar la respuesta inmediatamente. Por lo tanto, las preguntas deben ser tales que hagan que el niño no pueda recurrir únicamente a la experiencia personal o a su propio conocimiento del mundo. Ésta podría llamarse una forma "pura" del pensamiento, que depende completamente del aprendizaje.

Por consiguiente, el desarrollo es independiente del aprendizaje, pero es, por decirlo así, la base de medida.

Binet, entre los psicólogos que han seguido este camino, habla de prerrequisitos del aprendizaje. Es bien conocido que la posición es la siguiente: hay aprendizajes posibles solo en cierta etapa del desarrollo (y descubrirlos es una de las investigaciones más estimulantes de la psicología del aprendizaje); si tal etapa no se ha alcanzado aún, es inútil insistir con tales aprendizajes. Toda la atención se concentra en el descubrimiento del "umbral" del desarrollo, el punto mínimo en el cual se puede iniciar cierto tipo de enseñanza, con la seguridad que se produzca el aprendizaje. Lo cierto en esta postura es que el aprendizaje no tiene un rol importante en los procesos del desarrollo: el desarrollo condiciona el aprendizaje, no viceversa.

Nota bibliográfica

Resulta imposible e inútil hacer un listado de las obras de Piaget: incluso para esta breve síntesis se acumulan varias lecturas. La obra clásica sobre este tema fue editada en 1923, pero cito aquí la edición italiana (Piaget, 1962).

No obstante, la obra de Binet es precedente, ya que la posición aquí presentada aparece en un artículo de 1890 (Binet, 1890).

Para esta rápida síntesis, utilicé (Vygotsky, 1978/1987).

Hace un tiempo se desarrolló un sector que ha asumido valientemente la denominación "Psicología de la Matemática"; en (Resnick, Ford, 1991) el Cap. 7 está dedicado a una presentación fuertemente crítica de la obra de Piaget, de las obras de los neo-piagetianos y también de los anti-piagetianos.

Entre las críticas más profundas a Piaget, señalo (Toulmin, Feldman, 1976).

Una presentación sistemática a propósito de los modelos de aprendizaje, referida a la práctica educativa, se encuentra en (Ballanti,

1975). He hecho uso de este libro no solo en esta sección de manera explícita, para dar una visión global de la problemática, en varias partes del libro. El texto no habla expresamente de Matemática, ya que tiene como objetivo dar una panorámica psico-pedagógica del tema: modelos/ esquemas. El texto está dividido en cinco partes: Desarrollo, Ajuste evolutivo, Mente, Comportamiento y condicionamiento, Procesos y secuencias. Ver también (Veggetti, 1983).

Un poco a lo largo de todo el libro, sobre todo en las primeras cuatro secciones de este capítulo, usé (Priore, 1990, Cap. 3 y 5).

4.2. Relación entre desarrollo y aprendizaje 2

Presentaré con una sola frase una segunda línea de investigación, con los riesgos propios del laconismo: existe una relación de identidad entre el desarrollo y el aprendizaje.

Pero, en este caso, no existe teoría alguna en los fundamentos de esta posición, aunque sí hay algunas que "compactaré", limitándome a citar el origen.

«La educación (...) está descrita de la mejor manera llamándola organización de hábitos de conducta adquiridos y de tendencias de comportamiento», escribió W. James (1899), construyendo de tal manera una primera línea referente a esta posición. Aquí hay cierta coincidencia con la postura de Piaget: el desarrollo sería la elaboración y la sustitución continua de respuestas a preguntas que tienen que ver con la visión de mundo, respuestas que son innatas. Los procesos de aprendizaje no serían otra cosa que la formación de hábitos: el desarrollo y el aprendizaje coinciden en este sentido. Por lo tanto, aprender a leer, a escribir, a hacer cálculos, a razonar, a dominar los procesos de deducción o a darse cuenta de la causalidad, no es más que el dominio de reflejos condicionados. Aprender es acumular respuestas que pueden bien socavar o en cambio hacer más complejas las respuestas innatas. Haciendo una lectura poco profunda, parecería que la visión de James y la de Piaget llevaran a las mismas conclusiones: superar las ideas preconcebidas. Sin embargo, hay un punto de desencuentro fundamental:

- en la posición descrita en la sección 4.1., los ciclos evolutivos preceden el aprendizaje, de tal manera que el proceso de madurez individual, incluso en el campo cognitivo, precede cualquier tipo de aprendizaje; por consiguiente, este aprendizaje sigue el crecimiento mental;
- en la postura de James, los dos procesos son inescindibles; por lo tanto, contemporáneos, en el plano temporal; tanto así que se pueden considerar como idénticos.

4.3. Relación sobre desarrollo y aprendizaje 3

Como sucede frecuentemente, dos posiciones que parecen completamente contrarias, enraizadas en ideas aparentemente irreconciliables, algunas décadas más tarde se unen gracias a una visión más amplia. Es lo que sucedió con las posiciones precedentes: se puede pensar en el desarrollo en términos de una pareja de procesos:

- la *madurez,* relacionada con el desarrollo del sistema nervioso del individuo, es decir como hecho biológico;
- el *aprendizaje,* proceso evolutivo relacionado con la adquisición de ideas y competencias.

Así, el desarrollo sería esta pareja de procesos que no son separados o temporalmente ordenados, sino que coexisten: cada uno influencia al otro.

Tal posición, asumida por K. Koffka en los años 20 (1921), contemporáneamente a Piaget, pone en evidencia que las concepciones de Binet y de James no son irreconciliables; el lazo profundo que las une (y que Koffka deja inexplorado, para decirlo como Vygotsky) es esta interdependencia reciproca. El proceso de maduración de un individuo abre el camino a posibilidades cognitivas nuevas, o sea al aprendizaje. No obstante, esto estimula y hace posible una evolución del proceso mismo de maduración, en un doble proceso recíproco.

Este intercambio hace que el aprendizaje en la primera infancia sea importante también en el campo evolutivo. Aquí, se abre un debate viejo y nunca agotado que describiré en pocas líneas. ¿Es útil proponer el estudio de la Matemática, o de las lenguas extranjeras o clásicas? En la Pedagogía pasada y en las expresiones de los profesores se encuentra radicado el convencimiento que este tipo de estudios tengan un valor educativo en sí mismo, precisamente por el desarrollo mental (o de la inteligencia), incluso si tales estudios están alejados de la práctica y de la vida cotidiana. Sin embargo, muchos estudios han discutido esta posición a profundidad: ¿tiene el aprendizaje en un área específica (por ejemplo, como era usualmente impuesto, enseñar el griego o el latín a un niño pequeño) influencia alguna sobre el desarrollo global del individuo? La respuesta encontrada es dual:

- según algunos, no; en general, los estudiosos de la teoría del reflejo niegan la influencia general que tienen los aprendizajes específicos (y lo "demuestran" con experimentos);
- según otros, sí; las adquisiciones particulares incrementan las capacidades globales; si se interviene sobre el mejoramiento diferenciado de las capacidades específicas (observación, atención, memoria, [...]) se mejora la capacidad general.

(Permítanme entrar en debate: este me parece completamente cualitativo; es muy probable que una medida cuantitativa podría hacer que el debate resultara del todo inútil [...]).

En mi opinión, los profesores se encuentran siempre en medio de estas dos posturas."Tener predisposición para (...)"es un modo de alinearse con la primera postura; «¿Cómo es posible que seas bueno para (...) y no para (...)?», es una manera de alinearse con la segunda posición.

El problema es mucho más grande y complejo de lo que parece. La mente es:

- una red de capacidades generales, como saber observar, saber poner atención, tener memoria, ser capaz de formular un juicio, saber deducir, tener capacidades inductivas y similares; o
- ¿un conjunto de capacidades específicas: ¿ortografía, medidas de longitud, dibujo de segmentos?

Dar una respuesta unívoca a esta cuestión es en sí misma una forma de interpretar el desarrollo y el aprendizaje.

No me parece que sea posible sentirse extraño a estas cuestiones que revisten toda nuestra problemática, es necesario tomar una posición. Como lo hace Thorndike (1914): según este autor, aprender no es la simple adquisición de la capacidad de pensar, sino que es también adquirir más capacidades, cada una de las cuales es especializada, para pensar globalmente sobre una gran cantidad de cosas. Para decirlo en palabras de Vygotsky (1978/1987),

> [...] el desarrollo de la consciencia es el desarrollo de un conjunto de capacidades particulares e independientes o de un conjunto de hábitos particulares. El mejoramiento de una función de la consciencia o de un aspecto de su actividad puede influenciar el desarrollo de otra en tanto existan elementos comunes a ambas funciones o actividades.

Este es el punto esencial: el adiestramiento en algo específico puede ejercer una influencia sobre el desarrollo global, pero solo si hay materiales o procesos similares en juego.

A la posición de Thorndike (1914) se oponen Koffka (1921) y la escuela de psicología de la Gestalt, argumentando que la influencia del aprendizaje no puede en ningún caso ser específica. Comencemos por un ejemplo: un niño que aprende a hacer cierta operación (operaciones aritméticas, por ejemplo; aunque el discurso es más general) al mismo tiempo adquiere la capacidad más general de dominar estructuras (referentes al tipo de operación): no hay, por lo tanto, una simple adquisición de hábitos y habilidades. En últimas, el aprendizaje no es un hecho específico o la formación de habilidades específicas. Incluso cuando aparentemente lo es, incluye siempre la adquisición de algo mucho más general, un orden intelectual: así se posibilita la trasferencia de los principios generales aprendidos mediante la resolución de algo particular. En Thorndike, el aprendizaje y el desarrollo, interrelacionados como lo están, coinciden sustancialmente; para Koffka y la Gestalt, el aprendizaje es parte del desarrollo: el niño aprende de manera específica, pero lo que el niño aprende es aplicable de manera general, estructural y amplia, ya que, en realidad, se ha asimilado no la cosa específica sino el principio. Con una imagen que tomamos aun de Vygotsky (1978/1987), si el niño da «un paso en el aprendizaje», contemporáneamente da «dos en el desarrollo».

La siguiente es una convicción del todo personal que he construido poco a poco en más de cuarenta años de militancia en la Didáctica de la Matemática: el aprendizaje no se manifiesta mediante una cantidad indefinida y vaga de competencias adquiridas sino por el placer, deseo o disponibilidad de usarlo.

Sobre esta cuestión es muy útil la lectura de (Gardner, 1987).

4.4. Relación entre desarrollo y aprendizaje 4

La fortuna enorme y alterna que tuvieron por un lado Binet y Piaget y por otro lado James, Koffka y la Gestalt, ensombreció (también debido a dificultades de difusión) una obra que ha recibido gran atención en los últimos 30 o 40 años y sobre la que es necesario reflexionar más detenidamente, la obra de Lev Vygotsky.

Para hacer una presentación somera del planteamiento del problema, procederé inicialmente por puntos.

P 1. El aprendizaje no es un hecho exclusivamente académico, el aprendizaje inicia (mucho) antes que los niños empiecen a ir a la escuela. Vygotsky mismo da el ejemplo de una aritmética "preescolar". (Este punto ha sido muy bien recibido por parte de los programas de las escuelas atentas a las necesidades de los niños).

P 2. No es correcto pasar por alto este hecho y plantear la didáctica como si se tratara con seres ignorantes. Los niños han elaborado sus propias visiones "lógicas" del mundo, tanto en general como relacionadas con materias específicas.

P 3. Los aprendizajes preescolares y escolares son distintos y diferenciados; pero, cada asimilación (incluso aquellas aparentemente simples como los nombres de los objetos circundantes) es una forma de aprendizaje.

P 4. Las formas de estos aprendizajes pre-escolares son múltiples y diferenciadas. Por ejemplo: aprender a hablar imitando a los adultos de manera inconsciente; hacer preguntas; dar y darse respuestas; (...) Todo esto lleva a una primera postura teórica general: «El aprendizaje y el desarrollo son interdependientes desde el primer día de vida del niño».

P 5. Es verdad, siguiendo a Koffka y a otros, que los aprendizajes, como quiera que sucedan, tienen similitudes notables; pero los aprendizajes pre-escolares y los escolares también tienen diferencias notables que no se pueden reducir a la simple "sistematicidad" de los segundos. (El hecho novedoso es la intervención de un adulto específicamente dedicado a la actividad de la enseñanza, de manera sistemática). Aquí se encuentra un mecanismo nuevo, revolucionario que, sin embargo, estaba ya a la vista de todos.

Para proseguir, debemos distinguir dos niveles del desarrollo del niño:

- nivel del desarrollo *efectivo*, «es decir, el nivel del desarrollo de las funciones mentales de un niño, establecido como resultado de ciertos ciclos evolutivos completados». Se trata de las competencias que el niño domina solo o que ya sabe, o de las capacidades que se miden mediante test. Se aplican varios test de diferentes niveles al niño, graduados según una escala y se observa el punto en el que el niño se detiene, midiendo, de tal manera, el nivel alcanzado por el niño en esa etapa;

• nivel del desarrollo *potencial*; para describir este nivel, debemos pensar en una situación concreta. Imaginemos un niño frente a un problema o frente a un ejercicio. El niño está quieto, es incapaz de proceder, casi podemos decir que el problema es superior a su desarrollo efectivo. ¿Así no más? No. Como sucede con frecuencia en la práctica didáctica, el profesor ayuda, sugiere, inicia el proceso de resolución (no para resolver el problema en lugar del niño, sino para dar una sugerencia inicial mínima). Es evidente que, entonces, se activa un mecanismo por el cual el niño, por así decirlo, se "desbloquea" y lo vuelve a intentar, llegando incluso (en ocasiones) a completar la solución. ¿Qué sucede? Que el niño entra en una zona que "supera" la de su desarrollo efectivo (tanto así que se "bloquea") y constituye una nueva zona, a la que llegará en ese momento (en el cual ha resuelto el problema nuevo) o en un futuro más o menos próximo de manera *efectiva*, y que, por tanto, constituye su nivel de desarrollo potencial.

Según Vygotsky (1978/1987), «lo que los niños pueden hacer con la ayuda de otros podría ser, en cierto sentido, un mayor indicador de su desarrollo mental que lo que pueden hacer solos».

El autor posteriormente sugiere un "ejemplo sencillo". Hay dos niños que acaban de ingresar a una clase de la escuela primaria, para los cuales se determinó, mediante un test, una edad mental par de ocho años. Entonces, aceptemos que se pueda decir de ellos que: «Tienen ambos una edad mental correspondiente a ocho años» (pero lo hago con reticencia, ya que medir la edad mental mediante un test me produce cierta perplejidad [...]). En este punto, se podría esperar que el "destino" escolar o cognitivo de los dos niños se desarrollara de manera homogénea, a no ser por factores ajenos. Vygotsky mismo propone como ejemplo el caso en el cual uno de los dos se deba ausentar de la escuela por un largo periodo de tiempo. A parte de estos factores casuales, el "destino cognitivo" se presenta como algo similar. Pero, si se analiza, más allá del nivel de desarrollo efectivo, también el nivel de desarrollo potencial, no se excluye que nos encontremos con sorpresas. Un adulto interviene proporcionando ayuda y sugiriendo soluciones para los test (ejercicios-problemas) que los dos niños no han podido resolver, dado que estaban planeados para niños de edades mentales correspondientes a 9, 10 y 11 años. Ahora bien, ¿quién ha dicho que las respuestas de los dos niños deban ser homogéneas? De manera experimental, se observa que los dos casos tenderán con frecuencia a diferenciarse: uno de los dos niños tendrá un nivel de desarrollo potencial un poco superior (digamos: 9 años), mientras que el otro podría tener un nivel de desarrollo potencial mucho más elevado (digamos de 10 u 11 años). Al individualizar oportunamente el modelo de enseñanza, el "destino cognitivo" de los dos niños se diferencia ampliamente, incluso de forma intuitiva.

Por lo tanto, la actividad didáctica parece estar mucho más influenciada por la zona comprendida entre el nivel de desarrollo potencial y el nivel de desarrollo efectivo. Esta es una zona que Vygotsky ha estudiado en modo particular y que ha llamado: *zona de desarrollo próximo*. Siguiendo su propia definición:

> Es la distancia entre el nivel efectivo de desarrollo tal como ha sido determinado por el *problem solving* autónomo y el nivel de desarrollo potencial como ha sido determinado mediante el *problem solving* bajo la guía de un adulto o con la colaboración de unos pares más capaces.

Se trata de una idea que estaba a la vista de todos, como dije anteriormente, pero que se presenta como algo nuevo, ya que ofrece ideas muy interesantes en el campo de la didáctica; además, el mismo Vygotsky pone el acento sobre el *problem solving*, un asunto particularmente estimulante dado el tema de este libro.

Es usual definir el nivel efectivo del desarrollo, medido a través del *problem solving*, como las respuestas que da el niño con respecto a las cosas que sabe y que ha interiorizado. En la zona de desarrollo próximo, en cambio, es decir en el *problema solving* asistido, ¿qué queda definido?

> La zona de desarrollo próximo define las funciones que no han madurado aún pero que están en proceso de maduración, funciones que mutarán mañana pero que en el momento se encuentran en etapa embrionaria. El nivel real de desarrollo caracteriza el desarrollo mental retrospectivamente, mientras que la zona próxima caracteriza el desarrollo mental en prospectiva.

Es obvio, como mencionaba arriba, que el estudio de esta potencialidad es de enorme ayuda para el educador porque calibra o individualiza la potencialidad del sujeto que aprende. A propósito de esto, se han hecho estudios, sobre los cuales se basa Vygotsky, precisamente para demostrar que «lo que hoy se encuentra en la zona de desarrollo próximo será el nivel de desarrollo efectivo mañana». Esto se relaciona con los experimentos de McCarthy, publicados en 1930, según los cuales los niños de 3 años en actividad con niños de 5 años tenían capacidades potenciales de 5 años y que aquello que los niños eran potencialmente capaces de hacer de los 3 a los 5 años, se poseía efectivamente de los 5 a los 7 años. Entonces, para decirlo brevemente, el nivel de desarrollo potencial se convertirá en desarrollo efectivo, y la zona de desarrollo próximo es aquella en la cual el desarrollo cognitivo sucede. Vygotsky concluye que:

> La zona de desarrollo próximo puede convertirse en un concepto de gran fuerza en la investigación evolutiva, un concepto capaz de intensificar la eficacia y la utilidad de la aplicación del diagnóstico del desarrollo mental a los problemas de la educación.

Fundamentalmente, la zona de desarrollo próximo es una «reevaluación del rol de la imitación en el aprendizaje». Si hace tiempo existía un acuerdo sobre el hecho que la imitación no es aprendizaje, sino un mero proceso mecánico, desde los tiempos de Vygotsky las cosas no son así. Más de un investigador ha asegurado que se puede imitar solo lo que la persona ha interiorizado en su nivel de desarrollo. Entonces, es claro que la zona de desarrollo próximo da muchas ideas para el estudio del aprendizaje mediante imitación, tanto así que he escuchado decir que ésta incluso reduciría el aprendizaje a pura imitación (es la tesis que sostiene el filósofo Enzo Melandri, oralmente, pero de manera pública, al diferenciar las categorías de la imitación).

El ejemplo de Vygotsky es el de un niño que puede resolver un problema por imitación que de otro modo sería incapaz de afrontar, ya que tiene como modelo el comportamiento del profesor. Sin embargo, un modelo análogo no serviría de nada si, en lugar de un problema sencillo de Aritmética (perteneciente al nivel de la zona de desarrollo próximo), se le diera un problema de Matemática superior.

Entre los fundamentos teóricos psicológicos en los cuales Vygotsky funda su postura, están los célebres experimentos de Kohler (1960) sobre la imitación, tendientes a «determinar si los primates son capaces de tener pensamientos expresables mediante señas». El resultado, según Vygotsky, es que:

> Los animales no son capaces de aprender en el sentido humano del término; el aprendizaje humano presupone una naturaleza social específica y un proceso mediante el cual los niños se incorporan gradualmente a la vida intelectual de quienes los rodean.

Ya que por imitación los niños saben hacer mucho más de lo que indica el nivel de desarrollo efectivo, es claro que se juega sobre lo que los niños no dominan del todo, aunque estén en la zona de desarrollo próximo. Por lo tanto, no es importante solamente la incorporación social, también es importante la incorporación a la vida intelectual, lo cual propone preguntas interesantes sobre los niños con retraso mental: no es suficiente ponerlos en clase desde el punto de vista de la socialización, es esencial hacerlos partícipes de la vida intelectual que se desarrolla en clase. Conocer el nivel de desarrollo efectivo es solo un primer paso simple, es más significativo y concreto el estudio de la zona próxima, con el fin de establecer actividades didácticas (y asignarlas a un grupo de edades cronológicas pares, al menos para ciertas partes del aprendizaje). Vygotsky se refiere precisamente a los niños con retardo mental, y a la atención psicológica que se les da, para describir cómo la práctica (antes que la teoría) ha puesto en evidencia el error fundamental de basar las acciones didácticas en lo que ya se posee a nivel cognitivo antes que en el potencial. Por ejemplo, admitiendo que estos niños no hayan aún alcanzado (a nivel de desarrollo efectivo) la capacidad de abstraer (lo que quiera que esto signifique [...]), no es didácticamente productivo detener su desarrollo cognitivo proponiendo solamente actividades concretas (Vygotsky las llama «mirar y hacer»). Esto no permite el desarrollo, antes bien, consolida solamente las competencias que el niño ya posee:

> Lo concreto es ahora considerado necesario e inevitable únicamente como punto de partida para desarrollar el pensamiento abstracto (como medio, no como fin en sí mismo).

Obviamente, estos estudios proporcionan material también para la didáctica dirigida a niños "normales", llegando a la conclusión que «el único "aprendizaje bueno" es aquél que anticipa el desarrollo».

Vygotsky (1978/1987) propone otros ejemplos, para los cuales el lector se puede dirigir directamente a la obra de este autor. Pero escogí algunos apartes que el mismo autor considera recapitulativos y finales.

> (...) la característica más esencial de nuestra hipótesis es la noción que los procesos evolutivos no coinciden con los procesos de aprendizaje. Es más, el proceso evolutivo sigue al proceso de aprendizaje; de manera que tal sucesión deviene en las zonas de desarrollo próximo. (...) el domino inicial (...) proporciona las bases para el desarrollo sucesivo de una variedad de procesos internos muy complejos en el desarrollo infantil. Nuestra hipótesis establece que hay una unidad, pero no una identidad entre los procesos de aprendizaje y los procesos evolutivos interiores. Tal hipótesis presupone que los unos se convierten en los otros; (...) aunque el aprendizaje esté relacionado directamente con el desarrollo del niño, las dos cosas nunca se llevan a cabo en

la misma medida ni de modo paralelo (...). En realidad, hay dinámicas muy complejas entre el proceso de aprendizaje y el de desarrollo que no se pueden encerrar en una formulación teórica inmutable. Cada materia en la escuela tiene una relación específica con el desarrollo del niño, una relación que varía con el avance del niño de una etapa a otra. Esto nos lleva directamente a reexaminar el problema de las materias formales, es decir del significado de cada materia en particular desde el punto de vista del desarrollo mental global.

En un capítulo posterior, veremos cómo hicimos una intervención en la zona de desarrollo próximo, en el II ciclo de la escuela primaria, dando "ejercicios anticipados", es decir problemas que requerían el estudio de entidades con nombres desconocidos para los niños (pero que presumiblemente habían ya escuchado) (por ejemplo, el término "circunferencia" en grado III), o el estudio de términos que los niños intuían, pero no dominaban (por ejemplo, el término "área" en grado III, antes que el profesor lo usara). Con el objetivo específico de indagar sobre las estrategias ingenuas que los niños ponían en práctica para resolver el problema, hicimos también una incursión en la zona de desarrollo próximo, una vez se estableció que ciertos términos o ideas hacían parte del bagaje potencial de los niños. Con la presencia de una fuerte motivación, se obtuvieron resultados significativos en el campo de la volición, con un involucramiento directo en los procesos cognitivos. Las estrategias ingenuas adoptadas revelaban siempre la asimilación del término o de la idea "nueva" en el proceso de la resolución. Pero, hablaremos de esta exitosa experiencia investigativa a su debido tiempo.

Sobre estos temas, ver también (Veggetti, 1983, pp. 228-249).

El estudio de (Fodor, 1988) es muy útil e ilustrativo; el autor sostiene la tesis de la «globalidad del proceso cognitivo» (p. 166 *passim*) y de la psicología "vertical" de las facultades (contra la tesis de la «horizontalidad»): no existe una facultad del juicio general que se pueda aplicar a varios campos, sino una serie de facultades del juicio específico para los diversos casos. Esta cita bibliográfica aparece aquí y reaparecerá en el Cap. 13 más veces.

4.5. Capacidades iniciales, condiciones del aprendizaje y problemas

Muchos otros autores han hecho aportes sobre la relación entre el desarrollo y el aprendizaje; tanto así, que resulta imposible la idea de dar una panorámica completa de los estudios sobre este tema (se asemejaría más a una enciclopedia que a un libro). No obstante, algunos autores se han pronunciado sobre algo más específico, que sería inconveniente ignorar. Entre estos autores se encuentra Gagné (1973) quien, entre otras cosas, hace énfasis en el análisis de la relación que tienen las capacidades iniciales de un individuo y las condiciones de aprendizaje; este análisis nos concierne en gran medida, porque el aprendizaje se da principalmente mediante actividades de *problem solving*.

Si ocurre un aprendizaje, es plausible admitir que se pueda corroborar una diferencia entre los desempeños de los sujetos, anteriores y posteriores, al aprendizaje. Parece plausible y razonable corroborar que un desempeño no haya sido realizado antes del inicio de la actividad, para que tenga sentido revisar que se dé luego. De otra forma, se corre el riesgo de creer que una situación de aprendizaje permite alcanzar ciertas habilidades, para después descubrir que tales habilidades se pueden alcanzar incluso sin esta situación. (Gagné sugiere come ejemplo de desempeño el saber formar el plural de un sustantivo; este desempeño se da en los niños incluso sin una situación de enseñanza explícita; en Matemática, observamos que el niño que aprende a multiplicar los números naturales, sabe ya escribirlos, reconocerlos y adicionarlos).

Por lo tanto, en los fundamentos de las competencias adquiridas mediante una actividad didáctica específica, existen competencias preliminares, por decirlo así. Presentar y estudiar dichas competencias explícitamente es de vital importancia si se quiere dar un significado al aumento de las capacidades. El estímulo mismo para aprender produce conocimiento en varias medidas, según las competencias poseídas: «Cuando la glucosa $CH_2OH(CHOH)_4CHO$ se fermenta, se forma el alcohol etílico C_2H_5OH y se libera dióxido de carbono CO_2». Esta frase no le dice nada a aquellos que no conocen los términos, mientras que puede enseñar algo a aquellos que estudian la química orgánica, si se encuentran en las primeras etapas.

Se pueden distinguir capacidades (o competencias) que el sujeto ya posee: las llamaremos capacidades *internas* al sujeto: son aquellas que permiten el desempeño (*performance*) y el *problem solving* autónomo.

Sin embargo, también hay capacidades, o mejor dicho condiciones de aprendizaje, que son externas al sujeto. Estas no son capacidades y competencias reales, sino actitudes o actividades específicas para cierto tipo de individuo.

Forzaré un poco a Gagné (1973) para explicar lo anterior con algunos ejemplos. Supongamos que se quiere estudiar la traducción de 10 palabras del idioma nativo a uno extranjero. Para una persona A, la repetición cierto número de veces de esas 10 parejas de palabras puede ser una condición externa positiva. Pero, otra persona B podría no encontrar ningún beneficio en tal estrategia, es más, a fuerza de repetirlas, podría confundirse. Entonces, una condición externa idéntica puede resultar benéfica o no según el estilo de aprendizaje individual.

Supongamos ahora que el problema sea aprender a multiplicar dos números negativos. Una modalidad C podría ser que el sujeto repitiera varias veces una cantidad de multiplicaciones. Pero, esto parece ser muy poco eficaz. La modalidad D es más productiva en cambio; explicar la regla (motivándola): el producto de dos números negativos es un número positivo, mostrando si acaso un ejemplo. Entonces, dos condiciones externas diferentes traen beneficios diversos incluso para el mismo sujeto del aprendizaje.

La condición externa es, así, un conjunto más bien heterogéneo de factores: parece tratarse de modalidades.

¿De qué dependen y cuántas son? Lo que anteriormente llamé "estilo" de aprendizaje (y que no intento definir ni por un momento) permite afirmar que las condiciones externas pueden ser muy diferentes de individuo a individuo, de objeto a objeto del aprendizaje y en una enorme variedad de casos. Aún más cuando las condiciones externas dependen de los estímulos, de la motivación y de la volición. Por lo tanto, son susceptibles al estado de ánimo, al momento y al entorno.

Lo cierto es que considerar que una clase de n individuos esté conformada por n aproximaciones más o menos buenas de un individuo promedio es ridículo, sobre todo en las actividades de *problem solving*.

La capacidad inicial de la cual habla Gagné se parece mucho al nivel de desarrollo efectivo de Vygotsky; por lo menos, si nos limitamos a los desempeños estrictamente inherentes al *problem solving*. Mientras que muchas de las observaciones sobre las condiciones del aprendizaje, como los estímulos y la zona de desarrollo próximo, parecen jugar un rol fundamental también en este caso (valga el ejemplo de la glucosa que se fermenta, mencionado arriba).

A diferencia de Vygotsky, Gagné extrae consecuencias pedagógicas muy concretas, como es propio del estilo pragmático estadounidense, acerca de los límites de las implicaciones del aprendizaje, la necesidad de planearlo, la "gestión" del aprendizaje, el significado de "instruir" y la elección de los medios de instrucción.

Refiero al lector a la obra citada, ya que se trata de ideas generales o en el campo de la labor del profesor y no son inherentes a nuestro tema general.

Nota bibliográfica

A propósito de capacidades iniciales y de estilos personales, sugiero una lectura esencial que podría citar también en otras partes del libro, por la vastedad del tema que trata (Pontecorvo, 1981).

Ver también el cap. 10 de (D'Amore, 1999a). Además (Ausubel, 1968). Ver (Bloom, 1979).

Sobre los estilos de aprendizaje, ver (Boscolo, 1986, pp. 68-80).

Sobre corroboración del nivel inicial, ver el mismo pp. 273-276, y el vol. I del Proyecto Ma.S.E. (D'Amore, 1986-1993).

4.6. ¿Es útil hacer varias veces el mismo ejercicio?

Ya que en la sección anterior apareció esta cuestión, creo que es oportuno tratarla de forma explícita. La repetición con el fin de hacer entender bien algo es una modalidad que tiene muchos seguidores entre los profesores, especialmente cuando se trata de Matemática y también en las actividades de *problem solving*. Dar a la clase el mismo tipo de ejercicio varias veces es una norma implícita o explícita aceptada. En la memoria de algunos de nosotros permanece el recuerdo de la mortificación intelectual y una vaga idea de la inutilidad de este modo de proceder. Una cosa es repetir las tablas de multiplicar hasta que se convierten en una cuestión automática, de manera que, sin pensar, se diga «45» al estímulo «5 por 9» (esto simplifica luego en parte la complejidad de la resolución de problemas). Pero, otra cosa muy diferente es"inducir" la solución de problemas por tipologías (la escuela soviética indagó ampliamente sobre este tema. Ver las referencias bibliográficas al final de la sección).

B. Kleinmuntz (1976), analizando los experimentos conducidos por A. S. Luchins en 1942 relacionados con la "fijación" de proponer problemas con soluciones sustancialmente idénticas, muestra cómo este proceder produce efectos negativos. El sujeto muestra no saber más cómo resolver el problema, mediante la personalización y la comprensión, sino que busca un camino similar al anterior o el mismo camino. Por lo tanto, después de algunas pruebas, frente a un problema que se podría resolver de una manera mucho más breve que el anterior, el sujeto continuará intentando aplicar el mismo procedimiento. Haber adquirido un método que da frutos positivos es precisamente el obstáculo para crear estrategias nuevas. Esto es lo que Luchins (1942) llama el "efecto Einstellung" (detención, suspensión, interrupción).

Kleinmuntz (1976) fue más allá: en cuanto funcione la aplicación de la estrategia aprendida, el resultado es positivo y el sujeto, aunque tenga indicaciones sobre otros caminos posibles, está satisfecho de sí mismo. Sin embargo, cuando intenta aplicar la misma estrategia a problemas que no tienen nada que ver con ésta, el efecto psicológico se vuelve negativo con una consecuente pérdida de la auto confianza, más que con el deseo de buscar caminos alternativos [inicia el camino destructivo deletéreo hacia la escolarización del saber y de las actitudes (D'Amore, 1999b) y la volición se anula].

El *efecto Einstellung* se puede simplificar y convertirlo en un juego de mesa: se pueden dar palabras como "mora", "mago", "toga" y pedir de hacer anagramas; los participantes de seguro encontrarán respectivamente las palabras "ramo", "goma", "gato", obtenidas con el mismo intercambio de la última sílaba con la primera. Si se da ahora la palabra "saco", el número de participantes que darán el resultado "cosa" será mucho mayor de los pocos que darán los anagramas (también correctos) "asco", "caos", "ocas", a causa del *efecto Einstellung*.

También Gagné (1973) interviene en la cuestión, agotándola con una frase lapidaria:

> En cuanto a la repetición [hablando de *problem solving*], parece que ésta no tiene ningún rol en la solución de problemas, aparte de poder, en un momento precedente, condicionar las posibilidades para recordar las reglas subordinadas. Pero, una vez alcanzada la solución, el aprendizaje es completamente independiente de la repetición. Lo que se aprende es mucho más resistente al olvido.

Eso es todo.

La misma experiencia nuestra, descrita antes, de dar una gráfica al lado del texto del problema, aunque facilitaba mucho (porcentualmente) la buena solución del problema, también daba la impresión que la gráfica fuera la panacea absoluta para cada dificultad del problema (creencia causada por los resultados positivos del caso, incluso para aquellos que eran "malos" resolviendo problemas). El *efecto Eistellung* se manifestó ya en el segundo resultado positivo, tanto así que en el tercero (el problema no se podía resolver con aquella gráfica) muchos (incluso los que eran "buenos" para resolver problemas) intentaron a toda costa hacer que el tercer problema se adhiriera a la gráfica que había funcionado en los primeros dos casos.

Se podría afirmar que insistir con los esquemas de solución, más o menos automáticos, en la escuela primaria, termina por condicionar incluso a los niños que podrían ser "buenos para resolver problemas".

Nota bibliográfica

Sobre el problema de los ejercicios repetidos a manera de refuerzo, ver el clásico (Thorndike, 1913).

Estudios en pro y en contra de la repetición de ejercicios figuran en (Resnick, Ford, 1991).

Sobre la manera de hacer que la repetición de un ejercicio sea productiva, ver (Buswell, 1927, 1930; Repp, 1930).

Dada la dificultad para referenciar estos textos, intento hacer una síntesis en una misma línea: es más eficaz distribuir sesiones breves de ejercicios repetitivos en el tiempo que concentrarlos en tiempos cercanos.

El ejercicio repetido puede ser útil para desarrollar automatismos, ver (Resnick, Ford, 1991, pp. 30-35 y la bibliografía allí sugerida).

La resolución de problemas por tipologías fue ampliamente estudiada por el ruso M.V. Potockij (en este caso utilizo la presentación que aparece en Davydov, 1979) quien afirma:

Muy frecuentemente enseñamos a clasificar los problemas en lugar de enseñar a resolverlos con prontitud. ¿Quién no conoce la típica declaración que muchos hacen cuando se adentran en un problema nuevo:"No hemos llegado todavía a resolver estos problemas"? ¡Como si se tratara de saber resolver solamente los problemas que ya han sido resueltos!

Las investigaciones ejemplares de Potockij se completaron en los primeros años de la década del 60. Se puede encontrar una amplia presentación en (Davydov, 1979).

Sin embargo, la obra de Davydov debe leerse en su totalidad, también para las citaciones sucesivas a las investigaciones de V. L. Jaroscuk y de A. V. Stripcenko, quienes se ocuparon de la capacidad de los niños para relacionar los ejercicios propuestos a estándares asimilados con anterioridad. Este tipo de investigación fue tema de interés para la escuela soviética en los años 50, 60 y 70.

Desde un punto de vista mucho más moderno, ver el amplio capítulo dedicado al aprendizaje estratégico en (Fandiño Pinilla, 2008).

Sugiero también la lectura de (D'Amore, 1992b).

4.7. Sobre los aprendizajes de base que se poseen con anterioridad

¿Es importante poseer los instrumentos de base para enfrentar tareas más elevadas? ¿Hasta qué punto?

La respuesta a la primera parte de la pregunta parece ser no solo positiva, sino incluso superficialmente positiva. ¿Cómo es posible resolver un problema, supongamos de manera oral, en el cual se requiere hacer una o más adiciones, si no se posee el instrumento, es decir si no se sabe adicionar?

Es tan obvio aparentemente que no parece necesario plantearse problemas al respecto; por ejemplo: ¿existe una correlación entre la competencia, el dominio, la habilidad numérica en el cálculo de adiciones y sustracciones y la resolución de problemas en los cuales se requiere el uso de estas operaciones?

La investigación clásica sobre este tema es la de L. P. Steffe, publicada en 1970: se encontró una correlación del 0.49, es decir no muy elevada (digamos que los psicólogos tienden a tomar como significativa una correlación por encima del 0.50. En este caso estamos justamente en el límite inferior). Los niños con I.Q. menor dan como resultado promedio el 0.60 y los niños con dificultades para establecer comparaciones entre cantidades dan como resultado promedio un 0.68, ambas netamente más elevadas. ¿Qué significa esto? Tal vez que se excede en la manipulación de las operaciones a nivel puramente formal, y se hace muy poco énfasis en su uso en las actividades de problem solving a nivel oral.

Mientras que la investigación de Steffe se centró solo en la adición, la de J. F. LeBlanc (1976) tomó en consideración también la sustracción; en este caso, el investigador encontró un resultado del 0.39 solamente.

Se señalaron diferencias notables según el uso de materiales concretos. Aquí la cosa se complica, pero la podemos resolver diciendo que se encontró una correlación positiva entre la competencia para usar las operaciones y la capacidad de resolución en todo tipo de problemas, cuando se usaron materiales (L. P. Steffe, W. C. Spikes, J. J. Hirstein, investigación publicada en 1976).

T. P. Carpenter y J. M. Moser, en 1982, y G. Vergnaud, en el mismo año, pusieron en evidencia desempeños mucho más altos en *problem solving* cuando, a la par con la dificultad lógica, se operaba con números más pequeños (por ejemplo, una adición entre 5 y 9, respecto a una entre 11 y 15). Lo anterior fue confirmado por la investigación de M. J. Zweng, publicada en 1979, según la cual, de manera más general, el uso de números pequeños facilita la solución de problemas.

Por lo cual parecería correcta la postura de LeBlala en 1976, apropiada por Moser (1985a), según la cual:

> Se puede concluir con certeza que las habilidades elementales de tipo numérico están, en alguna medida, relacionadas con la capacidad de resolver problemas de adicción y de sustracción verbalmente; aunque, con certeza, estos conocimientos no son suficientes para tener éxito en la resolución de problemas.

Extraigo estos planteamientos de un artículo de J. M. Moser (1985a), en particular la sección dedicada a los «Factores relacionados con problemas verbales», cuya lectura resulta esencial para aquellos que pretenden dedicarse a este tipo de problemática. La seguridad con la que el autor confirma las suposiciones de LeBlanc choca con ciertas prácticas académicas según las cuales el *problem solving* es en sí mismo una actividad de refuerzo o de apoyo, mientras que se dedica tiempo, en mayor medida, a las ejercitaciones (operaciones que se hacen una y otra vez); al contrario, en otros contextos, estas ejercitaciones han sido del todo superadas.

A mi modo de ver, en ambos casos hay comportamientos que deben ser corregidos. La consciencia y el manejo de las operaciones son necesarios, pero no son la única necesidad. Es más, las actividades de resolución de problemas en Matemática y el aumento de las competencias matemáticas pasan por este tipo de ejercitación. (Regresaré sobre este punto más adelante).

Por otra parte, se dice frecuentemente que el aprendizaje fructífero es aquel que se llama "aprendizaje mediante problemas", en el cual el itinerario académico sobre cierto tema está formado por problemas formulados según un recorrido bien elaborado. Un ejemplo muy eficaz y significativo a propósito de esto es el propuesto por M. Boni y L. Davoli, en F. Ferri (Compilador) (1989), del Núcleo de Módena, sobre la didáctica/aprendizaje de las fracciones mediante un itinerario formado exclusivamente por problemas.

Entre las adquisiciones fundamentales para resolver problemas se encuentran los mecanismos relacionados con las operaciones y el manejo de las mismas; sin embargo, esto no es suficiente. Por lo tanto, en la práctica escolar de la Matemática, se debe apuntar decididamente a una actividad de *problem solving* genuina.

5. La resolución de problemas: actitudes al respecto

5.1. Tiempo de latencia y actitud de los profesores

Entre el momento en el cual se formula una pregunta y el momento en el cual el sujeto da una respuesta, obviamente pasa tiempo. Puede ser menos de un segundo (respuesta "rápida"), puede ser medio minuto (respuesta "lenta") o incluso más. El tiempo que divide el estímulo y la respuesta se llama "tiempo de latencia". Nos podemos apropiar de esta definición y estudiarla de manera más oportuna y específica, si pensamos que el estímulo es la propuesta de resolver un problema (de forma oral o escrita).

Es bien sabido por parte de los profesores que hay un periodo de latencia muy distinto de sujeto a sujeto, que puede ser más o menos largo. Es bien sabido también que no parece existir una relación entre la cantidad de tiempo de latencia y la calidad de la resolución del problema: esta última parece depender más del estilo de quien resuelve el problema que de su capacidad. Tanto así que, si se establecen periodos de resolución fijos, hay niños que encuentran dificultades aun siendo buenos para resolver problemas. De hecho, la idea misma de disponer de un tiempo limitado crea bloqueos y agitación.

Muchos profesores se quejan del hecho que los tiempos de latencia son demasiado largos, pero es necesario conocer bien este fenómeno para aceptarlo y para dejar de considerarlo sólo y siempre dispersivo.

Hay niños que requieren de esto tiempo por varias razones: descargar un poco de tensión, buscar la concentración, sentirse seguros mediante la constatación de lo que hacen los compañeros, etc. En tal período, bien conocido por parte de los psicólogos, se saca punta al lápiz meticulosamente, se organizan los colores en la cartuchera, se aplanan las "orejas" de los cuadernos (...) Estas y otras actividades son meticulosamente descritas en una investigación sobre este punto (y otros puntos inherentes a este capítulo) que involucró decenas de clases de Bolonia, Borgo Panigale, Ostería Grande, Castel San Pietro e Imola.

Muchos niños parecen alejarse completamente de lo que les pide el problema (los textos escritos que utilizamos en esta investigación fueron entregados individualmente a cada niño): apenas se entregaba el texto, había cierto afán por leerlo, luego iniciaba el tiempo de latencia. A veces, se daba la "entrega del silencio"; en este caso, cada uno tenía que trabajar en silencio y por cuenta propia. Otras veces, se daba la posibilidad de trabajar en grupos pequeños (dos o tres niños por grupo); finalmente, otras veces, el grupo-clase podía colaborara a discreción. En *ninguno* de estos casos faltó la latencia, pero fue diferente en cada una de las modalidades de trabajo propuestas.

En el caso del trabajo individual, el tiempo de latencia se ocupaba en actividades de carácter individual (sacarle la punta al lápiz); en el caso del trabajo en grupos pequeños, parecía notarse dedicación personal, casi como declarando la voluntad de trabajo común (el sujeto A, que tenía que trabajar con el sujeto B, organizaba los colores de B y comentaba positivamente sobre la calidad de los mismos): parece que de forma inmediata se da un fenómeno de sumisión acompañado de adulación o, al menos, una manifestación de aprobación con expectativa de reciprocidad.

Cuando el grupo-clase trabajaba de manera conjunta, lo hacía de manera dispersiva por el dominio (leadership), a veces negativo, de los sujetos que tienden a reclamar más atención sobre sí mismos. Ciertamente, el análisis que describo aquí brevemente es superficial, pero es para que el profesor que lee estas páginas sepa que se trata de actitudes bien distinguidas y estudiadas y no solo de fenómenos aislados que suceden en las clases de manera particular.

¿Qué hace el profesor en estos tiempos de latencia que considera perdidos y poco productivos? En la mayoría de los casos, interviene haciendo sugerencias, preguntas y llamados de atención.

Pareciera como si el tiempo de latencia fuera necesario para que el niño salga de su estado de agitación o para "alejarse" del trabajo que va a emprender: por lo tanto, en términos psicológicos, no es un tiempo desperdiciado, sino una necesidad individual. Claro que por exceso de distanciamiento se puede perder de vista la tarea asignada, sobre todo en el caso de ciertos niños (quienes no son buenos resolviendo problemas son quienes se distraen más fácilmente); sin embargo, esto no sucede en la mayoría de los casos. En cambio, la actitud del profesor que no lleva el control puede influir negativamente; por lo tanto, conservar una actitud tranquila puede ayudar e invitar implícitamente a los niños a concentrarse nuevamente en el trabajo.

Sin entrar en porcentajes ni en casos particulares, se pueden hacer algunas consideraciones sobre el comportamiento de los profesores, tanto durante el tiempo de latencia como durante la resolución de problemas por parte de los niños.

El profesor se siente involucrado emotivamente en el proceso y juzgado en su rol como educador precisamente por la manera como procede la resolución del problema. Es por esto que el profesor no logra, en la mayoría de los casos, dejar que los niños trabajen según las modalidades establecidas. Entonces, pasa por los escritorios, lee, mira, muchas veces comenta en voz alta lo que cada uno hace, o, con lenguaje no verbal, (mímica, gestos, miradas, [...]) señala con desaprobación, reprobación, o aprobación ... si se da cuenta que había una "trampa" en el texto del problema (que no había hecho presente anteriormente, pero que nota gracias a la interpretación de alguno de los niños), trata de aclarar la ambigüedad del texto en voz alta. El profesor tiende a dar la impresión de director de orquesta, especialmente cuando hay alguien extraño en el aula. Después de numerosas pruebas, tuvimos que admitir que es el profesor quien resuelve el problema propuesto (tanto que, en el momento de requerir respuestas auténticas, tuvimos que trabajar sin el profesor en el aula).

Resulta obvio entonces que, después de cinco años de resolver problemas bajo esta modalidad, el niño está acostumbrado y convencido que esta es *la* modalidad correcta. Lo anterior parece ser una de las causas (tal vez la más simple) del retroceso que sufren los alumnos cuando inician la educación media (6°-8° grado); muchas veces, pocos días después del inicio del año escolar, el profesor de matemática de la escuela media propone "pruebas diagnósticas", que resultan muy útiles para hacerse una primera idea del estado cognitivo de alumnos que provienen de contextos educativos diversos.

Al contrario del profesor de la escuela primaria, el profesor de la escuela media (por lo menos en la fase de acercamiento) logra comportarse como un extraño y no interviene en los procesos de resolución de los problemas. Lo cual, obviamente, crea una situación de dificultad para quien resuelve el problema debido, en parte, a que no está acostumbrado a trabajar en tales condiciones.

Por lo tanto, parece oportuno cambiar el modo como se comporta el profesor: deben propiciarse oportunidades, durante los años de escuela, en las que lo niños puedan trabajar individualmente y verdaderamente solos para que así logren acostumbrarse.

Sin embargo, no hay que descuidar o eliminar el trabajo coral con el profesor. Se trata, más bien, de activar mecanismos a nivel del desarrollo potencial, de tal manera que el profesor se asegure de no intervenir sobre el desarrollo efectivo.

Por otro lado, es conocido que, bajo la guía atenta y precisa del profesor, ciertos elementos distractores son eliminados, esto crea una capacidad crítica en los alumnos que les permite eliminar distracciones autónomamente en el futuro. Uno de los distractores que se puede eliminar es la reticencia a la reestructuración que se presenta de varias maneras:

- la costumbre de comportarse siempre según los esquemas aprendidos; particularmente el *efecto Einstellung;*
- implicaciones parásitas: algunos términos o mensajes (icónicos o verbales) parecen tener más de una interpretación; a veces el niño puede privilegiar o apropiarse de la interpretación equivocada (la cual en ocasiones resulta ser más sutil que la interpretación auténtica); una aclaración por parte del profesor puede ayudar al niño no solo en esa ocasión particular (como actividad cognitiva) sino también en el futuro (como actividad evaluativa);
- y otras.

Los psicólogos han estudiado, más detalladamente, las diversas fases de las actividades desarrolladas durante el tiempo de latencia, precisamente en el campo de la resolución de problemas. Después de la fase de *preparación*, en la que se lee el texto, sigue una fase de *incubación*, en la cual el sujeto parece poner su atención en otra cosa (a veces, se desconcentra de verdad, pero no siempre es así); es solo en la fase sucesiva, la fase de *inspiración*, cuando el sujeto retoma el contacto explícito con el problema, llegando en todo caso a la *resolución* (sigue posteriormente la fase de *prueba* que no nos interesa en esta sección). Nos inclinamos a admitir que existe una fase confusa entre la preparación y la incubación que está conformada por dos comportamientos y que no es de ninguna manera continua o siempre consciente y que se manifiesta explícitamente mediante comportamientos que llevan al descubrimiento, precisamente en medio de la fase de incubación (D'Amore, 1991b).

Sería necesario estudiar esta cuestión más a fondo.

Las dos fases de preparación e incubación y, a nuestro modo de ver, esta confusa fase intermedia, son demasiado desdeñadas por parte de los profesores, quienes tienden a privilegiar un rápido paso a la fase de la inspiración. Sin embargo, es durante las fases menos llamativas cuando se da la mayor parte de la actividad del resolutor.

Según G. Glaeser (1975, 1976, 1982), un matemático inspirado por la psicología de la Gestalt (mencionado anteriormente en la sección 3.3.), hay una fase en la cual el sujeto que resuelve el problema recurre a aprendizajes anteriores, aunque no siempre de manera activa y explícita o consciente, como si tales aprendizajes fueran un campo de exploración en el cual se encuentra la solución de los problemas. Como dije antes, no hay certeza que esta recurrencia sea consciente; de hecho, es más preciso expresar este fenómeno mediante el término *insight*. Una gráfica o una figura, una frase o una fórmula pueden "inspirar" el reconocimiento de cierto campo de exploración y determinar el uso de una referencia que ayude a resolver el problema. Ni se puede menospreciar la importancia del *transfer*; si el problema que el niño tiene que resolver no está dentro del campo de exploración, basado en la experiencia adquirida, se puede transformar o "traducir" a términos más cotidianos, de manera que se pueda insertar dentro de las competencias adquiridas.

Y no se acaba aquí: tanto el *insight* como el *transfer* se pueden favorecer a partir de la *buena forma* en la que se presenta el problema en su totalidad o parcialmente. Por ejemplo, colorear partes de una gráfica para favorecer la comprensión de la pregunta, el uso consciente de estímulos de carácter verbal para guiar al niño hacia la solución en cambio de dificultarla (en contrario de "trampa", podemos proponer "trampolín").

Y aún con consideraciones de este tipo, permanece un efecto llamado el "huevo de Colón": el problema propuesto contiene limitaciones que no han sido solicitadas efectivamente, precisamente como en el caso del célebre problema de Cristóbal Colón: nadie pidió que el huevo que tenía que quedarse en equilibrio vertical debía ser *crudo*, pero ésta parecía ser la solicitud interna a la solicitud oral. Entonces, se puede hablar de obligaciones inducidas, implícitas o falsas, de las que está llena la bibliografía psicológica sobre el *problem solving*.

Ignorar estas consideraciones es nocivo incluso en las actividades didácticas usuales.

Ver los significativos experimentos pioneros de (Gelman, 1969) sobre la función positiva del *transfer*.

5.2. Estudios sobre las estrategias de resolución

El lector podrá comprender que estudiar una estrategia de resolución es una cuestión bastante compleja que llama la atención sobre varios factores, algunos de los cuales presentan una dificultad a la hora de ser evaluados cuantitativamente. Con el único fin de aclarar lo que esto significa, propongo una panorámica breve e incompleta sobre esta clase de estudios, limitada a los problemas llamados"verbales"cuya resolución requiere efectuar operaciones de adición y sustracción (en seguida daré indicaciones más amplias y generales). Hago referencia al artículo de I. M. Moser (1985a), que cité también al final de la sección precedente.

Hay que reconocer el valor pionero de los estudios de la investigadora E. G. Gibb, quien, en 1956, publicó un listado de nueve estrategias usadas en problemas"verbales"de sustracción:

1. ningún intento;
2. respuesta al azar, incorrecta, sin explicación o solución numérica;
3. conteo con los dedos;
4. conteo integral o conteo de separación;
5. conteo a partir de uno (para cada uno de los conjuntos);
6. conteo progresivo o regresivo sin tener en cuenta uno de los conjuntos;
7. trabajo con los conjuntos sin tener en cuenta el conteo o las propiedades de los números;
8. uso de conocimientos numéricos o de las propiedades que de estos se derivan;

9. respuesta rápida e instintiva (sujeto incapaz de hacer presente el procedimiento que empleó).

Esta primera clasificación (que cada lector-profesor puede comentar basado en su propia experiencia), fue el punto de partida para que otros investigadores se dedicaran a actividades similares. K. Hebbeler, en 1977, publicó el resultado de una investigación llevada a cabo con niños de preescolar y del 1° ciclo de la escuela primaria, sobre problemas verbales de adición y sustracción, proponiendo 6 categorías en lugar de las 9 de Gibb:

1. conteo;
2. intuición visual;
3. uso de conocimientos numéricos;
4. respuesta al azar;
5. respuesta ambigua no clasificable;
6. ningún intento.

La idea de anticipar el análisis lo más posible para obtener más fácilmente respuestas "ingenuas", sugirió a H. P. Ginsburg y a R. L. Russell (1981) una investigación en las que se analizan las estrategias adoptadas por niños de 4 y 5 años para resolver problemas de adición y sustracción presentados de manera concreta. Estos investigadores sugieren 5 categorías diferentes:

1. conteo;
2. estrategia correcta sin conteo;
3. conteo con algunos errores (de cálculo);
4. respuesta al azar;
5. otra estrategia incorrecta.

Es bastante evidente que el aumento de la edad y del nivel de escolaridad comporta una competencia numérica mayor y por lo tanto una variabilidad en las estrategias adoptadas.

Una de las críticas hechas a propósito de este tipo de investigaciones es que no ponen en evidencia la influencia de la técnica ni de las operaciones en el *problem solving* como proceso, aunque afrontan casos en los cuales se presentan operaciones en lugar de conceptos de incógnita e igualdad, los cuales parecen ser espontáneos en el contexto resolutivo.

Otra crítica a todas estas investigaciones es que se habla de "problemas de adición y sustracción" sin distinción entre los diversos tipos, como si todos los problemas que requieren de estas operaciones fueran iguales (desde el punto de vista de la estrategia que se requiere por parte de los sujetos que resuelven).

T. P. Carpenter y J. M. Moser, de modo particular, comenzaron a publicar una serie de resultados de investigación en 1982 sobre este tema, de manera más detallada y con mayor profundización, tanto así que crearon un "estilo investigativo" en este campo. Para empezar, estos investigadores distinguen tres tipos fundamentales de estrategias de adición basadas respectivamente en:

1. representación directa con objetos físicos o con los dedos;
2. uso de secuencias de conteo;
3. uso de conocimientos numéricos;

cada una de estas estrategias fue a su vez estudiada con gran atención y detalle e incluso con referencia a los trabajos de otros investigadores. Aunque fascinante e importante, no voy a entrar en detalles a propósito de este tema, pero el lector interesado encontrará profundización en el texto Moser (1985a) que estoy citando.

Paso, en cambio, al estudio de los mismos autores sobre las estrategias de sustracción que son obviamente más arduas y variadas. Además de las tres anteriores, la sustracción se presta para una tipología más amplia:

- estrategia de *separación*: se representa la cantidad mayor (minuendo) y de ésta se separa la cantidad menor (sustraendo) (estrategia separar de), un elemento a la vez: el conteo de los elementos que quedan da el resultado;
- estrategia del conteo a la *inversa*: el niño cuenta a la inversa del minuendo tantas veces como objetos contiene el sustraendo;
- estrategia de *separar hasta*: el niño quita del minuendo tantos objetos como contiene el sustraendo;

- estrategia de *contar a la inversa hasta*: análoga a la anterior, pero con conteo en cambio de remoción de objetos;
- estrategia de *agregar*: se parte del sustraendo y se llega al minuendo agregando objetos;
- estrategia de *agregar uno a la vez a partir de*: es igual a la anterior, pero con conteo en lugar de movimiento de objetos;
- estrategia de *poner en correspondencia uno a uno*: se hace solo cuando se tienen objetos concretos a disposición; se disponen dos grupos a manera de minuendo y sustraendo; se ponen en correspondencia uno a uno todos los objetos del grupo menos numeroso con el otro grupo y se cuentan los objetos que quedan del grupo más numeroso;
- estrategia alternativa entre *contar a la inversa de y agregar uno a la vez a partir de*: el niño demuestra manejar ambas estrategias, escogiendo, según el caso, la más cómoda.

Las entrevistas hechas directamente a los niños son siempre muy interesantes para descubrir cómo llegaron a la respuesta. En el caso de la sustracción, se puede ver que tanto los componentes básicos como las estrategias adoptadas se basan realmente en la adición.

En este punto, los investigadores analizan los problemas de adición y sustracción con el fin de verificar cuáles son las estrategias más seguidas y en qué condiciones. Esto conlleva una diferencia sutil entre los tipos de problemas propuestos (con una sola operación) y a un análisis preciso de las respuestas. El lector a quien interesan los datos estadísticos de este análisis, puede remitirse al artículo de Moser (1985a).

Este tipo de análisis revela la dificultad para resolver algunos tipos de problemas, cuando la operación que resuelve el problema no se presenta en una de las formas aceptadas por los niños. A manera de ejemplo, en problemas de sustracción del tipo *comparar* (ver la sección 7.3.) en los cuales la cantidad de referencia es una incógnita, se dan los siguientes porcentajes positivos de resolución:

- preescolar 17%;

- primero de primaria 11%;
- segundo 65%;
- tercero 75%;

pero si la sustracción es de un tipo más dominable o de una estructura más fácilmente representable (*unir* con un resultado incognito, separar con una trasformación incógnita, *combinar* con adición, [...]) entonces los porcentajes de solución son mucho mayores.

Este, sin embargo, es un tema que tendré que tratar de manera más detallada posteriormente, en cuanto disponga de otros resultados de investigación.

La pregunta «Se puede enseñar a adicionar. ¿Se puede enseñar una estrategia?» surge de manera natural y espontánea.

Ésta es una pregunta mal formulada a propósito. Lo cual me da la oportunidad de hacer referencia a un fragmento de la obra de Gagné (1973) sobre el tema. En tal fragmento, el Autor hace varias aserciones que son pertinentes a nuestro caso.

La respuesta a la pregunta anterior es afirmativa: el profesor puede hacer mucho para que los estudiantes aprendan competencias de nivel superior; por ejemplo, la competencia de usar estrategias.

Pero, hay una respuesta más inesperada: el sujeto que está involucrado en *problem solving, auto aprende* a resolver y a crear estrategias. Por lo tanto, el sujeto *aprende a aprender*. Gagné (1973) tiende a dar el nombre de estrategias precisamente a este tipo de reglas de nivel superior y afirma que:

> La manera de aprender este tipo de reglas de orden superior en particular no es para nada diferente a ningún otro aspecto importante del aprendizaje de otras reglas. Sin embargo, mientras que las reglas de orden superior de las cuales se habló anteriormente se refieren a actividades intelectuales atinentes al objeto de aprendizaje, las estrategias se refieren generalmente

al comportamiento del sujeto, independientemente de lo que el sujeto está estudiando. En este sentido, las estrategias parecen estar "privadas de contenidos" y, aparentemente, fuera de los objetivos de aprendizaje, pero, aun así, son aprendidas.

Gagné se refiere a los estudios de E. Z. Rothkopf (de 1968, publicados en 1974) sobre el comportamiento matemagénico es decir actividades que producen conocimientos): intercalar preguntas (u otro tipo de actividad) para facilitar la retención, la memorización y las estrategias de resolución (es obvio que esta actividad se puede ver en la zona de desarrollo próximo, con la ayuda del profesor o de los coetáneos más capacitados). Gagné también se refiere a los estudios de J. S. Bruner (1960, 1966a, 1966b) en lo referente al análisis de estrategias precisamente en las actividades de *problem solving*. En estos estudios, considerados clásicos, se tiene la impresión que el sujeto que enfrenta un test o un problema se concentra bajo una especie de"regla de auto aprendizaje", con la cual no resuelve el problema, pero se ayuda en el proceso de creación de estrategias. Es más, esta práctica parece llevar a la pérdida del riesgo de inmovilidad funcional del cual he hablado anteriormente en varias ocasiones.

Nota bibliográfica

Algunas páginas de (Boscolo, 1986) están dedicadas a temas inherentes a esta sección; por ejemplo, pp. 167-196 y, en particular, 175-176 y 182-187.

5.3. Resolución de un problema y formas de aproximación al mismo

La investigación de T. Hudson (publicada en 1980) sobre el problema de los"gusanos y los pájaros"es bien conocida: los niños de preescolar y de primero de primaria ven una imagen que representa gusanos y pájaros, en la cual hay más pájaros que gusanos; posteriormente, se formulan dos preguntas:

1. «¿Cuántos pájaros más hay con respecto a los gusanos?» (o una pregunta análoga);
2. «Cada uno de estos pájaros quiere comerse un gusano. ¿Cuántos pájaros se quedarán sin comer?».

Como es de esperarse, las dos preguntas arrojan resultados diferentes: la respuesta a la segunda pregunta es mucho más sencilla que la respuesta a la primera.

Lo anterior lleva al lejano discurso sobre el uso de las representaciones externas en las actividades de *problem solving*, tema que retomaré de varias formas. En este sentido, resulta necesario resaltar que hemos intentado dar problemas verbales (no solo de tipo aritmético), haciendo uso de dibujos y de materiales previamente confeccionados para este fin, en el preescolar. En el caso del problema de los gusanos y los pájaros, se puede dar a los niños títeres que representen tanto a los gusanos como a los pájaros, para ponerlos en"una situación concreta". La resolución del problema se facilita no tanto por la tridimensionalidad del objeto como por la espontaneidad y la movilidad del mismo. Se puede imaginar la representación concreta de cada uno de los pájaros que vuela (en la mano del niño) a comerse un gusano, hasta que los pájaros saciados se acaban y quedan solo aquellos con hambre. Tales situaciones de dramatización ponen en juego la motivación y la capacidad de identificación de los niños y traen grandes ventajas a la hora de resolver el problema.

Se delinea, entonces, una escala de facilidad, a la par de otras condiciones, del tipo:

- referencia a objetos muy representativos;
- referencia a objetos simbólicos;
- referencia a figuras muy representativas;
- referencia a símbolos (por ejemplo: pájaro como un dibujo redondo, gusano como un dibujo de una estrella);
- problema oral;
- problema escrito (si el niño sabe leer);

sin embargo, hay que hacer algunas precisiones sobre esta escala (tales precisiones se hacen implícitamente en el desarrollo de este libro).

En esta sección, nos ocupamos solo de los casos en los cuales los niños pueden usar materiales de los dos primeros tipos, que se encuentran a su disposición, aun cuando no hayan sido previamente dispuestos para tal fin: de hecho, puede ser productivo que, durante la fase de preparación-incubación, el niño ocupe parte del tiempo pensando en los materiales que podría buscar en el armario del salón y utilizar (creando, de tal manera, una estrategia).

Hablaré de la idea de J. M. Moser (1985a) y de nuestra propia experiencia sobre la influencia de los materiales adicionales. Moser se refiere al uso de materiales adicionales de diferentes tipos que se encuentran a disposición de los niños durante la fase de resolución de problemas verbales de adición y sustracción, y distingue tres casos.

I caso: los materiales adicionales se ponen a disposición de los niños. En general, los investigadores encuentran un aumento en la capacidad para resolver problemas cuando existen objetos o materiales adecuados para tal fin. Pero, algunas investigaciones han puesto en evidencia casos contrarios, especialmente cuando los problemas son más complejos. Lo anterior ha llevado a análisis ulteriores que concuerdan en afirmar que el desempeño superior con el uso de materiales adicionales depende del entrenamiento que posean los niños, ya que muchos profesores no promueven el uso de la práctica del conteo con los dedos y en cambio usan objetos. Parece que los niños con menores capacidades de comparación cuantitativa aman hacer uso de la técnica del conteo con dedos. Hemos notado varias veces que el recurrir a los dedos o, alternativamente, a los objetos para contar depende no solo de las preferencias de los niños, sino también de la situación en la cual se encuentren. La elección entre los dedos y los objetos parece estar relacionada con la estrategia de solución que usa el niño.

II caso: se dice expresamente a los niños que hagan uso del material. Es inútil decir que la conclusión, prácticamente unánime, es que esta práctica influye de manera muy positiva:

- aún más si el profesor maneja personalmente el material durante la presentación del problema (lo cual es también un inicio para la solución);
- aún más cuando los niños son pequeños; después de cierta edad la influencia es menor.

El experimento de P. Starkey y R. Gelman (1982) es un poco particular: los investigadores ponían a disposición de los niños materiales para describir una situación problemática; pero, en el momento en el cual los niños tenían que responder, tapaban los objetos (con el fin de evitar que la respuesta fuera un simple conteo). No obstante, el porcentaje de resolución fue muy alto e incluso niños de 3 años pudieron resolver problemas aritméticos con datos numéricos pequeños.

III caso: el sujeto que resuelve el problema es guiado en la construcción de la situación problemática con instrucciones adecuadas y con el uso de material concreto. Por ejemplo, hay unos bloques de madera en el piso, el investigador dice: «Pon dos bloques al frente tuyo» y el niño sigue la instrucción. Posteriormente, el investigador hace la pregunta: «Si te digo que pongas otros 5 bloques, ¿cuántos tendrías?». El porcentaje de resultados negativos es más alto que en el caso en el que hay un manejo completo de los materiales incluso en la segunda parte de la propuesta del problema.

Hemos propuesto problemas como el de los gusanos y los pájaros tanto con objetos representativos como con objetos alusivos o simbólicos, encontrando más resultados positivos en el I caso, pero, sobre todo, por no decir exclusivamente, en edades más tempranas. El hecho que el material no se encontrará a disposición (a la mano) de los sujetos que resolvían el problema, y que, en cambio, la exposición verbal del problema evocará objetos o juguetes de uso común (soldaditos, indios, caballos, animales del zoológico o de la granja, etc.), de manera que los niños pudieran imaginar la situación y pudieran saber dónde buscar por sí mismos el material, nos pareció una experiencia muy productiva, interesante y motivante, aunque no se haya hecho ningún tipo de prueba porcentual.

No podemos más que estar de acuerdo con Moser (1985a) cuando afirma:

> Se puede concluir con certeza que el uso de materiales adicionales mejora en la mayoría de los casos el desempeño, pero este efecto disminuye con la edad del sujeto. Se puede afirmar también que las dificultades para resolver problemas verbales se deben en parte a la falta de un plan para la resolución del problema, es decir a la falta de un análisis de la relación entre los datos del problema, las acciones allí descritas y su representación concreta (modelación). Una vez representado el problema, disminuyen las dificultades relacionadas con la estrategia usada para determinar el resultado. Si se presenta el problema mediante el uso de materiales adicionales, se elimina por completo la primera dificultad. Cuando los materiales están simplemente disponibles, pueden ayudar a encontrar representaciones del problema y, a partir de tal representación, sugerir una estrategia para determinar el resultado.

5.4. Otras condiciones al respecto

En las actividades de *problem solving*, quien resuelve pone en práctica no solo la experiencia del momento, sino que recuerda (no siempre de manera consciente) las experiencias del pasado. Es decir, pone en juego dos componentes diversos:

- la memoria;
- la capacidad de encomendar a la memoria lo que ha conservado en la memoria.

Sin embrago, la memoria solo funciona si anteriormente se han establecido relaciones con el objeto. Para decirlo con un ejemplo extremo: haberse aprendido el alfabeto cirílico no ayuda a responder adecuadamente preguntas sobre las capitales de los países del continente africano. Lo cual lleva a pensar que el objeto cognitivo del *problem solving* está relacionado de algún modo con repositorios específicos de la memoria.

La capacidad de recordar no es para nada banal: no existe solo el problema del olvido, sino el hecho que lo que se recuerda podría no ser lo que sirve en el caso en particular. La capacidad de encontrar analogías puede actuar a manera de entrenamiento y residir como tal en la memoria. Es por este motivo que la memoria juega un papel fundamental en este concepto; como dice M. Wertheimer (1965):

> Lo que más cuenta durante las actividades de *problem solving* es "aquello" que la persona recuerda de los procesos memorizados anteriormente y "como" puede aplicarlo y utilizarlo.

El mismo autor:

> Un buen solucionador es aquel que, teniendo una visión clara de las relaciones estructurales internas ya aprendidas, actúa de acuerdo con las exigencias de la situación presente, utilizando exclusivamente los factores que tienen un valor funcional para el problema.

Citando a Gagné (1973), se confirma que: «el *problem solving* no es una aplicación del aprendizaje, sino que es un aprendizaje en sí mismo».

Por lo tanto, recordar y enriquecer los contenidos de la memoria son temas de discusión fundamentales y decisivos cuando se habla de *problem solving*; en consecuencia, todo lo que tiene que ver con la memoria es una condición privilegiada al respecto del *problem solving*. Luego, educar la memoria (en ambos sentidos: el almacenamiento de información y la capacidad de recordar) es en sí mismo un objeto de aprendizaje básico en el entrenamiento para aprender.

En mi opinión, esto es de vital importancia porque el entrenamiento anteriormente mencionado se efectúa en la zona de desarrollo próximo, ya que el nivel de desarrollo efectivo no produce nuevas competencias ni sobre el plano cognitivo ni sobre el meta cognitivo.

Dado que Vygotsky (1978) es quien me inspiró en esta tendencia, cito a este autor:

El momento más significativo en el curso del desarrollo intelectual, que da vida a las formas puramente humanas de inteligencia práctica y abstracta, sucede cuando el lenguaje y la actividad práctica, dos líneas de desarrollo que anteriormente eran totalmente independientes, convergen.

Si se acepta esta postura (ilustrada porVygotsky mediante un amplio trabajo experimental. Sobre todo de su colaborador R. E. Levina, no se puede dejar de admitir que el ámbito en el cual se da tal convergencia es necesariamente la zona de desarrollo próximo.

De otra parte, el uso del lenguaje como planificador y descriptor en las diferentes fases del *problem solving* (lo cual describeVygotsky con mucha precisión) está a la vista no solo de cualquier profesor, sino de cualquier persona. Vygotsky dice incluso que «los niños resuelven problemas prácticos con la ayuda del lenguaje, de los ojos y de las manos». El"poner en palabras", que se usa en el *problem solving*, estructura la solución misma, pero ¿qué tiene esto de diferente con la capacidad de"recordar" de la cual se habló antes?

Experimentos de escritura de los números por parte de niños de primaria en las actividades de *problem solving* parecen ser muy significativos para la tesis aquí presentada; como nuestra experiencia en este campo, hacemos referencia sobre todo a (Aglì, Martini, 1991).

En 1991 se presentó una investigación muy significativa sobre el rol del contexto en las actividades de *problem solving* (Zan, 1992); en dicha investigación se distinguen problemas de tres niveles:

1. problemas "prácticos": «El sujeto que resuelve el problema es el protagonista de la situación problemática y puede interactuar con ella de manera particular; la atención, en este caso, se concentra en alcanzar un objetivo de tipo práctico»;
2. problemas "teóricos" en los cuales «la atención se concentra en la manera como se puede alcanzar un objetivo práctico»;
3. problemas "escolares"; en este tipo de problemas hace falta tanto la situación práctica propiamente dicha como la simulación teórica.

Sobre este enfoque se ha supuesto que:

> La categoría concreta/abstracta es fundamental en el acercamiento al problema; es decir, en el momento en el cual se genera un problema para el sujeto. Muchos de los comportamientos asumidos por los niños se deben no a dificultades a nivel de procesos resolutivos, sino a carencias en el proceso de acercamiento. En este sentido, un problema de II nivel, que se puede compartir con más facilidad, debería hacer que tal proceso fuera más natural y, por tanto, resultar más "fácil" que un problema de nivel III. (Zan, 1992)

Este artículo de Zan resulta también interesante por la distinción que plantea entre los problemas impuestos autónomamente y aquellos de fuentes heterogéneas.

Nota bibliográfica

Con respecto al tema memoria y dificultades, ver (Nepi, 1992).

Para temas más generales, consultar (Fodor, 1988) sobre todo de la p. 56 en adelante; (Boscolo, 1986) especialmente las pp. 197-234.

Sobre la influencia del contexto en la solución de problemas, son interesantes las investigaciones de V. L. Jaroscuk, citadas por (Davydov, 1979), desde la p. 127 en adelante.

6. Problemas

6.1. Introducción

Aún recuerdo la gran emoción que se suscitó por parte de los profesores en Italia, en 1985, cuando fueron promulgados programas académicos de extraordinario valor educativo para la escuela primaria. La Matemática, de manera particular, dejó de estar casi ausente como lo habían estado hasta entonces (según lo denunciaron varias fuentes, debido al escaso valor cultural que se les confería al ser superficialmente instrumentalizadas) (una lectura crítica de los programas de la Unidad Nacional en 1950 revela y denuncia este hecho) (Pepe, 1986); la Matemática asumió entonces una importancia no solo a nivel instrumental sino también a nivel educativo.

La ausencia que se mencionó anteriormente fue observada únicamente por parte de quienes tiene expectativas relevantes en relación con esta disciplina y no están dispuestos a admitir que la Matemática está presente, en los programas académicos, con cuatro tonterías sobre operaciones o sobre"problemitas". De tal manera reivindicamos el peso determinante que tiene la Matemática en la formación total del individuo y proponemos a la escuela primaria como el núcleo de un crecimiento armónico y consciente en este campo.

Tener una concepción de la Matemática como mero instrumento es envilecer una disciplina que, en cambio, es un método para indagar sobre la realidad y para proporcionar modelos racionales y coherentes, y que es un lenguaje para describir la realidad y el mundo que nos rodea.

La etimología de la palabra viene de *mathema*: "conocimiento", de tipo cultural tan vasto que no se identifica con el cálculo de gastos o del área de un trapecio. El aspecto estético de la Matemática no es banal, sino educativo y significativo. La Matemática se identifica con el desarrollo de conocimientos y con la organización racional de las interpretaciones y representaciones de la realidad. Por lo tanto, no es posible reducir la Matemática a unas fórmulas; como tampoco es posible admitir que el cálculo del área de una figura plana sea un reto para la inteligencia, ni para sus múltiples aspectos.

Es por este motivo que reconocemos la Matemática a partir de la premisa general de los Programas del 1985, donde se dice:

> La escuela primaria promueve todos los tipos fundamentales de lenguaje y el primer nivel de dominio de marcos conceptuales, de habilidades y de tipos de investigación esenciales para comprender el mundo humano, natural y artificial.

El legislador que redactó los Programas, se apropió de estas posturas al afirmar, en la introducción de la sección dedicada a la matemática (Cuyo título es «La matemática y la formación del pensamiento»), que (Ministerio de Educación de Italia, 1985):

> La educación matemática contribuye a la formación del pensamiento en varios aspectos: intuición, planeación, formulación de hipótesis, deducción, control, verificación y negación. La educación matemática tiende a desarrollar, de manera específica, conceptos, métodos y comportamientos útiles para generar la capacidad de organizar, cuantificar y medir los hechos y fenómenos de la realidad, para formar las habilidades necesarias para interpretar la realidad de manera crítica y para intervenir a consciencia.

De forma tal que las palabras del filósofo Giovanni Gentile, quien fue Ministro de la Instrucción Pública en los años 1922-1924, pierden validez. Según Gentile, la "irrupción" de las ciencias en el mundo académico trajo consigo "frutos muy dañinos"; también afirma que la Matemática, de forma particular, es una ciencia «muerta, estéril y árida como una piedra» (lo cual da testimonio de una visión ignorante y obtusa, aunque no del todo desaparecida). La Matemática tenía aspiraciones del papel decisivo que les corresponde a nivel escolar, y que en 1985 lo obtuvo. Desde entonces, la presencia de la Matemática en los programas y en los lineamientos nacionales ha crecido enormemente en todo el mundo.

Los programas de 1985 fueron decisivos y tuvieron gran importancia en Italia en relación con la presencia de la Matemática en el mundo escolar y cultural italiano; aun dándome cuenta del hecho que se trata de un tema estrictamente nacional, lo tomo como ejemplo para ofrecer al lector la historia de un cambio transcendental. Hoy, en el 2020, esta forma de ver e interpretar la presencia de la Matemática en la sociedad italiana está muy radicada en todos los países, incluida toda América Latina. Pero la lucha por alcanzar este resultado ha sido dura y larga en cada uno de los países. En Italia, pasar de una Matemática"muerta, estéril y árida como una piedra"a una Matemática viva y vital, instrumento para el conocimiento no sólo científico, fue un paso decisivo. Tomo, por tanto, inspiración del texto de estos programas italiano de 1985 como base para la presentación de una Matemática activa, significativa, educativa y moderna.

Nota bibliográfica

El texto de los llamados Nuevos Programas de 1985: Ministerio de Educación de Italia (1985) (al que me referiré a lo largo de este capítulo).

Un análisis histórico de los programas de Matemática para la escuela primaria – primaria desde la Unidad de Italia hasta hoy – fue necesario para un extenso seminario sobre el tema que tuvo lugar en el Departamento de Ciencias de la Educación de la Universidad de Bolonia, en el año académico 1990/91, en el marco del curso «Historia de la escuela y de las instituciones educativas» (Profesor titular F. Bochicchio); en aquella ocasión, usé los textos (Catarsi, 1990; Cives, 1990; Pepe, 1986) entre otros.

Las intervenciones de G. Gentile sobre la Matemática se encuentran en (Gentile, 1937, pág. 183); pero se repiten en otras obras de este autor. Ver (Fornaca, 1991).

6.2. Problemas

Me agrada la referencia a los programas de 1985, aunque hayan pasado más de 30 años, porque se trató, en el marco de la escuela italiana, de una gran novedad. Los programas se dividían en temas, el primero de los cuales, casualmente, lleva como título «Los problemas» e inicia con estas palabras:

> El pensamiento matemático se caracteriza por la resolución de problemas y esto está en sintonía con la tendencia del niño a hacer preguntas y buscar respuestas. Por consiguiente, las nociones básicas de matemática se deben fundamentar y construir a partir de situaciones problemáticas concretas, derivadas de la experiencia real del niño, que ofrezcan la oportunidad de constatar el aprendizaje matemático obtenido precedentemente, como los instrumentos y estrategias resolutivas que usa y las dificultades que encuentra. Es necesario, entre otras cosas, evitar proceder de manera episódica y desordenada y, en cambio, privilegiar una organización progresiva del conocimiento.

¿Cómo se puede no estar de acuerdo con esta postura?

Dos anotaciones al respecto:

- para un niño de seis años, pienso que las situaciones problemáticas pueden ser inherentes incluso al mundo de su fantasía (que en esta edad está presente y ¡es concreto!). Me parece, además, que identificar las situaciones problemáticas solo con la realidad cotidiana y contingente puede ser reductivo; he oído testimonios de profesores sobre la necesidad de alejarse de la realidad que tienen algunos niños en varias situaciones difíciles familiares o sociales;
- los aprendizajes matemáticos precedentes muchas veces conducen

a aprendizajes relacionados con los números (cantidad) o con las operaciones básicas; se presta poca atención a la "resolución ingenua" de problemas; es decir, aquel tipo de resolución en el cual se emplean estrategias ingenuas es decir no formales; este es un punto delicado, al cual hay que prestar mucha atención: el niño que viene de una institución preescolar está entrenado para resolver problemas; pero, lo está también el niño que no ha ido a la escuela con anterioridad ¿Por qué no reconocer y valorar la experiencia de estos últimos?; erróneamente el término "problema" se identifica a menudo con los "ejercicios" insulsos y estereotipados sugeridos en los manuales para los cuales un niño de seis años se considera muy pequeño; sin embargo, el preescolar es una escuela dinámica y cuidadosa que está en sintonía con estos tiempos y que ve al niño como protagonista en toda circunstancia.

Continuamos con el análisis de los programas del 1985, solamente para lo que tiene que ver con el tema 1: los Problemas, ya que estos programas tienen mucho que decir al respecto.

Después de esta breve introducción, se encuentra una lista de objetivos. Más que presentar los objetivos individualmente, haré un comentario de estos dividiéndolos en varios componentes. Señalaré en cursiva los términos tomados directamente de los Programas, para su lectura. El discurso general contiene un vasto contenido teórico (también práctico), por el cual asumo entera responsabilidad.

La realidad (en sus diversas acepciones) se presenta al niño a través de sus propios lenguajes; por lo tanto, las situaciones problemáticas concretas no se expresan en términos matemáticos. En primera instancia, es necesario *traducir* el lenguaje en el que se presenta el problema (*palabras*, a veces, pero no siempre: dibujos, fotos, cuentos, dramatizaciones, bocetos, esquemas, gráficos, etc.) al lenguaje matemático o, mejor dicho (dada la pluralidad de tales lenguajes verbales y no verbales), a las *representaciones matemáticas*. Sobre el rol de las relaciones entre las varias representaciones semióticas matemáticas, ver D'Amore, Fandiño Pinilla, Iori (2013).

Aquí se encuentra un punto clave: se habla precisamente de *traducción* y, ya que se traduce de un lenguaje a otro; se entiende que la Matemática se puede equiparar con un lenguaje, o que las *representaciones* usadas en matemática entran en la categoría de los lenguajes.

Otra observación: no existe *uno* sino varios lenguajes matemáticos.

Es necesario, en primer lugar, saber escoger la representación más pertinente a la situación problemática presentada. Tampoco existen obligaciones de traducción con respecto al estilo de cada niño. Por ejemplo: «Juanito va al mercado y compra 10 huevos, pero regresando a casa rompe 3. ¿Cuántos huevos le entregará Juanito a su mamá?», uno de los ejercicios clásicos entendido como"problema", traducido al lenguaje aritmético clásico sería «10-3», pero hay otras representaciones posibles:

Figura 1

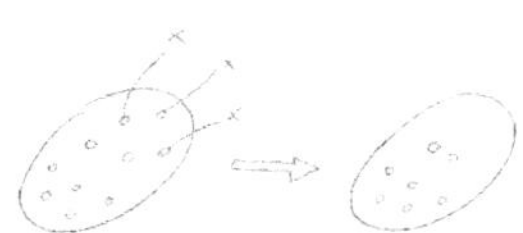

esquemática

dramatizada

[...] y quién sabe cuántas más, si se deja al niño en libertad de comportarse (en tanto traductor) de acuerdo al estilo personal que considere más pertinente. (Hay que observar que no estamos hablando de *resolución*, o sea de dar una respuesta: estamos únicamente hablando de la traducción hacia representaciones matemáticas, *la antesala lógica de la respuesta*).

Educar a la traducción puede también significar educar al niño para pasar lentamente de la representación más espontánea a la que parece ser más favorable para su resolución (en términos, por ejemplo, de tiempo).

Este punto se pasa frecuentemente por alto, *imponiendo* de inmediato el uso de operaciones aritméticas y creando un gran obstáculo cognitivo (me parece que todos los investigadores estamos de acuerdo en este punto).

A veces, el niño, libre de representar la situación, efectúa un dibujo realista que no ayuda para nada concretamente a solucionar el problema (D'Amore, 1995b): «Esteban tiene que ir de Bolonia a Rímini (120 km); sale a las 8:00 y viaja en tren a 80 km por hora. ¿A qué hora llega a Rímini?»;

Manuel, de quinto de primaria, responde: «A las 10:30» y, para confirmar su respuesta, hace el siguiente dibujo.

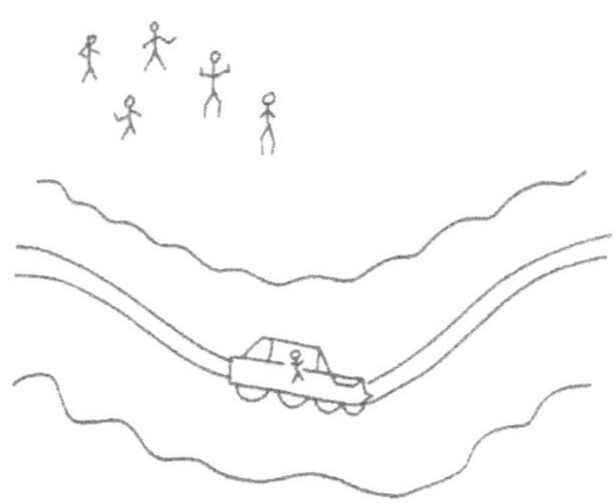

Este dibujo, ciertamente, no ayuda a traducir la situación, pero por lo menos la vuelve concreta. No me parece indecoroso que el niño tenga la libertad de representar la situación como le parezca más oportuno. Claro, es posible, o tal vez necesario, representar la situación de manera ingenua en primero primaria; pero, al final de primaria, es necesario utilizar solo representaciones realmente significativas.

En el texto de los famosos Programas se trata este punto así: «Traducir problemas elementales expresados mediante palabras a representaciones matemáticas, escogiendo las *operaciones* adecuadas» (el cursivo es mío). En realidad, hay que entender las operaciones no tanto en sentido aritmético, sino, en general, como operaciones mentales, gráficas, etc.

Anteriormente dije que la representación es la antesala lógica de la respuesta. Entre tanto, hay que decir que es bien conocido el hecho que el niño se hace una representación interna (espontánea, casi involuntaria) frente a la descripción de una situación problemática y luego la reelabora (intervención cognitiva). Si se le pide, la representación externa representa vagamente la interna; pero a este punto toma importancia el intento de interpretar lo que el profesor espera, basado en algunas cláusulas implícitas del contrato didáctico.

Una buena representación es en buena medida una solución, pero la resolución no es un acto puro pues pone en juego muchos ingredientes; es más, toda una serie de elementos que describiré en detalle en los capítulos siguientes, hacen parte de tales ingredientes. Pero, es necesario señalar inmediatamente que la interpretación correcta de los resultados es uno de los aspectos de la solución. De hecho, ésta consta de la determinación de un resultado interpretado como hipótesis de solución; tal resultado debe ser confrontado con el texto del problema, verificando su congruencia con la pregunta: una respuesta rápida que no se comprueba, no garantiza el manejo efectivo de la situación problemática. Tampoco hay que excluir el proceso inverso: atribuir un significado a una representación matemática dada. Lo anterior puede querer decir muchas cosas, una de ellas es inventar problemas a partir de una representación propuesta. En este campo, hay varios frutos notables de investigación; el profesor que lleva a cabo esta práctica a consciencia, sabe muy bien que se trata de un campo de gran valor e importancia a nivel emotivo y afectivo.

Uno de los resultados didácticos más significativos es que el niño toma confianza en la actividad de resolución de problemas y pierde el temor, y que se familiariza con el lenguaje matemático, incluso el lenguaje formal, sin ese respeto temeroso que resulta para algunos frustrante.

Distinguir las situaciones problemáticas en el ámbito de la experiencia y el estudio está contemplado en la práctica anteriormente mencionada. Se trata de una actividad en la cual cada alumno puede contribuir con su propia experiencia y nivel de competencia, viviendo, de esta forma, no solo el ambiente"matemático", sino también la posibilidad de socializar en el ambiente escolar sus propias experiencias. Detectar problemas es diferente a inventar problemas, aunque la diferencia parezca mínima, tanto en circunstancia como en práctica educativa. Una vez creados o identificados los problemas, es importante formular y justificar hipótesis de resolución que se deben dejar lo más libres posible, al menos en primera instancia, para motivar, poco a poco, dentro de los tiempos y modos debidos, el uso apropiado de instrumentos matemáticos que no sean solo aritméticos sino también de otro tipo.

Nadie ha dicho que el uso de los instrumentos que el adulto considera más significativos convenza siempre y de manera inmediata al niño. Por otra parte, esta cuestión está relacionada con la famosa"traducción" de la que hablaba anteriormente, aunque haga parte de una fase posterior. En la historia de la humanidad, el uso de lenguajes formales es reciente, el hombre aprendió hace poco tiempo a considerar tales lenguajes tan naturales como quisiéramos que los niños creyeran que son. Me parece, por tanto, verosímil que se escondan varios pasos, especialmente si el objetivo es alcanzar la espontaneidad y la seguridad en el uso de estos lenguajes, lo cual requiere una adquisición lenta y metódica.

De todas formas, no se puede pretender por principio que la solución de un problema-ejercicio sea canónica, escrita y formulada de una manera determinada y respetando las indicaciones en el cuaderno cuadriculado. Es más, la necesidad de organización debe nacer espontáneamente a partir del texto. Claramente, la solución escrita, con el procedimiento formal y con una respuesta escrita de manera significativa no va en contravía del sentido común (como si lo hacen la imposición de este proceder como principio). Entonces, resulta mucho más significativo un texto escrito en el cual el niño explica su propio proceder, la imagen que se hizo de la situación problemática, las hipótesis resolutivas que siguió, las elecciones que hizo, la solución hallada y por qué la solución es congruente o no con las expectativas. Acostumbrar a un niño a reflexionar, incluso por escrito, sobre cada uno de los pasos efectuados para llegar a una solución (en la toda la complejidad que este término comprende) es verdaderamente significativo.

En este punto surgen un sinnúmero de complicaciones, ya que los profesores nos preguntan frecuentemente (*nos*: a los investigadores en Didáctica de la Matemática que aceptamos de dictar cursos o encuentros de formación docente) cómo deben los niños escribir la respuesta a un problema. No hay normas estandarizadas, pero, a mi modo de ver, debe primar el sentido común. Cada profesor decide por sí mismo, sin hacer imposiciones, al menos inmediatas, una tipología para organizar el procedimiento. El espacio que se da al niño para que produzca debe ser dedicado a la descripción escrita y a diversas consideraciones sobre el problema, el proceso de traducción, el proceso de resolución, las hipótesis hechas, los planteamientos, la aceptabilidad de la solución y la congruencia de la respuesta, entre otras.

Continuemos. Es ya clásica la distinción entre los problemas con procedimiento de solución única y aquellos que ofrecen más posibilidades de respuesta igualmente aceptables. Dos casos aparentemente semejantes (en tanto "situaciones vividas") pero diferentes en cuanto a la cantidad de soluciones posibles:

«Mario tiene 5000 pesos y compra chocolates a 750 pesos cada uno. ¿Cuántos chocolates compra?»,

«Mario tiene 5000 pesos y quiere comprar chocolates a 1000 pesos cada uno y medallones de chocolate a 500 pesos cada uno. ¿Qué puede comprar?».

Es notable el interés didáctico que suscitan los problemas con más de una respuesta, tanto en el campo estrictamente aritmético como en el campo más general; hay mayor identificación e interés hacia los problemas "abiertos" en los que se debe efectuar una elección. La respuesta al problema del II tipo puede, por ejemplo, ser la siguiente (este es un protocolo real):

«Si yo fuera Mario, compraría solo chocolates, porque me gustan más. Pero, como está escrito, Mario tiene que comprar también medallas. Si compra una sola medalla le sobran 4500 pesos, para comprar varios chocolates». «¿Cuántos?». «4 chocolates».

No se puede negar que este tipo de respuesta tiene una cierta dosis de creatividad (al tiempo que demuestra un manejo de los instrumentos aritméticos).

En ocasiones, se pide que se expongan todos los casos posibles. Una situación, un poco más fría, es la siguiente (otro protocolo real):

«c=l y m=3, sobran 2500 pesos - c=2 y m=2, sobran 2000 pesos - c=3 y m=l, sobran 1500 pesos – c=4 y m=1, sobran 500 pesos. Cuatros chocolates está bien» (esta elección, que entre otras no se solicita en el texto, puede estar determinada por el deseo de gastar la mayor cantidad de dinero posible).

Se podría hacer, en referencia a este protocolo, una reflexión sobre el uso no correcto del signo =. Esta ocasión es oportuna: tomar el protocolo del niño y discutir con toda la clase sobre la forma de utilizar este signo, cuando es una relación y cuando, como en este caso, tiene un significado totalmente diferente (c=1 significa: compro un solo chocolate). En Matemática es siempre mejor evitar este uso no relacional.

Hay un caso que se presta para una reflexión de gran valor educativo y didáctico, las soluciones infinitas:

«Encontrar dos números cuya suma sea 8 (números naturales, se entiende)».

Este es un ejercicio que con frecuencia apasiona a los niños, precisamente por la multiplicidad de soluciones y por la simetría entre ellas, lo cual es un aspecto estético muy atractivo. Las respuestas son las siguientes 9 parejas: (0;8), (1;7), (...), (7;1), (8;0).

Ahora veamos un problema aparentemente análogo:
«Encontrar dos números cuya diferencia sea 8 (números naturales)».

Si se deja que los niños den respuestas libremente, el efecto Einstellung los llevará a buscar 9 respuestas como antes, pero, al cabo de pocos minutos, alguien descubre una gran novedad: hay infinitas soluciones (a veces la palabra"mágica", infinito, sale a flote por sí misma). Este momento tiene un valor enorme: las discusiones, las propuestas y la imposibilidad de escribir todas las soluciones. Todo esto es muy positivo en el proceso de madurez.

Ciertamente, no existe punto de comparación con los problemas reales: ¿Cómo se puede comprar un número infinito de chocolates? De tal forma, las posibilidades para un debate de tipo crítico aumentan y son muy productivas.

A propósito de los problemas reales, la búsqueda de datos en las situaciones en las que se carece de los datos esenciales es muy frecuente; muchas veces, estos son momentos de fuerte problematización. Cito, nuevamente, un ejemplo que me gusta mucho ya que se trata de una de las primeras experiencias llevadas a cabo por mi (y por mis colegas) en los años 70.

Surgió la posibilidad, el placer y el deseo de estudiar algo que inicialmente parecía poco preciso: el consumo de energía en las instalaciones de la escuela (en ese entonces se trataba de una escuela de las afueras de Bolonia ¡Hoy en día es casi el centro de la ciudad!). Determinar el problema, hacer la investigación sobre las fuentes de energía e incluso entrevistar a los empleados de diferentes empresas proveedoras (luz, gas y agua), fue todo un frenesí para los niños que conllevó una gran cantidad de tiempo (al menos ésta fue la acusación que nos hicieron los colegas gruñones). Sin embargo, fue una manera de estudiar Matemática, ciencias, tecnología, italiano, arte, fotografía, economía y más. En términos matemáticos la actividad fue muy enriquecedora; en primera instancia, se trabajó en Aritmética, gráficos, Estadística y Geometría. La búsqueda de datos es, de hecho, una actividad inteligente.

En el examen final de la escuela media (es decir al final del grado octavo, donde es previsto un examen final; pero no durante el examen, sino al finalizar el año escolar), a estudiantes que sabían calcular el volumen de una pirámide recta, regular, de base cuadrada, dimos una pirámide real, sólida y una regla para medir y les pedimos que hallaran el volumen de esa pirámide real (Cassani y otros, 1996). Hubo muchísimas dudas. Casi todos los estudiantes que tomaron medidas con la regla, midieron la arista lateral en cambio de la altura. Esta experiencia señala claramente que proporcionar siempre y sólo simples datos numéricos no es ni educativo ni trae como consecuencia saber verdaderamente resolver problemas.

Después de todo, ni el profesor ni el texto de un problema son las únicas fuentes de información y conocimiento. Se puede pretender hacer el mercado en una tienda, pero los datos con respecto a los precios se deben averiguar en una visita real al supermercado. Los datos ficticios no dan la posibilidad de instaurar una situación efectivamente interesante entre el problema y el alumno que lo resuelve.

Hay que poner cierta atención a la búsqueda de los datos que están lógicamente relacionados con el problema que se está resolviendo; eliminar los datos excesivos es una operación inteligente; transcribir todos los datos del problema, como ya vimos previamente, puede ser además de inútil, contraproducente. Se puede pedir a los niños que reescriban el problema, eliminando el (...) lastre: este es un buen ejercicio de síntesis.

Es bien conocido que una de las dificultades más notables que encuentran los niños es hacer una síntesis de un texto, es difícil identificar lo esencial, escoger los elementos que no son significativos, etc. Quién ha dicho que:

- ¿los resúmenes son un asunto exclusivamente de las horas de las materias lingüísticas?;
- ¿la transcripción resumida del texto de un problema es tarea de la hora de Matemática?

(¿Quién dijo que hay que distinguir siempre entre las dos actividades?).

Es sabido que hay niños capaces de discernir de manera inmediata los datos esenciales; esto lleva a algunos profesores, como he escuchado repetidamente, a dar poca importancia a esta actividad. Pero, también hay niños (y no son pocos) que no son capaces de "percibir" a simple vista los datos esenciales. Para algunos la abundancia de datos, de narraciones periféricas y de elementos inútiles, es una verdadera fuente de confusión y distanciamiento. Especialmente cuando los datos aluden a cierta pregunta, mientras que la verdadera pregunta final confunde al niño. Veamos un divertido ejemplo que se puede proponer oralmente.

«Un autobús sale de la terminal con 12 pasajeros; en la primera parada se baja un pasajero y se suben 4; en la siguiente parada, bajan 2 y suben 6; en la siguiente, suben 6 y bajan 3; en la siguiente, bajan 3 y suben 2; en la siguiente, bajan 4 y suben otros 4. La pregunta es: (...)» (ver la pregunta el final de la sección, antes de la bibliografía).

Se puede entender bien que la monotonía, la repetición del esquema propuesta-pregunta, lleva a un tipo de *efecto Einstellung*.

Otros problemas ampliamente discutidos son aquellos que tienen datos contradictorios.

En los años 70, cuando muchos profesores comenzaban a apreciar este tipo de actividades, escuché varìas veces esta pregunta: «¿Cómo puede ser que los datos sean contradictorios si son números? ¿Cómo es posible que los números sean contradictorios?».

Obviamente, la contradicción no está tan solo "en" los números, sino en la totalidad del problema: un "dato" no es solo un número, sino toda una serie de indicaciones. Hay miles de ejemplos, pero voy a presentar solo algunos surgidos en el proyecto Ma.S.E.

«Un jardinero tiene que cercar un huerto triangular con una red metálica que cuesta 6 euros por metro. Al medir los lados, encuentra que los lados miden 10 m, 12 m y 24 m respectivamente. Entonces va a comprar la red que necesita. ¿Cuánto dinero gasta?».

«Un ciclista hace tres vueltas a la pista y gasta: 23″, 25″, 22″ y 20″ respectivamente. ¿Cuánto tiempo empleó en total?».

«Un niño va a la tienda con 10 euros y compra 6 paquetes de chicles que cuestan 2,5 € por paquete y 2 paquetes de dulces. ¿Cuánto cuesta un paquete de dulces?».

Etcétera.

Se pueden proponer mil actividades con problemas similares. En algunos casos, sobre todo, es evidente la imposibilidad de resolver dichos problemas. En otros casos, la cosa es más sutil y emerge solo si se tiene la costumbre de usar otros lenguajes (por ejemplo, un dibujo a escala del huerto en el caso de la red del jardinero). En el caso del ciclista, se puede hacer una corrección hipotética: o las vueltas fueron 4 en lugar de 3 o hay un dato de más, pero ¿cuál?

Una buena actividad, que puede suscitar discusiones provechosas, trabajos en grupo y aprendizaje colaborativo, es eliminar las contradicciones y aceptar que se modifiquen los datos. Estas son algunas propuestas hechas por los niños:

- el jardinero se equivocó, el tercer lado mide solo 20 m (legítima);
- el cronometrador se equivocó, el ciclista en realidad hizo cuatro vueltas (legítima);
- el niño no tenía 10 €, sino 20 € (legítima).

Cualquier persona que se dedique a trabajar con niños, aunque sin seguir estas indicaciones, podrá intuir el interés participativo de los niños en este tipo de actividades y en las espectaculares discusiones que se dan primero en grupos pequeños y luego en el grupo en general.

A propósito de problemas imposibles, la investigación llevada a cabo por el NRD de Lecce sobre lo que los niños consideran un "problema imposible" es muy significativa (Micol, 1991). La imposibilidad, percibida por parte de los adultos como hecho lógico intrínseco al aparato matemático de la situación problemática, es vista espontáneamente por los niños como un hecho contingente irrealizable: un lápiz que mide 12 m, una persona que transporta 200 kg, y otros similares.

Aquí termina el tema (Problemas) de los famosos Programas ministeriales de 1985, pero... (ver el inicio de la sección 6.3.).

La pregunta final del problema del autobús es: «¿Cuántas veces paró el autobús?».

Nota bibliográfica

Me he servido, sobre todo, de las experiencias del NRD de Bolonia sobre este tema y de la experiencia de varios grupos de investigación. Ver (Caldelli, D'Amore, 1986; Cassani et al., 1996; D'Amore, 1984, 1986a, 1986b, 1987a; D'Amore, Persano, 1987; D'Amore, Speranza, 1989; Micol, 1991).

A lo largo de esta sección, he dado claves al problema de saber reflexionar sobre las competencias y las habilidades necesarias para el sujeto que resuelve problemas. Regresaremos sobre este importantísimo punto con más profundidad. Una lectura preliminar puede ser (Boscolo, 1986), especialmente el capítulo 8.

La escuela soviética adelantó investigaciones profundizadas sobre varias de las cuestiones señaladas en esta sección. Estas investigaciones se encuentran presentadas en (Davydov, 1979).

Más detalladamente: representaciones mentales espontáneas (Davydov, 1979, p. 127 *passim*); dibujo del tema (Davydov, 1979, cita los bellos trabajos de M. M. Topor, p. 128 *passim*); cambio de tema (se citan los trabajos de N. A. Mencinskaja, p. 128); la excepcionalidad de encontrar una solución por sí mismo (trabajos de Hincin, p. 128); representación del tema del texto (trabajos de M. M. Topor y M. E. Bocmanova, p. 128 *passim*).

6.3. Más sobre los problemas

(Ver el final de la sección 6.2.) [...] pero los Problemas continúan porque, como se ha señalado varias veces, la actividad de resolver problemas es la esencia de la Matemática misma. Por lo tanto, encontramos problemas por todas partes, también a lo largo del texto de los famosos Programas del 1985.

Los encontramos a propósito de la Aritmética (tema 2), como es obvio. De hecho, en el pasado los problemas se formulaban *solo* dentro de los límites de la Aritmética, y casi que se agotaban allí. La recomendación era que se resolvieran problemas con una sola operación antes de pasar a problemas con más operaciones. Sin embargo, paso por alto este tema por ahora, ya que será discutido en la sección 8.1. ¿Cómo introducir efectivamente la noción de fracción, por ejemplo, sino por medio de una situación problemática? (Ver Fandiño Pinilla, 2005, a propósito de la didáctica de las fracciones).

En Geometría (tema 3), todo lo que tiene que ver con *localización, reubicación, construcción, corte, reconocimiento, medidas, cálculos, distinciones, representaciones, etc.* son verdaderos problemas. ¿Qué es la Geometría sino problemas reales? En este punto es necesaria una lectura significativa sobre el tema de la Geometría bajo el punto de vista de las situaciones problemáticas. Aquí surge una cuestión relacionada con los verbos "problematizantes" adoptados: ¿Es posible estudiar (y eventualmente resolver) los problemas en el laboratorio? Todas las actividades de laboratorio son problemáticas ya que las actividades planteadas a los niños son problemas para resolver, objectos para construir. Por lo tanto, como se ha subrayado varias veces, el laboratorio es un ambiente propicio para la resolución de problemas. Allí, se proponen (aunque no exclusivamente) problemas concretos, en los que la actividad práctica es necesaria (los verbos usados hace poco parecen aludir precisamente al laboratorio de Matemática).

En Lógica (tema 4) y Probabilidad, Estadística e Informática (tema 5), la necesidad de recurrir a situaciones problemáticas para presentar ideas es grande. En realidad, es difícil pensar en hacer actividades en cualquiera de estas materias en el escritorio (el profesor explica, el alumno aprende); mucho más aún cuando se trata de Lógica, en la cual es necesaria la acción, la vivencia y la experimentación.

Desde el principio hemos visto la estrecha relación que existe entre los gráficos, las tablas, los esquemas y los lenguajes que no son exclusivamente matemáticos formales, sino que pertenecen también al ámbito de la resolución de problemas matemáticos. El uso de tales formas de representación no verbal en el diseño de la estrategia resolutiva de los problemas, o en la resolución como tal, es importante y decisiva. Es bien sabido que la solución de un problema de Probabilidad en abstracto es mucho más difícil que la solución cuando se tiene a disposición un grafo tipo árbol. Esto mismo vale para los diagramas de Carroll o los de Euler-Venn para los conjuntos o para las respuestas a preguntas sobre Estadística (aerogramas e ideogramas entre otros). En los últimos 20 años, la investigación didáctica relacionada con el uso de la semiótica en el aula ha sido muy incisiva. Ha habido una proliferación de investigaciones, de experimentos concretos y de reflexiones que han mostrado su utilidad para el quehacer de los educadores; ver: D'Amore, Fandiño Pinilla, Iori, 2013.

Otros problemas propuestos por los Programas del 1985 están escondidos detrás de las indicaciones didácticas; por ejemplo, la orientación espacial, la orientación temporal o ambas en un problema de recorridos. El niño aprende el significado de la escritura de decimales mediante problemas y enfoques "problematizantes" pertinentes, no mediante largas explicaciones dadas por el profesor.

La Geometría es un valioso campo para la indagación sobre los problemas, como lo son también las magnitudes físicas y, aún más, las dos cosas juntas.

En el campo de la Lógica, jamás se hablará suficientemente de la importancia de reflexionar sobre los conectores y sobre los cuantificadores: todos, ninguno, algunos, al menos uno, cada uno, etc. Nada mejor, entonces, que recurrir a los problemas para poner en evidencia el uso lógico (además de lingüístico) de estas palabras, que son la clave de paso del lenguaje común al lenguaje matemático. Lo anterior no significa que haya que exagerar con la enseñanza específica y el aprendizaje meticuloso y teórico de estos temas, es suficiente con subrayar y tener en cuenta su presencia.

¿Y qué decir de la Estadística y, aún mejor, de la Probabilidad? ¿Qué sentido tienen sino el de proporcionar planteamientos reales y juegos apropiados e interesantes en el ámbito del estudio de situaciones problemáticas? Lanzar dados o monedas y pescar en un balde números al azar ejerce un gran interés emotivo y plantea problemas fascinantes que pueden incluso crear conflictos de tipo cognitivo, emotivo, afectivo y dar la oportunidad de pensar en la casualidad de cierto modo matemáticamente relevante.

Por ejemplo, hemos podido comprobar que en primero y segundo de primaria, los niños que nunca habían hecho actividades de Probabilidad en preescolar (se trata de juegos simples para estimular discusiones y el uso consciente de la lengua), estaban convencidos que los valores extremos del dado (1 y 6) salían más difícilmente que los valores intermedios (3 y 4). Lo mismo en el juego de la tómbola (o del bingo), los niños estaban convencidos que el 1 y el 90 eran números con poca probabilidad de salir ¿Por qué? Tal vez en este sentido juegue un papel importante los dichos de los adultos, quienes saben, por experiencia, que, si se juega con dos dados, la salida de valores extremos (2 y 12) es mucho más improbable que la salida del valor central (7).

Resolver problemas, más que cualquier otra actividad, ayuda a superar falsas creencias y a poner en discusión analítica lo que se ha aprendido de manera acrítica.

La actividad de"análisis de los problemas", llevada a cabo de diversas formas, se ha difundido mucho entre los profesores. Me referí de manera muy crítica a una de estas formas, a saber: hacer una lista de todos los datos. Hay otras maneras; algunos profesores, por ejemplo, sugieren subdividir el texto en dos partes:

- la proposición;
- la pregunta.

Esta actividad puede ser positiva, pero, como todas, debe ser llevada a cabo de manera inteligente y es susceptible a críticas. Por ejemplo, hay problemas en los cuales la pregunta es implícita. En estos casos, si en los niños hay fosilización en ciertos modos de ver las cosas, estos presentan dificultades posteriormente cuando se encuentran en situaciones diferentes. Para poder convencer a los profesores de este caso, por ejemplo, tuvimos que hacer el siguiente experimento más de una vez: proporcionar un problema con pregunta implícita y por lo tanto sin signo de interrogación. Al finalizar la experiencia, pusimos el siguiente interrogante: «¿Cuál es la pregunta de este problema?»; muchos niños no daban la respuesta (es decir, no transcribían la pregunta); en cambio, daban una respuesta numérica, como si la pregunta hubiera sido explícita y no implícita.

De tal manera que el análisis de un problema no es algo artificioso como tampoco se construye de una vez por todas, por el contrario, es una actividad que requiere lectura, traducción, comentarios y análisis crítico, entre otras. Es una actividad en la cual se requiere un amplio respeto por el estilo de cada niño; este estilo personal se puede lentamente dirigir, pero en el momento oportuno.

7. Problemas y lenguaje

7.1. La importancia de los aspectos lingüísticos

Consideramos superada la actitud de quienes creen que el idioma es solo una representación externa del pensamiento, o sea de quienes creen que la lengua no tiene que ver con la "creación del pensamiento". En esta línea, aceptamos la posición de G. Vergnaud (1985a) quien afirma:

> La representación lingüística no es un reflejo del proceso de adaptación del sujeto a su ambiente; la representación lingüística es, en cambio, funcional e indispensable para el tratamiento de situaciones problemáticas por parte del sujeto.

Por otro lado, quienes se dedican a la Didáctica de la Matemática saben bien que (en cualquier nivel) una de las mayores dificultades radica precisamente en los hechos lingüísticos, dado que son de la más diversa índole: desde la manera como explica el profesor, hasta la forma lingüística como el estudiante recibe la información; desde la manera como se expresa el alumno, hasta la forma como escribe lo que tiene en mente; desde la manera como está formulado el texto del problema, hasta los estímulos semánticos que tal texto produce en el lector; desde el lenguaje adoptado para dar la solución del problema, hasta el lenguaje empleado para describir el razonamiento o la estrategia. G. A. Goldin (1982), G. A. Goldin y C. E. McClintock (1979), G. Kulm (1979) y otros han analizado las diversas dificultades relacionadas con las características sintácticas de la lengua.

Evitar el lenguaje algebraico (o más en general, los lenguajes "más exigentes") para favorecer los "lenguajes más accesibles" con el fin de dar facilidades a los alumnos, es una idea falsa. Las investigaciones del Núcleo de Génova, con Paolo Boero como director científico, lo han demostrado ampliamente. La transición entre lenguajes (Boero, 1990) «aumentaba la brecha entre los que usaban los lenguajes más exigentes y los que no eran capaces de usarlos». La experiencia del Núcleo de Bolonia también demuestra que hay un primer momento de mejoría en la facilidad de "expresión" con la simplificación del lenguaje, pero, posteriormente, se da un proceso de fosilización y aburrimiento en algunos niños y de recuperación de lenguajes de nivel superior en otros. De hecho, después de un tiempo, se presenta nuevamente la situación anterior, con la legítima aspiración de reapropiarse de un lenguaje más pertinente. Debido, entre otros factores, a que hay una presión externa, especialmente por parte de la familia, a la "traducción" de un lenguaje familiar a uno más formal.

Según P. Boero (1990):

> [...] nos hemos dado cuenta que el lenguaje de comunicación es más que suficiente en lo que se refiere a los problemas matemáticos usuales en la escuela primaria "como instrumento del pensamiento", para organizar la estrategia resolutiva; permite, entre otras, mantener un contacto estrecho entre la estrategia resolutiva y la situación problemática, facilita la revisión de los resultados intermedios y finales y facilita la interacción con el profesor (quien tiene la oportunidad de hacer un mejor seguimiento del razonamiento de cada niño).

Para confirmar lo anterior, me parece que se puede decir que si el niño es dejado en libertad durante el razonamiento (incluso durante la fase de lectura del texto del problema), tiende a "contarse" a sí mismo el problema y a expresar oralmente, con sus propias palabras o recurriendo al "lenguaje interior", la estrategia que le parece que puede aplicar en primera instancia. En una situación de este tipo, el niño tiende a comentar el problema a sí mismo, empleando un lenguaje natural, sin recurrir a lenguajes artificiales (si acaso en lugar de usar el término "adición" dice "más"). Los profesores de primaria contrastan muy frecuentemente tal libertad de usar el lenguaje natural en lugar del formal, ya que no ven con buenos ojos la falta de formalización como si se tratara casi de un envilecimiento de la Matemática. Entonces, hay que recurrir a unos paradigmas históricos (Boero, 1990):

> La historia de la matemática, por otro lado, nos dice que la matemática elaborada hasta hace 4 siglos (es decir, casi toda la matemática de los programas de la escuela primaria) se gestó a partir de palabras y números; en los siglos XV y XVI, particularmente, se resolvía con palabras y números problemas aritméticos y geométricos mucho más complejos que los que se afrontan comúnmente en la escuela primaria y en la escuela media.

En general, los ejemplos de tales problemas son muy convincentes para los profesores.

Por lo tanto, el discurso sobre el lenguaje se presenta de manera doble:

- el lenguaje del texto del enunciado del problema;
- el lenguaje que el niño usa para resolver el problema.

La dificultad del primer punto radica esencialmente en la comprensión. Muchas veces, el texto no está en la lengua que el niño espera o en una lengua propia del niño (retomaré este punto más adelante citando algunas de nuestras investigaciones); por lo tanto, el niño debe traducir semánticamente de una lengua adulta a una lengua propia y entender el sentido de la pregunta para poderse hacer una imagen de lo que propone la situación problemática. Resulta clara la necesidad de una educación lingüística que no sea superficial; el lenguaje verbal usual se puede proponer como instrumento del pensamiento no solo porque lo traduce en palabras (permitiendo al individuo hablar consigo mismo, es decir razonar), sino también porque suscita y facilita el desarrollo de pensamientos que hacen posible organizar, de varias formas, los datos de la experiencia.

Por lo tanto, la educación en el campo lingüístico no corresponde solo a la "hora de español"; hay que pensarla, en cambio, de manera explícita para poder ofrecer también un «instrumento eficaz para resolver problemas matemáticos» (Boero, 1990).

Por este motivo, en varias experiencias de didáctica de los problemas en la escuela primaria se difundieron los problemas aritméticos sin proporcionar expresamente los datos, en los cuales la pregunta requiere no tanto la aplicación de una estrategia (sobre ciertos números) como la exigencia de expresar lingüísticamente dicha estrategia. En este sentido, podemos pasar del primer punto (el lenguaje del enunciado del problema) al segundo (el lenguaje de la solución) sin abandonar el lenguaje verbal usual, ya que se constituye en un importante vehículo con gran potencial.

Siempre en el campo de la experiencia de Génova, procedemos a estudiar la forma de introducir el uso del lenguaje algebraico «a partir del lenguaje matemático usual que emplea los signos =, +, −, ×, ÷, (,)». Dado que el lenguaje algebraico es bastante potente y a la vez sintético, es necesario hacer una buena introducción (entre otras razones porque hay muchas expectativas sociales alrededor de esto). Sin embargo, tal iniciación hay que hacerla con cautela pues existen algunos riesgos inherentes que Boero (1990) ha subrayado, como:

> [...] la pérdida del contacto con la situación problemática y con los significantes de las operaciones representadas; por ejemplo, cuando el niño se pregunta si debe usar × o ÷, es porque, en muchos casos, no sabe cuál es el significado de tales operaciones.

Por este motivo es que Boero sugiere que la introducción a los signos de las operaciones se haga después de meses de trabajo al respecto. Otro riesgo es que «el lenguaje algebraico no sea adecuado para representar el pensamiento dinámico del niño que está resolviendo el problema». El siguiente es un buen ejemplo que da cuenta de una situación bastante común: «La maestra compra un rollo de cinta de color que cuesta 3000 pesos y una caja de marcadores que cuesta 6000 pesos, para una actividad en clase ¿Cuánto dinero deben dar a la maestra cada uno de los 18 alumnos de la clase?».

Una traducción clásica de este problema al lenguaje algebraico es «3000+6000=9000÷18=500». Sin embargo, en esta traducción se pone en riesgo el dinamismo de la solución. De hecho, el niño usa el signo "=" de manera errónea. La propuesta de Boero (1990), para obviar esta situación, sugiere una descripción dinámica de la situación, así:

$$3000 \xrightarrow{+6000} 9000 \xrightarrow{\div 18} 500$$

que es mucho más cercana a la imagen que tiene el niño en mente con respecto a la situación.

Lo anterior introduce también el lenguaje icónico en la fase de resolución que es preferible al lenguaje algebraico en situaciones dinámicas, pero puede, a su vez, crear dificultades en algunos casos ya que no siempre es el más adecuado para representar la resolución.

Entonces, la vía más inteligente es proporcionar capacidades sobre una gran variedad de lenguajes posibles (hasta ahora hemos hablado del verbal, el icónico y el algebraico), con el fin de dar al niño la posibilidad de escoger de manera consciente y atenta.

Más adelante, Boero (1990) presenta cautelosamente el lenguaje de las"tablas", limitándose a «"poner en una tabla"los datos y los valores a encontrar». Esto puede llevar a casos negativos de diversa índole: el afán excesivo de pasar del texto a la tabla, sin reflexionar sobre el significado del problema; cuando hay varias operaciones concatenadas puede dar paso a situaciones complejas; la tabla tendría que cambiar de estructura dependiendo del problema y, en cambio, los niños (muchas veces por solicitud del profesor, quien frecuentemente está bajo la influencia de recetas didácticas de revistas y manuales o de la práctica común) tienden a usar «modelos estereotipados» con las dificultades consecuentes.

De manera que las propuestas para reflexionar son: la competencia sobre el lenguaje verbal no solo en la dimensión personal, sino también en la comprensión crítica; la atención y cautela que se debe tener cuando se introduce el lenguaje algebraico y el uso inteligente de los lenguajes icónicos y las tablas. La pareja: texto del problema/respuesta del niño pasa a través del dominio de los lenguajes.

Regresemos por un momento a la escritura resolutiva compacta y errónea: «3000+6000=9000÷18=500», empleada muy frecuentemente por parte de los niños en lugar de una más elaborada y correcta: «3000+6000=9000 (u en el siguiente renglón) 9000:18=500»; en este caso, se trata de una interpretación del signo = como signo procedimental (el resultado es) en lugar de la interpretación esperada que es relacional (expresar una propiedad reflexiva, simétrica y transitiva). Por otro lado, el niño recibe la primera interpretación casi como absoluta; mientras que la segunda interpretación es prácticamente olvidada, el profesor la da por descontada y el niño ni la acepta ni la hace propia. Por lo anterior es que se acepta con naturalidad 5+3=8, mientras que se titubea frente a un 8=5+3. Retomando el ejemplo anterior, si se aceptara que (3000+6000=9000÷18=500), entonces, por propiedad transitiva, sería 3000+6000=500, lo que obviamente no resulta (si A=B y B=C, entonces A=C). Además, apenas se empiece a hablar de Algebra y ecuaciones en la escuela secundaria, el estudiante necesitará contar con las propiedades relacionales expresadas por el signo =. El estudiante se encontrará en dificultades si el modelo procedimental aprendido en la escuela primaria no cambia. Esto sucede más frecuentemente de lo que se piensa, tanto así que hemos encontrado estudiantes, tanto de primaria como de secundaria, que no saben qué número poner en la siguiente casilla para hacer verdadera la igualdad: 11-6=□+1, ya que, interpretando = como signo procedimental, se razona de la siguiente manera: «11-6 es 5, entonces escribo 5 en la casilla y resulta 11-6=5+1; pero ¿qué hace ese 1 ahí?» (Camici et al., 2002).

No es pertinente introducir demasiado temprano símbolos complejos; el consejo es esperar hasta que el niño esté en capacidad de dominarlos semióticamente.

Nota bibliográfica

Además de los textos citados, utilicé varias experiencias llevadas a cabo en el Núcleo de Investigación en Didáctica de la Matemática de Bolonia (NRD) (por ejemplo: Camici et al., 2002, y D'Amore, 1981). Se vea también (Arzarello, 1983).

7.2. Una experiencia sobre el texto de los problemas

En el ámbito del NRD de Bolonia se realizó una experiencia sobre la reconstrucción lingüística espontánea por parte de los niños de los textos de los problemas (D'Amore et al., 1995).

Nos pareció que la simple propuesta: «Inventa un problema», por ser demasiado vasta y compleja, no revelaba suficientemente bien el trabajo de"traducción"del lenguaje propuesto del adulto al lenguaje espontaneo de uso práctico del niño. Por lo tanto, decidimos proceder diversamente:

- propusimos un problema clásico, al menos en cuanto a la formulación; los niños discutieron en clase libremente a propósito del problema, todas las observaciones fueron grabadas o registradas por parte de los investigadores presentes; los niños tenían la posibilidad de hablar entre ellos y con los investigadores, a quienes además podían hacer preguntas;
- de manera particular, los niños podían hacerse preguntas entre ellos sobre el texto o el sentido del problema o hacer preguntas a los investigadores; en medio de la discusión, espontáneamente, más de un niño "replanteó" el problema, lo cual motivó a los demás a dar también su propia contribución;
- poco a poco, el texto fue replanteado en el tablero según las indicaciones de los niños; a sabiendas que estaba permitido, los niños se olvidaron de la resolución del problema y se concentraron a reformularlo, con una participación y unos comentarios cada vez más espontáneos;

- el resultado fue un *texto nuevo*; el sentido del problema era el mismo, pero el texto fue el fruto de varias intervenciones; el trabajo terminó solo cuando se alcanzó un acuerdo sustancial entre los niños (a veces el acuerdo es solo entre la mayoría ya que frecuentemente hay algún niño que entre dientes propone modificaciones que los demás no acogen);
- el texto, tal y como se reformuló, fue propuesto a una clase paralela, con las mismas condiciones: libertad de hablar, de hacer preguntas y de colaborar; el resultado fue una situación nueva y dual que resumo así:
    - si el texto es planteado en una modalidad adulta clásica, la atención y la discusión se vuelcan mayormente sobre el texto;
    - si el texto es planteado de la manera anteriormente descrita, previamente elaborada por los niños de otra clase, no hay mayor discusión, la atención se vuelca casi totalmente a la resolución, lo que indica que el texto, tal y como se presenta, no crea ninguna dificultad.

Los llamaremos "texto adulto" y "texto retocado", por darles un nombre. El segundo tiene varias características que están aún en fase de estudio:

- una sintaxis más sencilla, a veces involuntaria (desde el punto de vista del adulto);
- el uso de más detalles de tipo afectivo y de justificaciones de otro tipo (por ejemplo: se da un nombre al personaje, se dan detalles sobre el uso de ciertos objetos, [...]);
- una semántica más detallada (repeticiones desentonadas pero explicativas) cuyo resultado en general es un texto agradable.

Veamos algunos ejemplos de"transformación".

Texto adulto:
«Tres obreros emplean 6 horas para hacer un trabajo ¿Cuánto tiempo emplearán 2 obreros para hacer el mismo trabajo?».

Texto retocado:

«Tres obreros hacen un trabajo *todos los días, todos juntos y cada vez* emplean 6 horas.

Pero uno de ellos se enferma y no puede ir al trabajo.

Ese día, hay *solo* dos obreros, pero *tienen* que hacer el mismo trabajo.

A tu juicio ¿les llevará más o menos tiempo? ¿Por qué?

Calcula cuánto tiempo emplearán».

Texto adulto:

«Miguel tiene unos dulces; su mamá le quita 12 y su papá le quita otros 9. Ahora, Miguel tiene 63 dulces ¿Cuántos tenía al principio?».

Texto retocado:

«Miguel tiene una *vasija con dulces. Inés,* la mamá, le quita 12 dulces a Miguel para dárselos a una señora.

José, el papá, le quita a *Miguel* otros 9 *dulces para dárselos a su hermana.*

Ahora Miguel tiene *en total* 63 dulces. ¿Cuántos tenía al inicio?».

Las intervenciones de los niños tienden quitar la ambigüedad, a dar razones para los diferentes pasos del texto del problema, a ponerlo en contexto y, además, a dividir la dificultad del problema en varios pasos. Por otro lado, se sabe que existen muchas variables que asumen un valor particular (positivo o negativo) durante la actividad de *problem-solving:* el contexto (Kulm, 1979); las relaciones entre lo abstracto y lo concreto, lo familiar y lo extraño, lo hipotético y lo real (Goldin, Caldwell, 1979; Webb, 1979), y los problemas auto-propuestos y aquellos propuestos de manera heterogénea (Zan, 1992).

Me parece muy interesante que la estructura narrativa de dos problemas idénticos lógicamente tienda a ser la misma. Es decir, en el siguiente ejemplo, la situación lógica es idéntica a la del problema de Miguel y los dulces, solo que en esta ocasión se habla de Juan y de pegatinas; pues bien, la formulación final del problema retocado resulta idéntica, en tanto estructura lingüística, a aquella del problema precedente.

Problema adulto:

«Juan tiene unas pegatinas; su hermano le pierde 21; su papá le regala 56. Ahora Juan tiene 89 pegatinas ¿Cuántas tenía antes?».

Problema retocado:

«Juan colecciona pegatinas de *futbolistas.*

Su hermanito *Andrés, sin querer,* pierde 21 de las pegatinas de Juan.
Entonces el papá le compra a Juan otras 56 *pegatinas.*
Así, ahora, Juan tiene 89 pegatinas *f en total.*
¿Cuántas *pegatinas* tenía al principio?».

Un par de anotaciones: la clase que elaboró los dos textos es la misma, pero la reelaboración sucedió en días diferentes; en el segundo problema, los niños no le dieron nombre propio al papá; el uso de la puntuación también es significativo: por ejemplo, el hecho de partir desde el inicio del problema para"dividirlo"en partes.

Intervenir en la reformulación puede dar indicaciones aparentemente más vagas (al menos desde el análisis del adulto); aunque no debe ser así:

«Una hormiguita quiere recorrer un camino con forma de cuadrado, partiendo desde A *pasando por B, luego por C y D, hasta llegar a A nuevamente.*

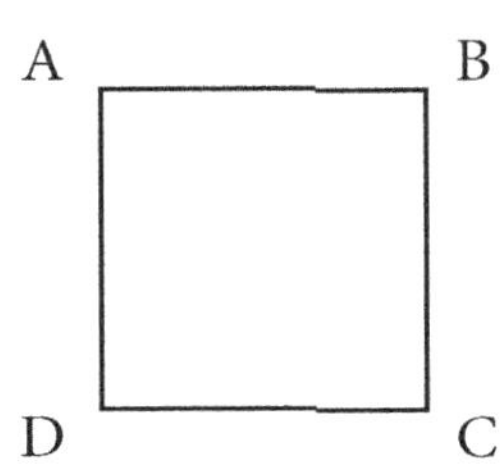

El lado del cuadrado es de 200 m. Durante el día, la hormiguita camina exactamente 200 m; pero durante la noche un fuerte viento la retrasa *hasta la mitad del camino que recorrió durante el día*. Si sale el lunes por la mañana, *camina todo el día y llega a B en la noche, durante la noche regresa a la mitad del lado*. Sale nuevamente el martes por la mañana, y así sucesivamente. La hormiguita llegará a A *después de haber recorrido todo el camino*.

¿Cuándo?
si necesitas hacer cuentas o *un dibujo*, usa este espacio».

Frente a este problema, se presentó un hecho nuevo. El texto fue retocado solo en parte (las modificaciones propuestas por los niños están señaladas en cursivo). El problema fue tan interesante, que los niños se dedicaron inmediatamente a la resolución. Debemos prestar atención también a la parte formal de la resolución: la flecha que indica el lugar donde se debe escribir la respuesta, el marco de la respuesta y la sugerencia (agregada) de emplear dibujos.

¿Qué indica todo esto?

A mi modo de ver, esto indica la gran importancia de las competencias relacionadas con el lenguaje verbal y cierta distancia entre la forma en el que el adulto ve el texto y la forma en la cual lo ve el niño. El laconismo o las braquilogías de los textos, que para algunos pueden ser incluso señales de cientificismo, pueden constituir un obstáculo. Sin embargo, hay situaciones contrarias, como veremos a continuación.

Me parece que existe una forma diferente, más activa y significativa de comportarse frente a la formulación de problemas.

7.3. Una clasificación semántica y clásica de los problemas verbales

Desde finales de la década del 70 hasta la mitad de la década del 90, se dio una proliferación de estudios sobre el asunto de la clasificación semántica de problemas, especialmente los aritméticos. Se entiende en seguida la forma en la que dicha actividad implica el análisis no solo de la estructura lógica sino también de la estructura lingüística de los problemas.

En esta clasificación, tomando como inspiración un artículo de J. M. Moser (1985a) mencionado precedentemente, nos podemos limitar, para dar una idea de esta línea de investigación, a problemas aritméticos de adición y sustracción.

Una primera clasificación, la más sencilla aparentemente, es la que distingue entre:

- problemas que se resuelven con la adición;
- problemas que se resuelven con la sustracción;

Se pueden buscar palabras - clave para tipificar problemas de las dos categorías (que es lo que usualmente hacen los niños cuando, en lugar de traducir a imágenes mentales la situación problemática descrita en el texto, se limitan a dar importancia a las palabras clave: «si en la pregunta aparece la expresión "¿en total?", entonces *se necesita el signo más*») (Nesher, 1980). Sin embargo, este tentativo no conduce a resultados positivos ya que siempre se puede concebir fácilmente un texto en el cual aparezca una palabra que se pueda considerar clave, mientras que la situación lógica no es la que tal palabra sugiere. Entonces, la subdivisión de problemas en las dos categorías se da según las *situaciones implicadas* y no según simples palabras.

Pero si la categoría del problema se determina a partir de la operación requerida para resolverlo, otros componentes pueden jugar varios roles: la dinámica de la situación, el puesto donde se encuentra la incógnita en la transcripción formal (algebraica) de la operación que resuelve el problema, y así sucesivamente. Lo anterior sugiere una nueva clasificación:

- problemas directos,
- problemas indirectos,

según esté estructurada la"frase abierta"que resuelve el problema.

Muchas fueron las clasificaciones de los tipos de problemas que se han propuesto a lo largo de la historia de la investigación en didáctica de la matemática, hasta cuando el esquema propuesto por Carpenter y Moser (1982) y por Riley, Greeno, Heller (1983) ha sido clásicamente aceptado por la comunidad. Tal esquema examina las"modalidades de resolución de problemas por parte de los niños".

Se consideran 4 clases amplias de problemas (de adición y de sustracción): *transforma, combina, compara e iguala,* evidenciadas y ejemplificadas en la siguiente tabla, tomada del artículo de Moser (1985a) (véase más adelante).

Según el procedimiento, los problemas del tipo: *transforma,* pueden ser a su vez subdivididos en dos tipos fundamentales:

- *transforma/une*: hay una cantidad inicial y un procedimiento que lleva a un aumento de esta cantidad;
- *transforma/separa*: hay una cantidad dada, de la cual se separa una parte más pequeña.

La categoría *transforma* se subdivide en tres tipos diversos:

- dada la cantidad inicial y la entidad de transformación, la incógnita es la cantidad final;
- dadas las cantidades iniciales y finales, la incógnita es la entidad de transformación;
- dadas las cantidades finales y la entidad de transformación, la incógnita es la cantidad inicial.

En los problemas *combina y compara* no hay transformaciones porque no hay *acción*.

Pero en los problemas *combina* hay dos casos: *une* y *separa*.

En *compara* hay dos cantidades, una llamada"conjunto de referencia" y una llamada "conjunto de comparación"; lo que entra en juego es la diferencia entre ellos.

Existen, entonces, seis tipos fácilmente observables a partir de las siguientes seis clases de problemas (del 9 al 14 de la tabla).

Finalmente tenemos seis tipos de *iguala* que los autores reconocen en clasificaciones hechas en otras investigaciones llevadas a cabo en EEUU (Romberg, Harvey, Moser, Montgomery, 1974), en la ex URSS (Davydov, 1982) y en Japón (Gimbayashi, 1969). Se trata de un híbrido entre los problemas *compara* y los problemas *transforma*. De hecho, está presente una acción como en los problemas *transforma*, pero tal acción requiere en principio una comparación entre dos conjuntos separados análogamente en los problemas *compara*. Si la acción se da sobre el conjunto menos numeroso de los dos, entonces se trata de un problema de *iguala/une*; si la acción se da sobre el más numeroso, entonces se trata de un problema de *iguala/separa*.

A su vez, la incógnita puede tener tres roles diferentes, para un total de seis problemas (del 15 al 20, en la tabla).

Transforma	
Une	*Separa*
Connie tenía 5 canicas. Jim le dio otras 8. ¿Cuántas canicas tiene Connie en total? Connie tiene 5 canicas. ¿Cuántas canicas necesita para tener 13 en total? Connie tenía unas canicas. Jim le dio otras 5. Ahora, Connie tiene 13. ¿Cuántas canicas tenía al principio?	Connie tenía 13 canicas. Le dio 5 a Jim. ¿Cuántas canicas le quedan? Connie tenía 13 canicas. Le dio algunas a Jim. Ahora, Connie tiene 8 canicas. ¿Cuántas canicas le dio Connie a Jim? Connie tenía unas canicas. Le dio 5 a Jim. Le quedaron 8 canicas. ¿Cuántas canicas tenía al principio?
Combina	
Connie tiene 5 canicas rosadas y 8 azules. ¿Cuántas canicas tiene?	Connie tiene 13 canicas. 5 de estas son rosadas y las restantes son azules. ¿Cuántas canicas azules tiene Connie?

Compara	
• Connie tiene 13 canicas. Jim tiene 5 canicas. ¿Cuántas canicas más tiene Connie? • Jim tiene 5 canicas. Connie tiene 8 canicas más que Jim. ¿Cuántas canicas tiene Connie? • Connie tiene 13 canicas, es decir 5 canicas más que Jim. ¿Cuántas canicas tiene Jim?	• Connie tiene 13 canicas. Jim tiene 5 canicas. ¿Cuántas canicas menos tiene Jim con respecto a Connie? • Jim tiene 5 canicas, es decir 8 canicas menos que Connie. ¿Cuántas canicas tiene Connie? • Connie tiene 13 canicas. Jim tiene 5 canicas menos que Connie. ¿Cuántas canicas tiene Jim?
Iguala	
• Connie tiene 13 canicas. Jim tiene 5 canicas. ¿Cuántas canicas debe ganar Jim para tener la misma cantidad de Connie? • Jim tiene 5 canicas. Si gana 8 canicas, tendrá la misma cantidad de canicas de Connie. ¿Cuántas canicas tiene Connie? • Connie tiene 13 canicas. Si Jim gana 5 canicas tendrá la misma cantidad de canicas de Connie. ¿Cuántas canicas tiene Jim?	• Connie tiene 13 canicas. Jim tiene 5 canicas. ¿Cuántas canicas debe perder Connie para tener la misma cantidad de Jim? • Jim tiene 5 canicas. Si Connie pierde 8 canicas, tendrá el mismo número de Jim. ¿Cuántas canicas tiene Connie? • Connie tiene 13 canicas. Si pierde 5, tendrá el mismo número de canicas que tiene Jim. ¿Cuántas canicas tiene Jim?

Esquema de Carpenter y Moser (1982) y Riley, Greeno, Heller (1983).

Otra clasificación considerada clásica, coherente con la presentada anteriormente, se la debemos a Vergnaud (1982); este autor considera como entidades significativas los estados, las transformaciones y las relaciones estáticas (estados relativos).

Este es el esquema de Vergnaud (veremos ejemplos en el capítulo 8):

1. composición de dos medidas (combinación, medida-medida-medida);
2. transformación que relaciona dos medidas (transformación, estado inicial-transformación-estado final);
3. relación estática entre dos medidas (comparación, medida-relación estática-medida);
4. composición de dos transformaciones (transformación-transformación- transformación);

5. transformación entre dos relaciones estáticas (relación estática-transformación-relación estática);
6. composición de dos relaciones estáticas (relación estática-relación estática -relación estática);

en las cuales intervienen tanto los números positivos como los negativos.

«Perder 3, dar 4», es un ejemplo de cambios de estado, es decir de transformación. «Tiene 8 más que (...), debe dar 6 a (...)» es un ejemplo de relación dinámica. Si las entidades en juego son las mismas de las transformaciones, entonces la casuística se complica. Tenemos tres casos posibles para cada uno de los 6 tipos precedentes, para un total de 18 tipos diferentes de problemas para la composición de transformaciones.

Obviamente no hemos agotado la casuística de la clasificación de los problemas aritméticos elementales. Es más: me he limitado solo a los primeros asomos para explicar al lector-profesor una de las maneras en las que se expresaba hace casi 40 años la investigación sobre los problemas, y para demostrar también (con el fin de mantenernos dentro del campo de este capítulo), la cantidad de atención que se le da a la semántica del problema y a las relaciones entre el texto y el sentido problemático-operativo del problema, sobre todo desde el punto de vista del niño.

La última clasificación está, al parecer, más relacionada con la investigación sobre los modelos mentales que tiene el niño frente al problema que con el hecho lingüístico. Por lo que tendré que retomar este tema en los siguientes capítulos.

Para concluir, presento un fragmento significativo tomado de Nescher (1980): «[El niño] trata de inferir la operación matemática necesaria a partir de la formulación verbal del texto del problema».

8. Modelos, campos conceptuales y resolución

8.1. Siempre «5+7», pero (...)

Estos son tres problemas-ejercicios que se deben examinar con atención:

P1. Peter tiene 5 canicas; juega con sus amigos y gana 7 canicas. ¿Cuántas canicas tiene ahora?

P2. Robert perdió 7 canicas. Al contar las canicas que le quedaron ve que tiene aún 5. ¿Cuántas canicas tenía antes de jugar?

P3. Thierry jugó dos partidos con canicas. En el segundo partido perdió 7 canicas. Al finalizar los dos partidos se da cuenta que ganó 5 canicas en total. ¿Qué pasó en el primer partido?

Los exóticos nombres de los protagonistas de estos problemas fueron tomados de un artículo de Gérard Vergnaud (1985a) exactamente como aparecen allí.

La resolución común es la siguiente: 5+7=12 y las respuestas respectivas son:

R1. Peter ahora tiene 12 canicas.

R2. Robert tenía 12 canicas.

R3. En el primer partido, Thierry ganó 12 canicas.

Pero si la resolución de estos problemas está a cargo de niños, encontramos que:

El ejercicio P1 es resuelto con cierta facilidad en 1° de primaria y con absoluta seguridad en 2° de primaria;

P2 es resuelto con 1 o 2 años de retraso con respecto a P1;

el porcentaje de error al resolver P3 es amplio aun en jóvenes de 1° de escuela media (grado 6°).

¿Por qué? En fondo basta una sola operación, la adición, para resolverlo.

Es evidente que la unicidad de las operaciones no es un factor que determine la dificultad del problema.

Y hay algo más.

Analicemos mejor estos 3 problemas según la clasificación de los problemas de adición de Vergnaud.

P1)

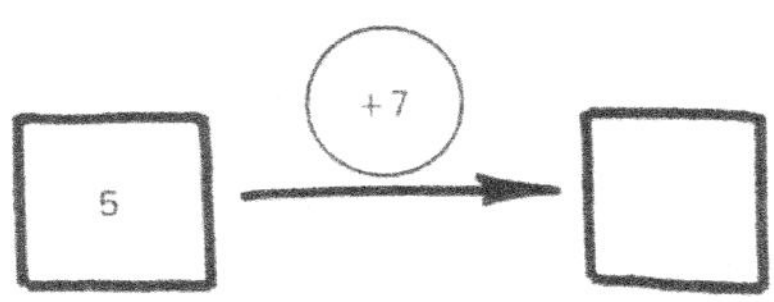

P2)

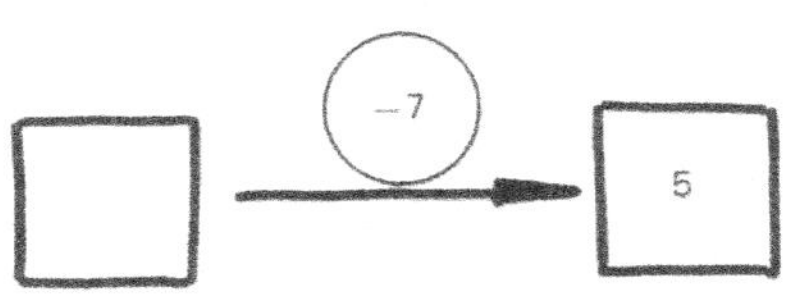

P3)

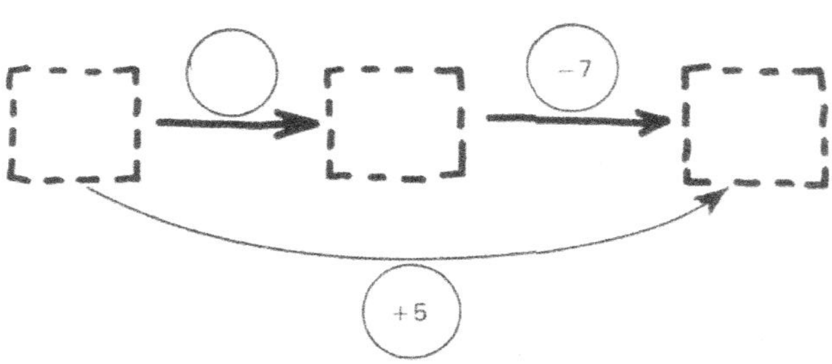

P1. es un problema del tipo: «encuentra el estado final»;
P2. es un problema del tipo: «encuentra el estado inicial»;
P3. es un problema del tipo: «encuentra el primer operando».

Analicemos cada uno de los tres problemas mediante representaciones simbólicas diferentes: 1) ecuaciones (a), 2) diagramas de flechas (b), 3) diagramas de Euler-Venn (c).

P1a

$$5 + 7 = \square \longrightarrow 5 + 7 = 12$$

P1b

P1c

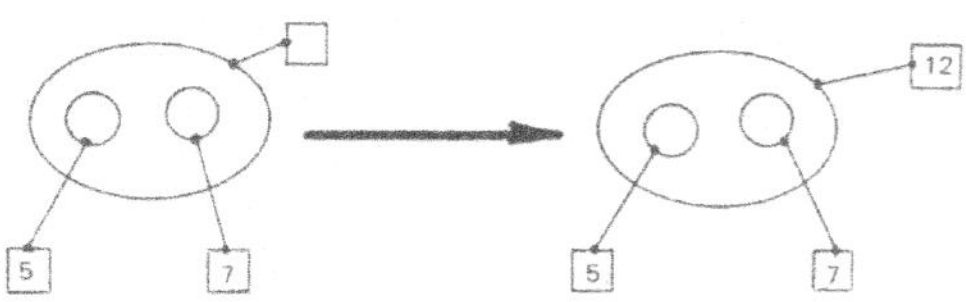

P2a

$$\square - 7 = 5 \longrightarrow 5 + 7 = 12$$

P2b

P2c

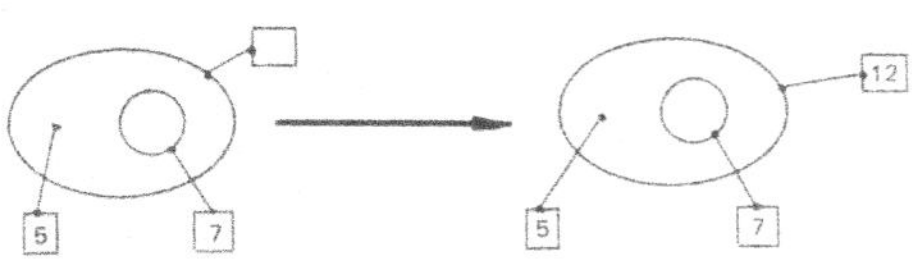

(En el caso P2c, el uso de los diagramas de Euler-Venn parece poco natural, un poco forzado; Vergnaud incluso afirma que: «no existe una representación de Euler-Venn para el operando de la sustracción»).

P3a

P3b

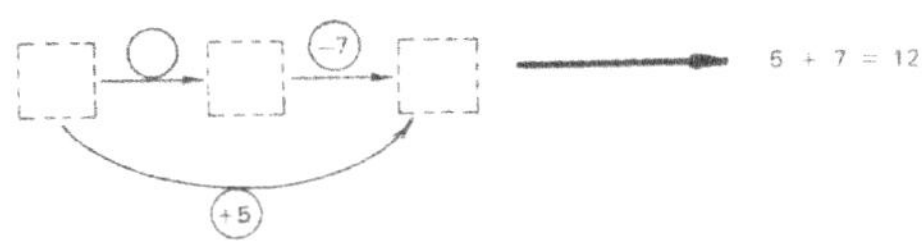

(P3b no está bien representado con un diagrama con flechas).

P3c. Cada intento de encontrar una representación con los diagramas de Euler-Venn parece ser excesivamente forzado y poco natural, aunque no se excluye que se pueda encontrar una representación.

Vergnaud propuso un problema que refuerza algunas de las impresiones que produce el caso P3:

«P4. Janet jugó con las canicas por la mañana y por la tarde. Por la mañana ganó 14 canicas, por la tarde perdió 31. Cuando contó sus canicas al final encontró 23. ¿Cuántas canicas tenía antes de jugar?».

El instrumento más idóneo para visualizar la situación problemática es sin lugar a dudas el siguiente, en el cual se presenta una evidente evolución dinámica:

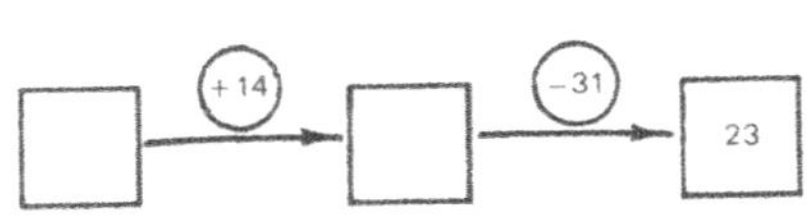

A continuación, veremos cuatro tipos de resolución dados por estudiantes:

R1. 23+31=54-14=40.

Vergnaud la define como «un modo gracioso de tratar el problema»; sin embargo, hay un uso incorrecto del signo "=" (en la sección 7.1 se había ya evidenciado un formalismo del mismo tipo).

R2. 23+31=54, 54-14=40

es la resolución más conveniente de acuerdo con muchos profesores, ciertamente es la más correcta de las 4; según Vergnaud en esta resolución, el signo "=" se entiende como «símbolo de "da como resultado" y no como relación de igualdad», el tipo de igualdad que nosotros llamamos "procedimental y no relacional".

R3. 31-14=17+23=40;

es curioso el hecho que se trabaje sobre el operador y no sobre los estados; el operador que resulta se aplica al estado final. Presenta los mismos problemas de naturaleza sintáctica de R1.

R4. 14-31=17, 17+23=40;

es cierto que 14-31=17 es un error, desde el punto de vista puramente aritmético, «pero pensándolo bien no es un verdadero error en el contexto del procedimiento» dice Vergnaud, concluyendo que el estudiante (y por lo tanto el profesor que está más atento al sentido que a la forma) puede «estar satisfecho con esta resolución».

[En este momento se podría abrir toda una cuestión sobre el error como indicador de comprensión inteligente, aunque parcial, a la que el profesor frecuentemente presta poca atención. Varios investigadores se han ocupado de esto. Ver el capítulo 8 de L. B. Resnick y W. W. Ford (1991), y el libro de S. Baruk (1985)].

El lector ya habrá entendido el sentido del inicio de este capítulo.

Hay (o puede haber) una deformidad entre significado y significante en la estructura de los problemas, ya que, escribe Vergnaud (1985a): «Algunos sistemas simbólicos son totalmente inadecuados para representar problemas que implican relaciones determinadas».

Pero no solo esto: algunos profesores imponen forzosamente la unicidad de simbolización icónica del texto de un problema, lo cual genera no solo inmovilidad (denunciada anteriormente), también puede comunicar significados diferentes a los expresados en el texto del problema y, por lo tanto, puede alejar al alumno de la resolución. Cada problema comunica un significado diferente. De tal manera que hay que referirse al significado y no a la operación para entender, traducir, simbolizar y resolver el problema.

El término "modelo" parece no ser suficiente para una idea así vasta, es por esto que Vergnaud (1990a) elaboró una teoría llamada "la teoría de los campos conceptuales":

> Un campo conceptual es un conjunto de situaciones, procedimientos y representaciones simbólicas sólidamente relacionadas entre ellas. Para dominar estas situaciones, procedimientos y representaciones es necesario una amplia variedad de conceptos.

Obviamente, se trata de una definición que se refiere más a «un conjunto de problemas (no estrictamente definidos) que a un conjunto de conceptos». Vergnaud mismo presenta un listado de ejemplos: el campo conceptual de las estructuras de adición, al cual hemos dado un vistazo; el de las estructuras de multiplicación (que analizaremos a continuación); el de las medidas espaciales; el de la correlación entre espacio, tiempo, velocidad, aceleración y fuerza ("cuestiones dinámicas"); el de «las clases, clasificaciones y operaciones booleanas» (Vergnaud, 1985b).

Ver también los artículos de Vergnaud en (Fischbein, Vergnaud, 1992).

Se trata de una teoría consolidada a través de las décadas, por lo cual me siento obligado a sugerir otras lecturas, antes que a hacer profundizaciones teóricas.

En las próximas secciones veremos otros ejemplos (retomaré el tema de la dificultad conceptual de los problemas).

Una buena exposición crítica de la teoría de los campos conceptuales, que contiene la propuesta de la teoría de los campos semánticos, en (Boero, 1989).

8.2. El campo conceptual de las estructuras multiplicativas

Una vez más, reenvío al lector a los textos que citaré en esta sección para una visión completa y clara de esta problemática. Aquí me limitaré a dar una breve introducción. Los lectores que tienen la intención de profundizar en el estudio de esta cuestión no pueden contentarse con lo que encontrarán en esta sección. Por este motivo, he hecho el esfuerzo de citar textos disponibles, con la esperanza de alimentar la curiosidad del lector y motivarlo a leer y profundizar.

¿Por qué el"campo conceptual de la multiplicación"y no simplemente la"multiplicación"? Vergnaud (1985b, 1990a) menciona tres motivos que hacen tal concepto necesario.

1. Es "despistador" estudiar la multiplicación aisladamente como operación para resolver ciertas clases de problemas, en lugar de estudiar conjuntamente la multiplicación, la división, las fracciones, las relaciones, los números racionales, las funciones lineales y las funciones n-lineales, el análisis dimensional y los espacios vectoriales: «no son matemáticamente independientes y están simultáneamente presentes en los primeros problemas que los estudiantes encuentran».

2. Es necesario tener un dominio amplio de conocimientos para poder estudiar el desarrollo de diferentes tipos y niveles de análisis en la mente del estudiante durante un largo periodo de tiempo, para una aproximación psicogenética de la adquisición de conceptos específicos.

3. Dada una clase de problemas, se confirma que los estudiantes recurren a procedimientos, conceptos y representaciones simbólicas diferentes; aunque fuesen erróneas, son representativas y útiles para otras clases de problemas y por lo tanto deben ser estudiadas y discernidas.

Desde este punto de vista, se puede considerar el conjunto de problemas reunidos bajo la denominación *estructuras multiplicativas,* las cuales constituyen un campo conceptual. Vergnaud distingue tres categorías diversas estudiadas en detalle con numerosos ejemplos:

1. isomorfismo de estructuras
2. producto de medidas
3. proporcionalidad múltiple diferente del producto.

«El isomorfismo de medidas es una estructura que consiste en una proporcionalidad simple directa entre dos espacios de medidas M1 e M2». Lo cual lleva a cuatro sub-tipos de problemas.

- Sub-tipo 1: Multiplicación

M1	M2
1	*a*
b	x

Ejemplo. Juan compra 3 paquetes de dulces que cuestan 1500 $ cada uno. ¿Cuánto gasta? a=1500, b=3, M1=número de paquetes de dulces, M2= gasto. Si un paquete cuesta a, ¿cuánto cuestan 3 paquetes? No hay

3 datos numéricos, como pudiera aparecer a primera vista, dos dados por el texto y una incógnita, pero se trata de «una relación con 4 términos».

¿Son los datos meros números? Entonces la respuesta inmediata es 3×1500 o 1500×3.

¿Son los datos magnitudes? En ese caso ¿por qué 3 paquetes por 1500 $ da como resultado $? Y ¿cómo se escribe formalmente?

Ciertamente un análisis más detallado da:

$$3\ \textit{paquetes} \times 1500\ \frac{\$}{\textit{paquete}} = 4500\ \$$$

Por la "eliminación" del signo de magnitud *paquete.*

Pero ¿esta situación está creando nuevos problemas? Además ¿está dirigiendo la atención al ámbito de la problemática de las magnitudes?

Los niños más pequeños, pueden recurrir a una operación de multiplicación unaria en lugar de una binaria de alguno de los siguientes tipos:

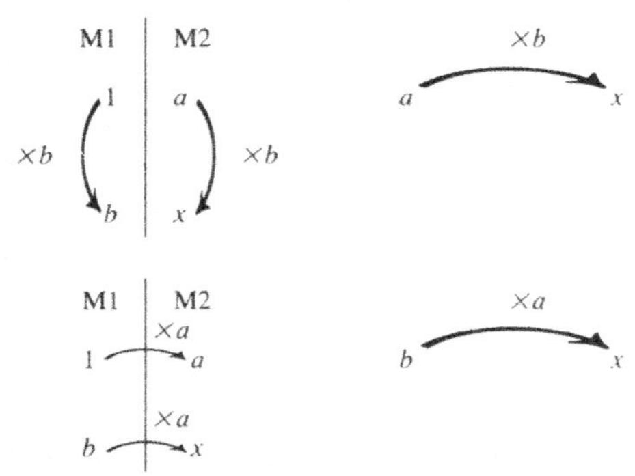

- Sub-tipo 2: División (I tipo)

M1	M2
1	$x=f(1)$
a	$b=f(a)$

Ejemplo. Mamá quiere dividir 15 canicas en partes iguales entre sus 3 hijos. ¿Cuántas canicas le da a cada uno?

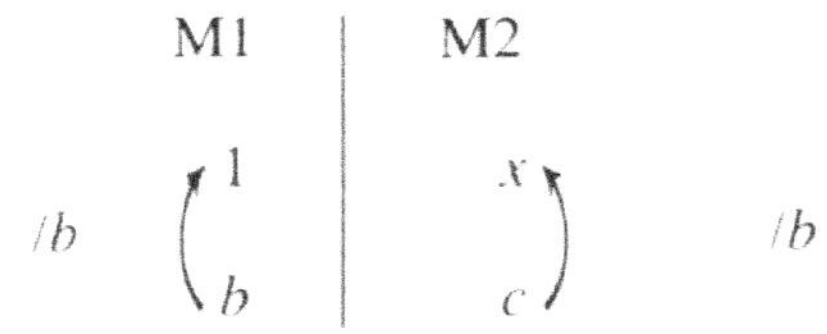

El problema se resuelve con la aplicación del operando escalar /b.

- Sub-tipo 3: División (II tipo)

M1	M2
1	$a=f(1)$
x	$b=f(\mathrm{x})$

Ejemplo. Juan tiene 15 € y quiere comprar algunos modelos de autos que cuestan 3 € cada uno. ¿Cuántos puede comprar?

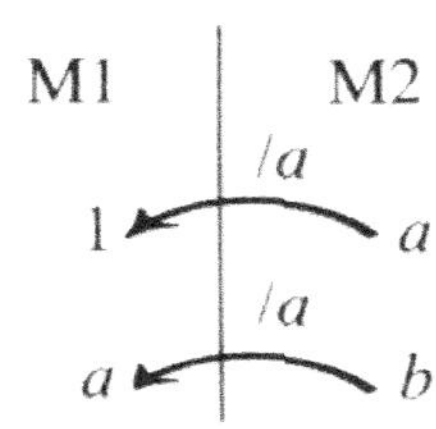

El procedimiento del sub-tipo 3 es, por así decirlo, invertido con respecto al anterior y es también más difícil de intuir: con respecto a la unidad (fijamos 1 €),"cuántos modelos se pueden comprar con 1 €", es una conjetura más difícil porque concierne implícitamente al uso de una fracción de modelo.

Los niños más pequeños razonan de manera diferente:

- cuántas veces está contenido a en b; obteniendo así el operando escalar y transfiriéndolo a M1;
- siguiendo un procedimiento de adición, más común en la práctica, especialmente si los números son más grandes de los que saben dominar (un punto importante sobre el cual regresaré más adelante): a+a+a+ (...) hasta llegar a b, y luego contar cuantas veces se usó el sumando a.

- Sub clase 4: Regla del tres

M1	M2
a	*b*
c	*x*

Ejemplo. Para recorrer 100 km de camino, mi carro consume 7 *l* de gasolina. ¿Cuánto consumirá para recorrer 2.500 km?

Justamente basándose en experimentos sobre problemas de este tipo, Vergnaud fue llevado a afirmar que: «Es interesante observar que la capacidad de dar respuestas correctas, aunque de manera lenta, se desarrolla con la edad; lo anterior muestra la utilidad de un enfoque psicogenético a la hora de indagar sobre la adquisición de habilidades matemáticas a nivel de escuela secundaria» [de hecho Vergnaud y sus colaboradores condujeron el estudio de este sub-tipo de problemas sobre todo con jóvenes de 11-15 años].

Teniendo en cuenta las edades fuera de la escuela primaria, evitaré el análisis detallado de los procedimientos utilizados por los jóvenes para resolver los problemas de este sub-grupo (para lo cual refiero al lector al texto citado más adelante). De todas maneras, intenté dar personalmente un problema parecido a niños de escuela primaria, con el fin de estudiar la relación entre la *expectativa* del resultado, la *propuesta* del resultado y la *congruencia* entre las dos. El texto ha sido descrito anteriormente:

«Tres trabajadores hacen cierto trabajo todos los días todos juntos y cada día emplean 6 horas para hacerlo. Pero uno de los trabajadores se enferma y no va al trabajo. Entonces, ese día los trabajadores son solo dos, pero tienen que hacer el mismo trabajo. Según tú ¿emplearán más o menos tiempo? (Respuesta: A). ¿Por qué? (Respuesta: B). Calcula la cantidad de tiempo que emplearán. (Respuesta: C)».

Examinando las respuestas de los niños de quinto de primaria únicamente, la respuesta A es, en el 75% de los casos (aproximadamente): «Emplearán más tiempo», y la B: «Porque son menos trabajadores» [todavía, hay un porcentaje que raya en el 20% (aproximadamente) de «Emplearán menos tiempo» con la siguiente motivación: «Porque son menos trabajadores» (el porcentaje restante está constituido por respuestas que no se pueden clasificar en ninguna de las dos tipologías anteriores)].

Al hacer los cálculos (hay múltiples estrategias), si se encuentra un resultado inferior a 6 horas, no parece que quien resuelve el problema haya entrado en conflicto consigo mismo; en el segundo grupo (el 20% que supone que el tiempo sea inferior), aunque el valor encontrado resulte mayor a 6 horas, se avala el resultado sin alterarse. Todo esto nos ha motivado a hacer un análisis ulterior y más profundo sobre el comportamiento indiferente de los estudiantes frente a situaciones incoherentes (D'Amore, Martini, 1997).

Regresando a la distinción de Vergnaud (1985b, 1990a), concluimos el de la primera categoría, isomorfismo de las medidas, siguiendo precisamente lo que dice el autor:

> El producto de las medidas es una estructura que consiste en la descomposición cartesiana de dos espacios de medida M1 y M2 en un tercer espacio M3. Lo anterior conlleva varios problemas relacionados con el producto cartesiano, el área, el volumen y muchos otros conceptos físicos, entre los cuales está, por ejemplo, el [tiempo de] trabajo. Ya que en el producto de las medidas están al menos tres variables implicadas, esta estructura no se puede

representar mediante una simple tabla de correspondencia como las que se usan para el isomorfismo de medidas. En cambio, se puede representar mediante una tabla de correspondencia doble. Por ejemplo, en el caso del área del rectángulo:

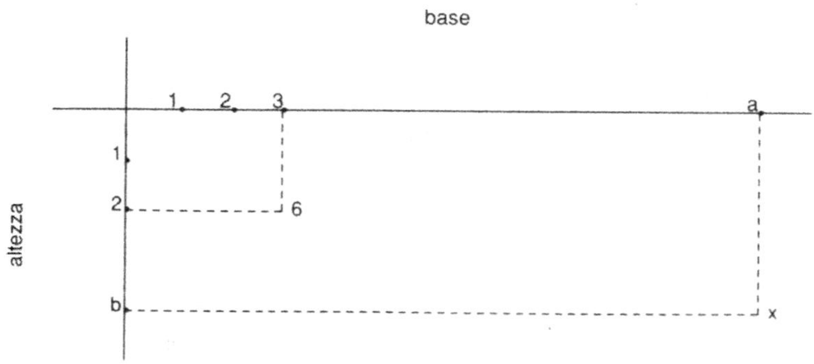

El esquema refleja la proporción doble del área (A) con respecto a las medidas de la base (b) y de la altura (h), siendo una independiente de la otra (A=b×h; A es función de b y de h; b y h son independientes la una de la potra).

Es claro que, si tomamos una unidad de altura por una de base, obtendremos una unidad de área; pero éste no es el único caso posible.

Un ejemplo (de Vergnaud): «4 muchachas y 3 muchachos participan en un baile. Cada uno de los muchachos quiere bailar con todas las muchachas y cada una de las muchachas quiere bailar con todos los muchachos. ¿Cuántas parejas muchacha-muchacho son posibles?».

En este caso, las unidades "simples" son: 1 muchacho, 1 muchacha; sin embargo, el "producto" es una pareja (muchacho-muchacha).

El análisis de esta categoría lleva a consideraciones interesantes, para las cuales refiero al lector a la fuente.

Pasemos a la tercera categoría, es decir la de la proporcionalidad múltiple. Me limitaré a decir solamente en qué consiste. Se trata de una categoría parecida a la del producto de medidas. Veamos el ejemplo que propone Vergnaud:

«La producción de leche de un hato bajo ciertas condiciones es proporcional al número de vacas y al número de días del período en consideración».

Por lo tanto: «un espacio de medida M3 es proporcional a dos espacios diferentes M1 y M2 independientes entre ellos»; entre los factores que intervienen frecuentemente en esta categoría de problemas está el tiempo.

El análisis detallado que hace Vergnaud es fundamental para entender la diferencia entre los problemas basados en la naturaleza de la operación necesaria para la resolución (entre otros, la resolución "adulta" que tiene en mente el autor) y aquellos basados en el número de tales operaciones, revelados de manera aproximada y con una cierta dosis de ingenuidad.

8.3. Otras clasificaciones de los problemas de multiplicación y división

La clasificación que presentamos hasta ahora, es decir la de Vergnaud, no es obviamente la única: se podría escribir un libro entero solo sobre este tema.

Entre las muchas clasificaciones se encuentra la propuesta por Greer (1987), que reviste cierto interés y originalidad: en esta clasificación se dividen los problemas en dos casos: asimétricos y simétricos; el primero se subdivide a su vez en 5 categorías y el segundo en 3, llegando a una casuística de 21 elementos. Creo que lo mejor es presentar la tabla de los casos con 21 ejemplos.

(En la clasificación de Greer no parece existir distinción entre el uso de cantidades discretas, como modelos de autos o canicas, y cantidades continuas, como el área o la velocidad, que en cambio sí aparece en Vergnaud).

A. Caso asimétrico

Categoría	Multiplicación	División (repartición)	División (contenencia)
Grupos múltiples	3 niños tenían 4 canicas cada uno. ¿Cuántas canicas tenían todos juntos?	Se dividieron 12 canicas en partes iguales entre 3 niños. ¿Cuántas canicas le correspondieron a cada uno?	Se dividieron 12 canicas entre algunos niños. A cada uno le correspondieron 4 canicas. ¿Cuántos niños habían?
Iteración de medidas	Hay 4 pedazos de madera con longitud de 3.2 m cada uno ¿Cuál es la longitud total de la madera?	Un pedazo de madera de 12.8 m de longitud es cortado en 4 partes iguales. ¿Cuál es la longitud de cada pedazo?	Un pedazo de madera de 12.8 m de longitud es cortado en pedazos de 3.2 m de longitud cada uno. ¿Cuántos pedazos se obtienen?
Cambio de escala	En una fotografía la longitud de un carro es de 3.2 cm. Si la fotografía es ampliada al 4.5, ¿cuál será la longitud del carro?	Una fotografía es ampliada al 4.5. En la ampliación un carro tiene 14.4 cm de longitud. ¿Cuál era la longitud del carro en la foto original?	En una foto, un carro tiene 3.2 cm de longitud y después de una ampliación tiene una longitud de 14.4. ¿Cuál es el factor de la ampliación?
Razón	Un hombre camina durante 4.5 horas a una velocidad de 6 km/h. ¿Cuánto recorre?	Un hombre camina 27 km en 4.5 horas. ¿Cuál es su velocidad?	Un hombre camina 27 km a una velocidad de 6 km/h. ¿Cuánto tiempo gasta?
Conversión de medidas	Si el cambio es de 1.5 dólares por una libra esterlina, ¿cuántos dólares obtendrás por 3.20 libras?	Si obtienes 4.80 dólares por 3.20 libras, ¿a cuánto está el cambio?	Si el cambio es de 1.5 dólares por una libra, ¿cuántas libras obtendrás por 4.80 dólares?

B. Caso simétrico

Categoría	Multiplicación	División
Organización rectangular	Hay 3 filas y 4 columnas. ¿Cuál es el número total de objetos?	Si en total hay 12 objetos y hay 3 filas (columnas). ¿Cuántas columnas (filas) hay?
Combinación	Si se puede elegir entre 3 colores y 4 dibujos, ¿cuántas combinaciones entre color y dibujo hay?	Si hay 12 combinaciones de colores y dibujos y hay 3 colores (dibujos). ¿Cuántos dibujos (colores) hay?
Área (del rectángulo)	Si la base es de 3.2 cm y la altura es de 4.5 cm, ¿cuál es el área?	Si el área es de 14.4 cm2 y la base (altura) es de 3.2 cm, ¿cuál es la altura (base)?

8.4. Números-medida y números-transformación

Para iniciar esta sección, estudiemos algunos ejemplos de problemas-ejercicio:

Ejemplo 1. Tengo 4 claveles y 4 rosas. ¿Cuántas flores tengo en total?

Ejemplo 2. Tengo dos tablas alineadas, una de 1,8 m y la otra de 1,4 m. ¿Cuán larga es la mesa total de la que dispongo?

Ejemplo 3. Tengo 8 huevos y pierdo 3. ¿Cuántos me quedan?

Ejemplo 4. Iba a 60 km/h en una calle y aumenté de 70 km/h en la autopista. ¿A qué velocidad voy en la autopista ahora?

Los problemas 1 y 3 tratan de cantidades discretas, los otros de cantidades continuas. Los problemas 1 y 2 tienen números que expresan medidas: en el caso del problema 1, las medidas (cardinalidad) de dos conjuntos; en el caso del problema 2, las medidas (longitudes) de dos tabas. En ambos casos, las medidas son de la misma naturaleza. Se trata de problemas en los cuales dos medidas de la misma naturaleza se combinan para dar una medida de la misma naturaleza también.

En los problemas 3 y 4 se asoma un nuevo hecho. Consideremos el problema 3. Según Vergnaud, en quien me inspiro, el dato "3" en realidad se debe entender como un "-3", ya que no indica una medida sino una transformación con respecto a la situación precedente.

De tal manera, en el ejemplo 4, el dato "70" en realidad se debe entender como una transformación dotada de un signo: "+70". Este es el caso en el que una transformación opera sobre una medida para dar una nueva medida.

Lo cual nos lleva a diferentes consideraciones:

- si bien los datos presentados son numéricamente representados solo por números naturales, en realidad se hace uso de otro tipo de números [indicados, en este caso, como números enteros (a veces llamados relativos); pero, sería fácil complicar las cosas agregando datos que consistan en números racionales];
- este es otro modo de introducir la clasificación mencionada en la sección 7.3. en las seis categorías de relaciones de adición, que pasan a través de un "modelo" más que a través de hechos semánticos, como se indicaba allí.

Aprovechando precisamente del ejemplo 3, estudiaremos la casuística de los problemas-ejercicios de sustracción.

La siguiente es una estrategia gráfica que expresa el ejemplo 3:

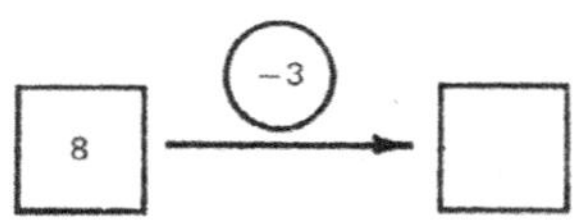

También es obvio que este es el modelo/concepto intuitivo de sustracción más sencillo que puede tener un niño pequeño. Pero, si esta representación se fosiliza, se excluyen otras tipologías para cuyo análisis seguimos a Vergnaud.

«Hay 8 niños alrededor de una mesa para el cumpleaños de Doroty; 3 de ellos son niñas y los otros son niños. ¿Cuántos niños hay?».

tipo: complemento a

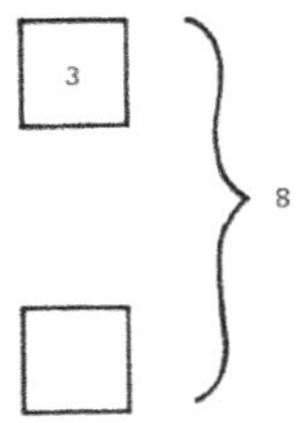

«La abuela de Jane le acaba de dar dólares. Ahora Jane tiene 8 dólares. ¿Cuántos dólares tenía antes?».

tipo: opuesto de un aumento

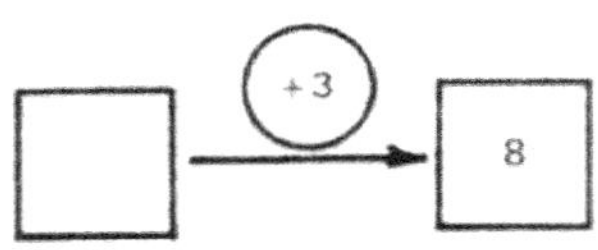

«Robert tenía 8 canicas antes de jugar con Ruth. Ahora tiene 3. ¿Qué pasó en el juego?».

tipo: relación de diferencia (tres estados, uno incluido en el otro)

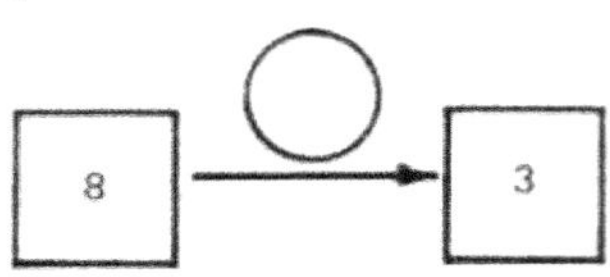

«Susan tiene 3 dólares en su monedero. Betty tiene 8. ¿Cuántos dólares menos tiene Susan? ¿Cuántos más tiene Betty?».

tipo: relación de diferencia (entre cantidades por confrontar, pero entre ellas no hay inclusión)

«Fred jugó 2 partidas de canicas. En la segunda partida ganó 3 canicas. Fred no recuerda lo que sucedió en la primera partida, pero, al contar sus canicas, se da cuenta que al final de todo ganó 8. ¿Qué pasó en la primera partida?».

tipo: diferencia entre operadores

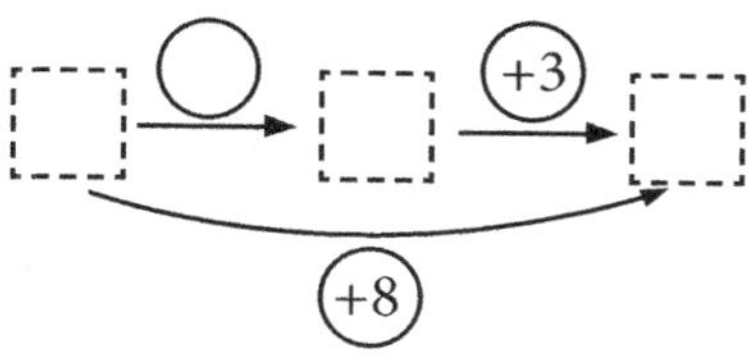

Y los ejemplos podrían seguir:
«Encuentra el segundo operador:

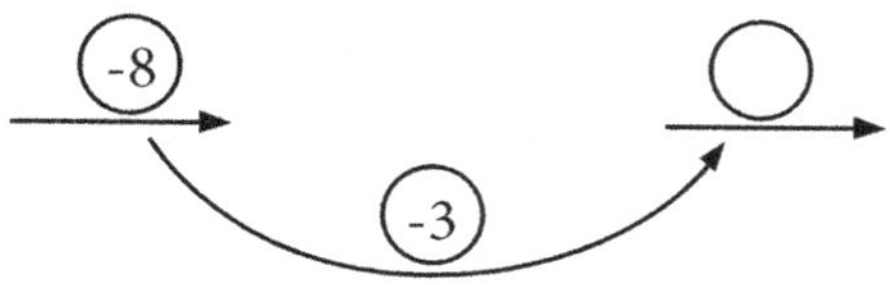

Encuentra el primer operador:

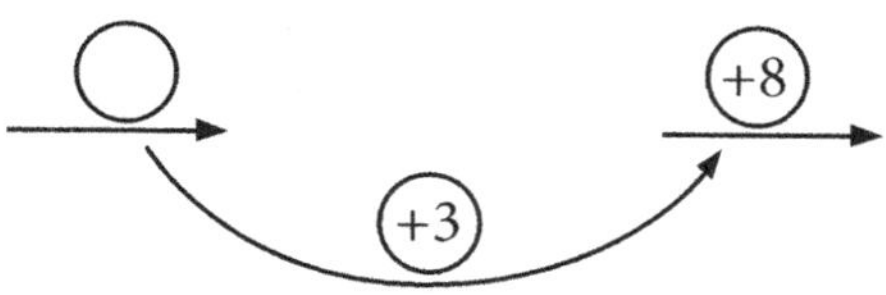

Encuentra el operador resultante:

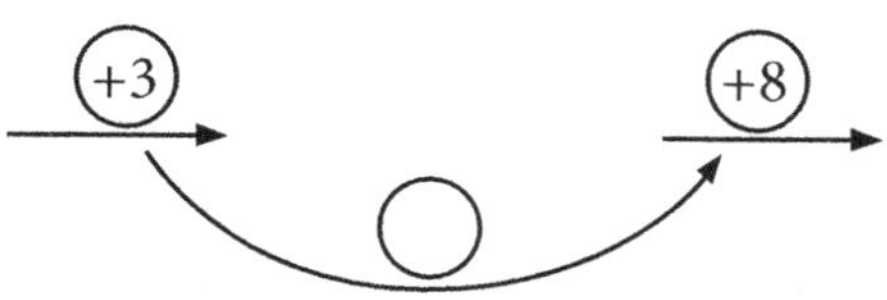

Comentemos con las mismas palabras de Vergnaud: «Es fácil imaginar las dificultades que puede encontrar el niño al extender a toda esta variedad de casos el significado de sustracción más allá del concepto primitivo de disminución».

Es obvio que:

- solo una gran variedad de casos (precisamente) puede dar a la operación de la sustracción (aunque el discurso es general) la variedad funcional para un aprendizaje significativo; fosilizar un modelo o una interpretación solamente porque se acepta una única interpretación del significado de sustracción es un grave error didáctico que terminará pagando el estudiante;
- ya que ni las competencias ni los conceptos se desarrollan de un momento para otro, sino que se requiere un tiempo largo, es necesario, por decirlo así, cultivarlas a largo plazo: no se puede pensar en una adquisición total inmediatamente después de la presentación.

Para confirmar lo dicho anteriormente, Vergnaud (1985b) sugiere:

[...] aunque los niños de 3-4 años entiendan los primeros conceptos de adición y sustracción, el 75% de los alumnos de 15 años aún se equivoca en problemas como los siguientes:

> *Ejemplo 7.* La abuela de John le dio 45 dólares. John va al supermercado y compra varias cosas. Cuando cuenta el dinero que le quedó, se da cuenta que tiene 37 dólares meno de los que tenía antes de haber recibiendo el dinero de la abuela. ¿Cuánto gastó en el supermercado?
> *Ejemplo 8.* El señor Dupont maneja 35 km a lo largo del valle de la Loira hacia el oeste; después de lo cual se dirige al este. Cuando para, se encuentra a 47 km al este del punto de partida. ¿Cuántos km recorrió hacia el este?

Por lo tanto, pensar en una perspectiva evolutiva es absolutamente necesario; lo cual lleva a una actividad didáctica en espiral: regresar, con problemas pertinentes, para ampliar y modificar los modelos mentales formados, para aumentar la capacidad cognitiva y educativa

8.5. Modelos intuitivos en la multiplicación y en la división

Los estudios llevados a cabo por E. Fischbein (1985b) sobre la intervención de los modelos intuitivos en los problemas con operaciones de multiplicación y división son bien conocidos. Para decirlo brevemente, en el momento en el cual el estudiante lee el problema o el ejercicio e intuye en seguida qué tipo de operación debe utilizar, se activa un mecanismo intuitivo (a veces no correcto) que le permite escoger una estrategia sin analizar a profundidad su propio comportamiento. Resulta, por ejemplo, que, al tener que dividir y teniendo a su disposición los datos numéricos 3 y 15, el estudiante divide 15 por 3 sin prestar atención al *sentido* de la pregunta (aunque ésta requiera la división contraria 3: 15 que, intuitivamente, parece no ser natural).

Este valioso estudio es ya un clásico, y ha sido experimentado varias veces incluso en Italia: señalo aquí la experiencia del el Núcleo de Investigación en Didáctica de Matemática de Bolonia. Se elaboraron 42 problemas-ejercicio, casi todos solucionables con una sola operación de multiplicación o de división. En algunos, se respeta, en la resolución, el modelo intuitivo, en otros no. También se incluyeron problemas-ejercicio para los que se requería seguir una operación de adición o sustracción, para evitar el fenómeno de la fijeza funcional que siempre está al acecho.

En los casos en los cuales fue posible, se entrevistó uno por uno a quienes resolvieron los problemas, con el fin de verificar la persistencia en caso de soluciones erradas. Se restringió el tiempo para resolver los problemas, de manera que la solución dada fuera casi inmediata; ya que, solo de esta manera se puede obtener la respuesta más "ingenua" posible, es decir la respuesta que se deriva de los modelos intuitivos.

Lo niños involucrados en esta experiencia eran de quinto de primaria, de segundo año de escuela media (7° grado) y de primer año de bachillerato superior en énfasis científico (9° grado). La diferencia neta no radicó en el porcentaje de respuestas correctas, sino en la velocidad con que se los alumnos reconocieron sus propios errores durante las entrevistas. Los niños más pequeños insistían, muchas veces con obstinación, en el error, señalando así lo arraigado y difícil de amainar que es el modelo mental intuitivo. Los estudiantes más grandes en cambio, al releer con atención y reconocer de alguna manera la necesidad de reflexionar, reconocían con cierta facilidad sus propios errores.

A continuación, propongo una parte de nuestros resultados; los lectores que deseen profundizar en los resultados de las entrevistas y la forma como se condujo la investigación pueden consultar las indicaciones bibliográficas que aparecen al final de esta sección.

El método

Aceptando las hipótesis sobre los modelos primitivos citados anteriormente, decidimos llevar a cabo una prueba experimental con el fin de comprobar la influencia que tienen tales modelos sobre alumnos de quinto de primaria, segundo año de escuela media (7° grado) y primer año de bachillerato (9° grado).

Es evidente el deseo de comparar las respuestas de estudiantes de edades y niveles de estudio diferentes, precisamente para comprobar el peso que tiene el condicionamiento tanto en individuos cuyo uso correcto de las operaciones fue adquirido hace poco tiempo, como de individuos que estén en capacidad de conceptualizar operaciones matemáticas más abstractas y complejas, con fracciones y proporciones, o que hayan ya consolidado el uso correcto de las operaciones de multiplicación y división.

Instrumento: los cuestionarios

De tal suerte, propusimos a cada uno de los alumnos de 4 grupos de quinto de primaria (indicados con el número 5), 4 grupos de segundo año de escuela media (indicados con el número 7) y de dos grupos de primer año de bachillerato superior (indicados con el 9) dos cuestionarios de 21 problemas cada uno, relacionados con operaciones de multiplicación y división.

Los problemas propuestos pretendían simplemente indicar la única operación resolutiva (indicándola, sin efectuarla). Para dar un ejemplo concreto a propósito del tipo de problema propuesto, podemos hacer referencia a una situación problemática del cuestionario dedicado a la multiplicación, en la que se eligió un operador que no fuera número natural con el fin de dar algo de incomodidad y dificultad al estudiante, ya que el modelo primitivo de adición repetitiva lleva a buscar intuitivamente un producto mayor que el operando.

El siguiente es un ejemplo de los resultados obtenidos:
Un metro de tela cuesta 15.000 pesos. ¿Cuánto cuestan 0,75 m?

Grupos	Número de alumnos	Respuestas equivocadas
5	73	57,53%
7	100	49,00%
9	49	22,45%

Las características de los 42 problemas

1. Se propusieron problemas que se pudieran resolver con una operación única (ver más adelante).
2. Se presentaron oportunamente en el mismo cuestionario tanto problemas que respetan el modelo primitivo supuesto, como problemas análogos que falsifican las hipótesis y ponen en crisis los modelos intuitivos espontáneos.
3. Se presentaron también algunos problemas que se pueden definir como"extraños", ya que no se pueden resolver mediante una multiplicación o una división, sino mediante una adición o una sustracción, con el fin de evitar la fijeza funcional.

En esta prueba se involucraron 73 alumnos de 5°, 100 de 7° y 49 de 9°.

El tiempo dado para indicar las operaciones que resuelven los problemas fue de 40 minutos en todo.

Los cuestionarios se distribuyeron en diferente orden a los alumnos de la misma clase, para evitar cualquier tipo de sugerencia sobre las respuestas de los problemas propuestos.

Entrevistas

Después de haber llegado a un acuerdo sobre los criterios, de haber corregido todos los cuestionarios y de haber verificado y registrado los datos y los porcentajes de las respuestas exactas, las respuestas no contestadas y las respuestas erradas, nos pareció que lo mejor era proceder con las entrevistas: nuestra última intervención directa con los estudiantes.

Estas entrevistas se limitaron a un muestreo de estudiantes escogidos entre los que consideramos que pertenecían a un nivel de rendimiento medio.

Los problemas escogidos para ser propuestos durante las entrevistas fueron aquellos con porcentaje más altos de error y los que, naturalmente, respondían a criterios útiles concordantes con los objetivos de nuestra investigación.

Las etapas de las entrevistas se dispusieron de la siguiente manera:

1. Una primera fase en la cual se propone al entrevistado el mismo problema con el fin de verificar si se repite el error resolutivo cometido mientras el estudiante resolvía el cuestionario, o si, en cambio, él indica una operación resolutiva diferente. En tal caso, se invita al alumno a resolver el conflicto mediante la comparación de las diferentes soluciones dadas.
2. Frente a la eventual incapacidad de resolver el problema positivamente, se proponen otros problemas cambiando solo los datos numéricos: es decir, sustituyendo un número con coma por

un número natural y, en caso que la solución sea correcta, por analogía se pide al estudiante que regrese al primer problema y que lo resuelva correctamente.

3. Se proponen algunos problemas nuevos, sustancialmente idénticos al primero, para verificar la consolidación del esquema resolutivo correcto, o la eventual resistencia del error ligada a los modelos intuitivos primitivos. En lo referente a los grupos de quinto de primaria, nos pareció importante, durante la segunda fase de la entrevista, persistir con las operaciones de multiplicación y división de decimales en el operando o el operador que están presentes en el problema, con el fin de hacer concreta la idea que la expectativa intuitiva de un producto determinado puede ser desmentida o consolidada mediante la ejecución misma.

Resultados

Por lo tanto, procedimos a hacer un resumen de los resultados en una tabla, de la cual excluimos los datos relacionados con los problemas no solucionables con una multiplicación o una división.

Los siguientes datos emergen de dicha tabla:

1. número de alumnos correspondientes a cada tipo de escuela;
2. las respuestas se catalogaron como"correctas - no dadas - erradas";
3. el tipo de error más frecuente, cometido por un número significativo de alumnos.

Para los dos grupos de grado 9°, dado el escaso número total de alumnos y la pluralidad de las soluciones, se optó por indicar los errores cometidos con la voz"varios".

La reflexión sobre los datos y los porcentajes obtenidos a partir de los cuestionarios, nos llevó a confirmar la hipótesis de E. Fischbein acerca de la fuerte incidencia de los modelos intuitivos en lo que se refiere a las operaciones de multiplicación y división.

En lo referente al cuestionario de multiplicación, más concretamente, pudimos comprobar que:

a. la mayor parte de los alumnos no tuvo dificultades particulares cuando ambos factores eran números naturales; de hecho, el porcentaje de error fue, del 10.96%, en el caso más desfavorable, en la escuela primaria;
b. en los problemas con los mismos datos numéricos, en los cuales un factor era un número natural y el otro un"decimal"(es decir un número con coma), los resultados fueron diferentes dependiendo de si el número decimal tenía el rol de operador o de operando.

Citamos 2 problemas a manera de ejemplo:

(c 1, p 17) Para hacer merengues se necesitan 1,25 hg de azúcar por cada clara de huevo. ¿Cuánto azúcar se necesita para 15 claras de huevo?

(c 2, p 15) Para hacer una torta con 1 kg de harina se necesitan 15 g de levadura. ¿Cuánta levadura se necesita para 1,25 kg de harina?

Estos dos problemas dieron como resultados:

(c 1, p 17) - Respuestas:

grupos	respuesta correcta	respuesta no dada	respuesta errada
5	86,67%	0%	12,33%
7	90,00%	2,00%	8,00%
9	100,00%	0%	0%

(c 2, p 15) - Respuestas:

Grupos	respuesta correcta	respuesta no dada	respuesta errada
5	73,97%	2,74%	23,29%
7	62,00%	11,00%	27,00%
9	97,92%	0%	2,08%

Al evaluar las respuestas de los problemas con un número decimal cuya parte entera es cero, notamos que los alumnos encontraron dificultades mucho mayores, dada la imposibilidad de recurrir al modelo de adición repetida, que conlleva la expectativa intuitiva de un producto mayor al operando en contradicción con lo que sugiere la reflexión atenta sobre el problema. De hecho, en general, en estos casos, el niño recurre a la división dado que se espera intuitivamente un resultado menor al operando (y el niño ve la operación de división como la única apta para obtener un resultado inferior al operando).

Precisamente, en este tipo de problemas fue donde tuvimos que registrar el mayor número de respuestas erradas.

Veamos el texto de los problemas:

(c 2, p 21) Con 1 quintal de detergente se hacen 15 paquetes gigantes; ¿cuántos paquetes se pueden hacer con 0,75 quintal?

Respuestas:

Grupos	respuesta correcta	respuesta no dada	respuesta errada
5	41,10%	8,22%	50,68%
7	28,00%	10,00%	62,00%
9	87,50%	0%	12,50%

(c 1, p 5) 1 m de tela cuesta 15.000 pesos. ¿Cuánto cuesta 0,75 m?

Respuesta:

Grupos	respuesta correcta	respuesta no dada	respuesta errada
5	32,88%	9,59%	57,53%
7	42,00%	9,00%	49,00%
9	73,47%	4,08%	22,45%

Se trata de problemas con un texto sencillo y comprensible, lo cual fue confirmado por parte de los alumnos durante las entrevistas al admitir explícitamente que encontraron un poco de dificultad exclusivamente a causa de un operador particular.

Veamos una entrevista con Mirko de quinto de primaria, quien, frente al mismo problema errado en el cuestionario en clase, cometió nuevamente el mismo error, escogiendo como operación resolutiva la división (c 1, p 5).

I: ¿Estás seguro de haber escogido la operación correcta? ¿Estás seguro que se necesita la división?

M: Sí.
I: Y si en lugar de 0,75 te preguntara ¿cuánto cuesta 2 metros?
M: Entonces tendría que hacer 15.000×2.
I: Y ¿Cuánto costarían?
M: Sería 15.000×4.
I: ¿Por qué crees que con 0,75 se necesita la división? ¿Acaso cambió el problema?
M: En este caso no se puede, porque con la multiplicación obtengo un número mayor. 0,75 es menos de 1 metro, entonces debo obtener un resultado menor.
I: Intenta multiplicar 15.000×0,75.
Mirko hace la operación correctamente.
M: (con sorpresa): Entiendo, se necesitaba la multiplicación, el resultado no es mayor.

A manera de refuerzo y consolidación del concepto, Mirko resolvió positivamente el problema 19 del cuestionario 2.

Ahora, presentamos el texto de la entrevista a Alberto que está en segundo grado de escuela media (grado 7°) y resolvió el problema 21 del cuestionario 2, transformando el operador decimal en la fracción correspondiente y evitando, de tal manera, el obstáculo de una operación única.

En la primera fase de la entrevista, le propusimos a Alberto que resolviera el mismo problema (c 2, p 21). Alberto siguió la misma resolución.

I: ¿Por qué transformaste el número decimal en una fracción?

A: Porque no estaba seguro de poder hacer una multiplicación o una división con 0,75 para obtener un resultado menor al operando como me habían dicho. En cambio, usando la fracción 3/4 estoy seguro de obtener el resultado esperado.

Parece evidente que, si un operador decimal puede poner en dificultades a un joven, un operador decimal con una parte entera menor a 1 constituye un verdadero bloqueo psicológico; de hecho, es en estos casos donde aparecen la mayor cantidad de respuestas erróneas, incluso entre los estudiantes de la escuela media y de primer grado de la escuela superior (9°), sin excluir a los niños de primaria, como es lógico.

División

De la evaluación de los resultados del cuestionario de la división salió a flote que se presentaron dificultades reales cuando el divisor era mayor al dividendo, en el caso en que ambos números fueran naturales, a pesar de la sencillez y claridad del texto del problema.

Tomamos a manera de ejemplo el p 17, c 2:

12 amigos compran 5 kg de galletas, ¿cuánto le corresponden a cada uno?

Respuesta:

Grupo	respuesta correcta	respuesta no dada	respuesta errada
5	38,36%	0%	61,64%
7	35,00%	1,00%	64,00%
9	87,50%	0%	12,50%

El error significativamente más frecuente fue indicar la división como operación resolutiva, poniendo el dividendo en el lugar del divisor.

Las entrevistas confirmaron plenamente la hipótesis que, a nivel intuitivo, no se acepta un divisor mayor al dividendo.

Proponemos la siguiente entrevista como ejemplo.

Entrevista sobre el p 17, c 2 con Simona, alumna de quinto de primaria, quien dio una respuesta errada. Después de haber usado otra vez el divisor en el lugar del dividendo:

I: ¿Te parece que este problema está bien resuelto? ¿Estás segura de haber escogido la operación correcta?

S: Creo que sí.

I: Intenta resolver ahora este problema (el dividendo es mayor al divisor y esta vez la solución es inmediatamente correcta).

I: Intenta reflexionar sobre el primer problema. ¿Aún estás segura?

S: Entiendo: hay que dividir 5÷12, en la otra forma se dividen los amigos entre las galletas.

I: ¿Por qué crees que te equivocaste en la primera prueba?

S: Tal vez leí mal o de afán el texto del problema.

I: ¿Estás segura que ésta fue la única dificultad?

S: No, creo que me engañó el número del dividendo.

I: ¿Por qué crees que te engañó?

S: Porque es menor que el divisor.

I: Intenta calcular la división 5÷12.

Simona se notaba perpleja antes de empezar, después entendió que resultaba un número decimal y continuó la operación.

Hemos podido probar que los estudiantes encontraron dificultades notablemente menos relevantes frente a los números decimales cuando el decimal era el operando.

Ejemplo: (c 1, p 20)

Respuestas:

grupo	respuesta correcta	respuesta no dada	respuesta errada
5	71,23%	0%	28,77%
7	79,00%	0%	21,00%
9	85,71%	4,09%	10,20%

En cambio, cuando el número decimal era el operador, los estudiantes de los diferentes niveles encontraron dificultades notables, lo que los llevó a registrar porcentajes mayores de error.

Ejemplo: (c 1, p 13)

Respuestas:

grupo	respuesta correcta	respuesta no dada	respuesta errada
5	39,73%	1,37%	58,90%
7	52,00%	0%	48,00%
9	79,59%	0%	20,41%

Debido a los resultados análogos, podemos citar el problema (c 2, p 1) y el problema (c 2, p 5).

No podemos confirmar o desmentir la hipótesis según la cual se generarían menos conflictos con un operador decimal en el ámbito de la división siguiendo el método de la contenencia con respecto a las divisiones por partición; ya que, entre los problemas de los cuestionarios de división, solo uno seguía el modelo de división por partición con un operador decimal (c 2, p 5) y, entre otras, este operador era menor de 1.

Luego pudimos probar que, así como para la multiplicación, un operador con parte entera 0 genera dificultades notables relacionadas con la expectativa intuitiva, estrechamente relacionada al modelo primitivo.

Dos ejemplos relevantes: (c 2, p 5)

Respuestas:

grupo	respuesta correcta	respuesta no dada	respuesta errada
5	34,25%	10,96%	54,79%
7	40,00%	21,00%	39,00%
9	85,42%	2,08%	12,50%

(c l, p 13)

Respuestas:

grupo	respuesta correcta	respuesta no dada	respuesta errada
5	39,73%	1,37%	58,90%
7	52,00%	0%	48,00%
9	79,59%	0%	20,41%

Los elevados porcentajes de error en estos dos problemas no requieren comentarios adicionales.

Conclusiones

Comparando los resultados de las entrevistas hechas sobre los mismos problemas entre los niños de primaria y los estudiantes de escuela media, notamos una concordancia importante entre motivación, reflexión y procedimiento.

Podemos concluir que fueron confirmadas las hipótesis del trabajo de investigación sobre la influencia del condicionamiento inducido por los modelos primitivos de la multiplicación y la división.

La fuerza de tal condicionamiento, nos llevó precisamente a pensar en la necesidad de consolidar mucho más el conocimiento y un uso correcto de las operaciones.

El procedimiento por analogía que facilita el reconocimiento del esquema resolutivo de la situación problemática, se hace útil, tal como se notó en las entrevistas, para que los estudiantes superen los obstáculos creados por condicionamientos primitivos relacionados con los datos numéricos. Un buen ejemplo del uso didáctico de la analogía en problemas que incluyen la división se encuentra en Sbaragli (2009).

Entre otras cosas, consideramos que, en la escuela primaria, se necesita establecer una intervención constante y precisa desde la primera introducción de los números decimales para asegurar un conocimiento claro y seguro de su valor y un buen desenvolvimiento para saberlos organizar y hacer pronósticos correctos sobe los resultados de las operaciones en las que estén presentes.

De hecho, pensamos que la falta de consciencia sobre la equivalencia entre un número decimal y su fracción correspondiente es la causa de la persistencia de inseguridades e inconformidades en los estudiantes. Como se comprobó, existe la necesidad de intervenir de manera decidida y segura para desbloquear los límites y condicionamientos determinados por los"modelos intuitivos"en la división y la multiplicación.

Cuestionario 1

1. De 1 kg de trigo se obtienen 0,75 kg de harina. ¿Cuánta harina se obtiene de 15 kg de trigo?
2. Juan pegó 56 pegatinas en un álbum; para completar el álbum todavía le faltan 24. ¿Cuántas pegatinas tiene el álbum completo?
3. Con 75 claveles se hacen 5 ramos iguales; ¿cuántos claveles hay en cada ramo?
4. Se necesitan 2.100 pesos para comprar un dólar. ¿Cuántos dólares se pueden comprar con 52.500 pesos?
5. 1 m de tela cuesta 15.000 pesos; ¿cuánto cuestan 0.75 m?
6. Marco mide 145 cm y su estatura es 12 cm mayor a la de Andrea. ¿Cuánto mide Andrea?
7. 1 kg de líquido ocupa 15 centímetros cúbicos; ¿cuántos centímetros cúbicos ocupan 0,75 kg?
8. Mamá tiene dos cintas que miden 2,5 m y 0,75 m respectivamente. ¿Cuánta cinta tiene?
9. 15 amigos compran 5 kg de galletas. ¿Cuánto le corresponden a cada uno?
10. Un joyero utilizó 20,45 g de oro para hacer una pulsera. Si el cliente le había dado 15,3 g de oro que tenía en casa, ¿cuántos gramos de oro agregó el joyero?
11. Un carro recorre 15 km con 1 litro de gasolina ¿cuántos km puede recorrer con 3,25 litros?
12. Pablo recorrió 6,4 km en bicicleta para ir a casa de un amigo. Al regreso cambió de camino y recorrió 5,8 km. ¿Cuánto camino ahorró al regreso?

13. Hay que enchapar las paredes de un baño de 3 m de altura; ¿cuántas filas de baldosas cuadradas de 0,15 m de lado se deben utilizar para tal fin?
14. Para amarrar 5 paquetes iguales se utilizaron 3,25 m de cinta. ¿Cuánto mide la cinta empleada en cada paquete?
15. Después de haber comprado un bolígrafo de 6.300 pesos, quedan 4.500 pesos en el monedero de Pedro. ¿Cuánto tenía Pedro antes de comprar el bolígrafo?
16. Hay 15 m de tela para confeccionar unas batas. Si se necesitan 3,25 m para cada bata, ¿cuántas batas se pueden confeccionar?
17. Para hacer merengues se necesitan 1,25 hg de azúcar por cada clara de huevo; ¿cuánto azúcar se necesita para 15 claras de huevo?
18. Para regresar del estadio, Luis empleó 15 minutos, es decir 6 minutos menos con respecto a la ida. ¿Cuántos minutos gastó Luis yendo?
19. Un automóvil recorre 2 km de autopista en 1 minuto. Si el auto mantiene una velocidad constante, ¿cuánto recorre en 15 minutos?
20. 5 amigos compraron 0,75 kg de chocolate; ¿cuánto chocolate le corresponde a cada uno?
21. Cecilia tiene 9 años y su mamá tiene 32; ¿cuántos años tenía la mamá cuando nació Cecilia?

Cuestionario 2

1. Para llenar 5 botellas se necesitaron 1,25 litros de jugo. ¿Cuánto jugo hay en cada botella?
2. 1 kg de naranja cuesta 1.500 pesos. ¿Cuánto cuestan 3 kg?
3. En una salida pedagógica, se hace una primera parada después de 132,5 km. Para llegar a la meta faltan todavía 179 km. ¿Cuánto dista la meta de la escuela?
4. Un carro recorre 14 km con l litro de gasolina; ¿cuántos km puede recorrer con 3,70 litros?
5. Gasté 900 pesos en 0,75 hg de cacao; ¿cuánto habría gastado para comprar 1 kg?
6. Leí 143 páginas de un libro y me faltan 205 para terminarlo. ¿Cuántas páginas tiene el libro?

7. Hay que enchapar las paredes de un baño hasta una altura de 280 cm; ¿cuántas filas de baldosas cuadradas de 20 cm de lado se deben poner sobre cada pared?
8. Para adornar un pañuelo se necesitan 1,25 m de encaje. Si se tienen 10 m de encaje a disposición, ¿cuántos pañuelos se pueden adornar?
9. Gasté 1.500 pesos para comprar 3 hg de nueces; ¿cuánto habría gastado comprando l hg?
10. Se llenan 8 cajas iguales con 96 botellas de agua mineral. ¿Cuántas botellas hay en cada caja?
11. Cuando nació Clara, su papá tenía 25 años. Ahora, Clara tiene 8 años. ¿Cuántos años tiene el papá?
12. Los chocolates de una caja pesan 3,25 hg; ¿cuánto pesan los chocolates de 15 cajas iguales?
13. Francisco quiere comprar un balón que cuesta 9.000 pesos, pero no tiene el dinero suficiente. Su abuela tiene que darle 5.000 pesos para que lo pueda comprar. ¿Cuánto dinero tiene Francisco en este momento?
14. Claudia se pesa en la farmacia y la balanza indica 24,3 kg; su ropa pesa 2.4 kg. ¿Cuál es el peso real de Claudia?
15. Para hacer una torta con 1 kg de harina, se necesitan 15 g de levadura. ¿Cuánta levadura se necesita para 1,25 kg de harina?
16. Para hacer una pizza se usan 0,750 kg de harina, sacándolos de un paquete de 1 kg. ¿Cuánta harina queda en el paquete?
17. 12 amigos compran 5 kg de postres; ¿cuánto le corresponden a cada uno?
18. Un lápiz que tiene 14,5 cm de longitud, mide 2,4 cm menos que otro lápiz. ¿Cuánto mide el segundo lápiz?
19. 1 m de tela cuesta 15.000 pesos. ¿Cuánto cuestan 0,65 m?
20. El libro que está leyendo Sergio tiene 187 pagine; hoy Sergio llegó a la página número 99. ¿Cuántas páginas le faltan para terminar?
21. Con 1 kg de detergente se hacen 15 paquetitos. ¿Cuántos paquetitos se pueden hacer con 0,75 kg?

Los resultados completos de la investigación fueron publicados en Baldassarri et al. (1987) y en D'Amore (1993).

9. Conflictos y obstáculos antes de la resolución

9.1. ¿En qué fase se manifiesta el fracaso?

Contrariamente a lo que se piensa comúnmente, el niño que no sabe resolver un problema a veces fracasa incluso antes de intentar solucionarlo. A veces, el fracaso no tiene nada que ver con técnicas aritméticas.

Hago uso en este momento de la tesis de K. Clemens (1980), la cual ha establecido una "jerarquía de los errores" llamada "jerarquía de Newman y Clemens". Según esta jerarquía el error puede manifestarse en una de las siguientes fases:

1. lectura;
2. comprensión;
3. transformación del texto en modelo matemático (dibujar un ejemplo gráfico, buscar una fórmula, etc.);
4. aplicación de procedimientos aritméticos u otros;
5. codificación de la respuesta.

Pues bien, la tesis de Clemens, relacionada con las investigaciones publicadas en 1980, es que el fracaso de los niños que no saben resolver problemas sucede en las primeras tres fases, que preceden la aplicación aritmética.

Creo que cualquier buen profesor de primaria, aun sin hacer investigación al respecto, esté convencido que puede pasar uno o más de estos casos:

- el niño lee el texto, pero no lo entiende;

- entiende el texto, pero no capta el todo;
- por falta de motivación, no encuentra estímulos para una volición completa; es decir, algo no lo motiva hacia la solución;
- por falta de imaginación, no sabe traducir el texto escrito en lenguaje común en algo matemático (gráfico u operación);
- le falta el entrenamiento para imaginar la situación traducida eventualmente;
- no sabe escoger el modelo matemático idóneo:
    - -no sabe crear el modelo;
    - -crea un modelo inadecuado, que no le ayuda en la solución.

En el fondo, la parte matemática explícita, que sería la última en aparecer, parece ser el obstáculo más remoto: llegar a este punto es ya bastante, superarlo es complicado por motivos que veremos más adelante.

Si bien Clemens no habla de manera explícita, parece necesario, al menos, mencionar la enorme problemática de la representación mental del problema, tema de vital importancia que trataré varias veces de manera más amplia en seguida. Una representación mental escasa o distorsionada del problema es una de las causas más frecuentes de fracaso y, por tanto, es necesario intervenir con eficacia e inteligencia. El problema puede ser abordado desde diversos puntos.

El niño puede tener defectos de interpretación puramente lingüística (en una de las fases anteriormente relacionadas) o en el pasaje de la lectura al modelamiento de contexto descrito en su experiencia.

El niño puede manifestar dificultades en la primera fase de los procesos de simbolización: del texto a la imagen que él mismo evoca.

El niño puede imaginar situaciones que provocan conflictos entre la imagen misma y las habilidades que posee (este es uno de los aspectos más sutiles y una parte del significado de conflicto cognitivo: «Lo que se no es compatible con el modelo de este caso»; ver la sección anterior y las entrevistas realizadas a los niños a manera de ejemplo).

Tendremos que retomar todo esto en el curso de este libro.

Nota bibliográfica

Además de (Clemens, 1980), utilicé también (Eco, 1990; Werner, Kaplan, 1963, 1992).

9.2. Modelos mentales de las operaciones aritméticas básicas

Efraim Fischbein y Gérard Vergnaud, en varios de sus estudios, consideraron y examinaron esta cuestión, los modelos mentales de las operaciones aritméticas básicas (Fischbein, 1985b; Vergnaud, 1985b). Prosiguiendo con el análisis iniciado en el capítulo 8 y entrando en detalles básicos, además de nuestra experiencia, usaré los argumentos de estos dos autores en el resto del capítulo.

En primero o segundo de primaria, cuando se quiere introducir la idea de la multiplicación, proponiendo por ejemplo 4×3, el maestro sugiere un modelo que se adapta a la edad del estudiante, a saber "el alineamiento" o multiplicación bidimensional: 4 soldados dispuestos en 3 filas, es decir 12 soldados en todo.

O O O
O O O
O O O
O O O

Esta resulta ser una imagen que se fija fácilmente en la mente y que produce, a su vez, una serie de sub-imágenes y sub-modelos que van más allá del control del maestro:

- la multiplicación se *debe hacer* entre dos números naturales; de otra manera, ¿qué significaría un "alineamiento" de 4 soldados en 3 filas y medio?
- la multiplicación recibe en entrada dos números "pequeños" y da como resultado un número más grande de ambos;

(...)

Estos subproductos (de un modelo correcto) no permiten la formación completa del modelo correcto; si, además, tal modelo no correcto es reforzado a cada rato mediante modelos iguales que llevan siempre a obtener resultados positivos, aceptados por el docente, el niño se convence que *ese debe ser* el modelo de la multiplicación. Por lo tanto, aparte de ser oportuno el sugerir *otros* modelos de multiplicación entre números naturales (tema discutido anteriormente) para así obviar el primer submodelo ingenuo y errado, también es didácticamente oportuno sugerir casos en los que uno de los factores no sea un número natural, aprovechando la introducción de las unidades métricas. Por ejemplo, 4 soldados por cada fila, pero las filas son 3 y media, con el fin de motivar la discusión. El niño sabrá hacer la representación gráfica:

O O O
O O O
O O O O
O O O O

pero no sabrá cómo maneja ese "medio" aritméticamente hablando; pues bien, no importa, escribirá: 3×4, y luego se dará cuenta que media fila significa 2 soldados, y en definitiva escribirá: 3×4 + 2.

O talvez tome en consideración solo media fila de soldados:

O
O

Lo fundamental es evitar que se cree ese tremendo y persistente modelo erróneo de multiplicación de manera tan unívoca.

La misma o peor suerte corre la división. Para esta operación el hecho que el dividendo y el divisor sean números naturales parece constituir una necesidad lógica que perdura más allá de la graduación de la secundaria, no solo entre las personas menos cultas.

Fischbein sugiere un ejemplo:

«l. Una botella de jugo de naranja, que contiene 0,75 litros, cuesta 2 dólares. ¿Cuánto cuesta un litro?

2. Una botella de 2 litros de vino cuesta 6 dólares. ¿Cuánto cuesta 1 litro de vino?».

El autor señala que casi cualquier persona es capaz de hacer la división 6:2=3 y de responder al segundo problema: «3 dólares»; sin embargo, muchas personas quedan perplejas ante el problema 1, aunque sea estructuralmente idéntico al otro (2:0,75). ¿Por qué? Precisamente debido a la existencia de limitaciones (anteriormente llamadas "submodelos") que acompañan la operación de la división.

Entonces, según dice Fischbein:

> se puede suponer que son los números y las relaciones que existen entre ellos los que bloquean o facilitan el reconocimiento de la operación de la división como procedimiento resolutivo.

Si esto es verdad para la división (considerada la más difícil entre las cuatro operaciones aritméticas básicas; es decir, entre las cuatro operaciones llamadas "racionales", en cuanto definibles en el conjunto Q de los números racionales), las demás operaciones no están exentas, ya que cada una de ellas tiene:

- un significado formal (intrínseco en la operación desde el punto de vista formal, matemático);
- más significados intuitivos o ingenuos (que usualmente se consideran correcto desde el punto de vista del educador adulto: sustraer = quitar, adicionar = agregar, (...); estos se localizan en la mente del niño, creados algunas veces por la repetición acrítica de un estereotipo por parte del profesor convencido del beneficio de "fijar" algo fuerte y convincente que "persista").

También existen riesgos en la adición; basta ver los tres ejemplos de problemas «5+7» de Vergnaud, ilustrados en la sección 8.1. El primero de estos problemas recuerda el modelo intuitivo "fuerte" (unir); los otros requieren interpretaciones más complejas, tanto así que solo el 25% de los niños de 11 años resolvieron el tercero.

En cuanto a la sustracción, la casuística es mucho más compleja. Basta con reflexionar sobre dos problemas estudiados por otro motivo anteriormente:

«l. Si *quitamos* 3 canicas de un conjunto de 10 canicas, ¿cuántas canicas quedan?

2. Tengo 7 canicas, pero necesito 10 para jugar. ¿Cuántas canicas tengo que *agregar* a las que ya tengo?».

El primer caso es el de *quitar*, muy intuitivo:

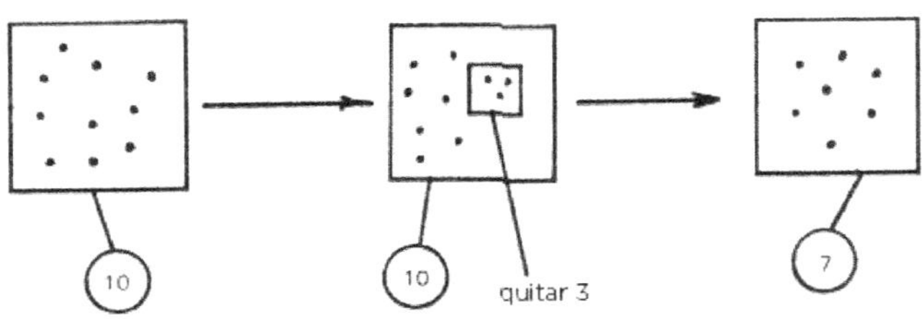

El segundo problema recurre a estrategias diferentes de niño a niño, según su "estilo" que es la expresión del modelo ingenuo que se consolidó más fuertemente en el niño. Es la estrategia ingenua adoptada la que revela, mediante la "representación externa" que se hace del problema, la forma como el niño vive internamente la situación problemática y, por lo tanto, cómo resuelve el caso de la sustracción. Una de las estrategias adoptadas por los más pequeños es agregar uno cada vez: 7+1+1+(...) hasta llegar a 10 y luego contar cuántas veces agregó 1. Entonces, la sustracción es interpretada a modo de adición.

Este segundo tipo de problema es más difícil porque el nivel formal contrasta con el nivel intuitivo primario. En este caso, la dificultad psicológica se puede superar promoviendo el desarrollo de una intuición de más alto nivel, mediante la cual la adición y la sustracción se pueden comprender como operaciones inversas mutuamente desde el punto de vista tanto formal como comportamental.

En este sentido, harían falta críticas justas al enfoque clásico de Piaget; el niño, en la etapa de las operaciones concretas y ayudado intuitivamente por la comprensión de la reversibilidad de tales operaciones, debería poseer la reciprocidad entre la adición y la sustracción creada por sí mismo. Sin embargo, esto es de hecho bastante lejano de la realidad y requiere un trabajo específico (la práctica didáctica lo releva clamorosamente).

Retomamos la multiplicación con dos ejemplos nuevos de Fischbein:

«1. John compró 5 kg de carne, pero usó solo 0,83 porque el resto de la carne era demasiado grasosa. ¿Cuánta carne usó?
2. El precio de un trozo de chocolate es 1 dólar canadiense. ¿Cuál sería el precio del mismo trozo de chocolate en francos belgas? (1 dólar canadiense equivale a 40,2 francos belgas)».

Según Fischbein, el segundo problema resulta ser más fácil que el primero, porque la parte entera del operador es la dominante, es decir mucho más grande que la parte decimal y, por lo tanto, se puede descuidar intuitivamente.

Se puede discutir alrededor de esta afirmación y, tal vez, encontrar ejemplos contrarios; todos los profesores conocen la típica dificultad que generalmente tienen los estudiantes para hacer uso de los números decimales. La siguiente pregunta es un clásico de las pruebas diagnósticas de 6° grado de escuela media: «Ordena los siguientes números (...)» y luego se propone un listado más o menos breve de números, entre los cuales se encuentran algunos "difíciles": ¿1,3 sigue o precede a 1,27? El estudiante puede razonar de la siguiente manera: «"1", es común, pero 27 es más grande que 3, entonces (...)».

Hemos ya hablado extensamente sobre los modelos intuitivos de la multiplicación y la división en el capítulo 8, por lo que no me parece que sea el caso de continuar con este tema.

En cambio, me gustaría insistir sobre la problemática de las representaciones intuitivas, llamando la atención sobre la multiplicación y la adición.

Esto con el fin de repetir sin cesar, como dice Fischbein, que:

> Cuando se intenta resolver un problema no nos confiamos solo en el nivel algorítmico, aun cuando todo el bagaje algorítmico necesario se encuentra virtualmente presente en la mente. Como ya hemos subrayado, el proceso resolutivo comprende también la contribución de las representaciones intuitivas.

Una vez más, el autor nos proporciona un par de ejemplos relevantes que utilizó con el fin de completar estudios e investigaciones sobre este punto:

«1. Mi carro, en la autopista, recorre 41,8 millas con un galón de gasolina. ¿Cuántas millas puede recorrer con 8 galones?».

En este caso, coinciden la expectativa intuitiva, la representación interna y el nivel formal; más del 94% de los estudiantes de 13 años da la respuesta correcta.

«2. Un corredor internacional termina una carrera de entrenamiento en 1,13 horas. Mantiene una velocidad promedio de 9 millas por hora. ¿Cuán largo es el recorrido?».

Menos del 60% de los estudiantes de 13 años entrevistados da la respuesta correcta. En este caso, la interpretación intuitiva choca contra la interpretación formal. [Hay que decir también que el ejemplo tal y como es, no se podría proponer en los países donde no se utiliza una notación centesimal para hablar de tiempo. Muchos estudiantes traducirían la escritura 1,13 horas en 1 hora y 13 centésimos de hora, o sea 1 hora 7 minutos y 48 segundos. Creo que muchos estudiantes de 13 años se encontrarían en dificultades ante una interpretación de este tipo. Hay quien escribe erróneamente 1,13 para decir l hora y 13 minutos; se hace incluso en televisión, donde he visto escribir 20,30 para referirse a las ocho y media de la noche. Sería bueno uniformar la escritura formal de las horas en todo el mundo].

Sin embargo, el conflicto en el caso de la división es aún más notable: «Un galón de gasolina cuesta 1,33 dólares. ¿Cuál sería el gasto para llenar un muy pequeño tanque que puede contener solo 0,53 galones?».

Fischbein encontró que solo el 25% de los estudiantes de 13 años resuelve el problema, mientras que más de la mitad de ellos indica que la operación precisa para resolver el problema es la división. Según él, muchos estudiantes están acostumbrados a este tipo de algoritmo: precio unitario × cantidad total= precio total.

En la resolución del problema no entran en juego solo las operaciones y los algoritmos, también toda una serie de convicciones escondidas, de modelos que se forman y se refuerzan en el tiempo, como subproductos de la elección del tipo de problema, elección que alguien más ha hecho por nosotros. Lo bueno es que el análisis hecho no tiene que ver con niños de primaria, o mejor, no solamente, sino con jóvenes de 13 años, con estudiantes de los últimos grados, como vimos en la sección 8.5.; e incluso con adultos. En definitiva, hasta adultos competentes tienen que admitir que hay un momento de dificultad adicional si, en un problema, la operación no corresponde con el modelo mental ingenuo más arraigado.

La raíz de esto, por ejemplo, en el caso de la división, es intrínseca a una modalidad doble de presentación de la misma. Todos sabemos acerca del rol doble que cumple la división como algoritmo en la interpretación formal de un problema:

- división para repartir;
- división para contener.

En el primer caso, un ejemplo clásico es:

Tengo 18 botellas para repartir en 3 cajas, de manera que haya el mismo número de botellas en cada caja. ¿Cuántas botellas tengo que poner en cada caja?

Un ejemplo para el segundo caso:

Tengo 18 botellas para repartir en cajas, haciendo que en cada caja haya 6 botellas. ¿Cuántas cajas necesito?

Una interpretación gráfica pertinente muestra que los dos problemas son diferentes, por así decirlo, según aquello que se privilegia al interpretar la situación problemática. Lo anterior no le quita nada al *hecho* que se trata de dos operaciones diferentes en el plano intuitivo ingenuo.

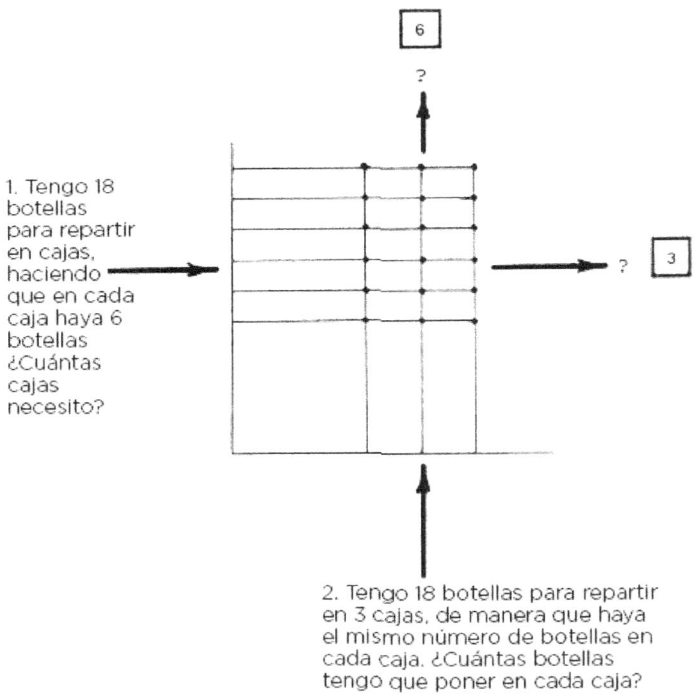

El modelo de partición es más intuitivo que el de contenencia, según dicen los profesores, porque llama a la mente de inmediato la idea de la división; pero la partición intuitivamente requiere el uso de los números naturales, ¿qué sentido tendría repartir cierta cantidad dada entre 0,83 o 2,58 partes iguales?

El modelo de contenencia, en cambio, no parece encontrar demasiados obstáculos en el uso de números decimales; pero, según el modelo intuitivo, el dividendo, de todas maneras, debe ser más grande que el divisor. El siguiente ejemplo de Fischbein es bastante convincente: «Una tabla de madera mide 6 m. ¿En cuántos pedazos de 0,5 m cada uno se puede cortar tal mesa?». Ver Arrigo y Sbaragli (2008) para el tema relacionado con las convicciones de los profesores de primaria sobre el concepto de división y, en particular, sobre la diferencia entre problemas de contenencia y de repartición.

Los casos en los cuales la operación fuera 0,17:2,43 o similar serían mucho menos intuitivos ...

Fischbein nos convence con un par de ejemplos y con la frecuencia de las respuestas (que cada profesor puede imaginar haber revisado con base en su propia experiencia o, ¿por qué no?, que haya en verdad revisado):

«1. Hay 28,4 metros de tela enrollados en un tubo. La tela se vende en trozos de 3 m de largo cada uno. ¿Cuántos trozos de tela se pueden vender?
2. Un prisionero está cavando un túnel para salir de su celda. Después del primer día, el prisionero cavó un trayecto de 0,174 millas de largo. A este ritmo, ¿cuántos trayectos de la misma longitud tendrá que cavar para alcanzar el bosque que se encuentra a 3 millas de distancia?».

Casi el 88% de los estudiantes de 13 años da la respuesta correcta a la primera pregunta y solo el 36% responde correctamente a la segunda. ¿Por qué? A continuación, la hipótesis de Fischbein:

> En el problema 1, el dividendo es un decimal y el divisor es un número natural. En el problema 2, el dividendo es un número natural y el divisor es un decimal. Ambos son problemas de

contenencia. Sin embargo, el grado de dificultad es diferente, no por la estructura matemática del problema, que es idéntica, sino por la"concretización numérica.

Se trata entonces de interpretaciones intuitivas, ingenuas e inconscientes, que se generan entre:

- la solución algorítmica que salta a la vista (en los dos últimos casos: la división);
- contraste entre requerimientos numéricos inconscientes (los números deben ser de esta y esta manera) y datos objetivos proporcionados en el problema.

Todo esto crea un contraste, un conflicto, cuya superación no es para nada trivial. Un problema del tipo: «¿Cuál es el precio de 1 litro de jugo de naranja si 0,75 litros cuestan 2 dólares?» crea el conflicto que he descrito; el 60% de los estudiantes de bachillerato no dieron la respuesta correcta (ellos no tenían que resolver el problema, sino simplemente indicar la operación a seguir).

Por lo tanto, queda demostrado que no es solo la estructura lógica del problema que crea problemas. Es más, el problema de la estructura casi llega después.

¿Después de qué? Después de las imágenes mentales e intuitivas que se generan ingenuamente. Entre estas, la expectativa sobre el comportamiento de los números en las operaciones es la dominante; por ejemplo, el aumento con la multiplicación o la disminución con la división. Estas son ideas que incluso los adultos cultos tienen. Tanto así que K. Hart (1981) publicó los resultados de una encuesta dirigida a estudiantes de 12 a 15 años para comprobar precisamente este tipo de expectativas inconscientes. Los estudiantes tenían que indicar cuál de las dos operaciones de cada línea da el resultado mayor:

a. 8×4 o $8 \div 4$

b. $8 \times 0{,}4$ o $8 \div 0{,}4$

c. $0{,}8 \times 0{,}4$ o $0{,}8 \div 0{,}4$

Aquí las respuestas:

			Edad			
(a)	(b)	(c)	12	13	14	15
×	:	:	13	8	15	18
×	×	×	50	58	47	30

También solo viendo el resultado de los estudiantes más adultos, menos del 20% de los estudiantes de 15 años dio la respuesta correcta. Las entrevistas posteriores hechas a los estudiantes, publicadas por Hart en su artículo, confirman todas las hipótesis sobre las imágenes mentales inconscientes de las operaciones: la multiplicación aumenta, sean los que sean los factores sobre los que se aplica. En el momento de la prueba, la imagen intuitiva prevalece incluso cuando el estudiante, de alguna manera (tal vez a partir de la experiencia), ha aprendido que cuando se multiplica un factor menor a 1 se obtiene un resultado menor que el otro operando.

Lo anterior nos lleva de nuevo a una de las cuestiones iniciales de este libro, o sea la dicotomía entre:

- intuición de anticipación
- intuición de aceptación

y al relativo conflicto, tan bien explicado por parte de Fischbein (1985a).

No se trata de fenómenos distintos, pero, como dice el autor, en la resolución de problemas, las intuiciones de aceptación son influenciadas por las intuiciones de anticipación.

Esto se refiere no solo a problemas elementales, a la escuela primaria o a los profesores de escuela primaria. Al parecer, este fenómeno se encuentra dentro de cada situación problemática que tenga que ver con el domino de la matemática. Se crea un contraste entre la imagen mental, intuitiva, ingenua, inconsciente, que nos hacemos de las cosas, y los aspectos exteriores, algorítmicos, lógicos y racionales entre otros. Las convicciones cognitivas básicas entran en conflicto entre ellas, motivadas por situaciones problemáticas que involucran interpretaciones diferentes.

Sin embargo, la cultura se produce precisamente a partir de este conflicto. Reforzar una idea establecida, consolidada, no nos hace entrar en la zona de desarrollo próximo, ya que el umbral permanece intacto, tal vez aún más fijo. En cambio, la necesidad de reformular modelos basados en situaciones nuevas es lo que nos motiva a ir más allá. Dado que esto es difícil de hacer para una persona sola (especialmente para un niño que se aferra a todo con tal de tener certezas: lo cual se demuestra dado que él hace preguntas sobre cosas que ya sabe, a veces creando cierta incomodidad en el adulto a quien hace las preguntas), la ayuda del profesor se vuelve necesaria para superar el umbral y encaminarse hacia el nivel de desarrollo potencial.

Tampoco se puede creer, y aquí el discurso que hasta ahora ha sido solo analítico se vuelve didáctico, que se hay posibilidades de ignorar o derrotar al "enemigo" constituido por estas fuerzas subterráneas: los modelos mentales ingenuos errados. ¿Qué se puede hacer? ¿Dar solo modelos automáticos y evitar razonamientos intuitivos? Este camino lleva necesariamente a la derrota. No, no se debe ignorar o combatir esta presencia, se debe conocer. Según Fischbein (1985a):

> La tarea de la didáctica de la matemática es corregir, mejorar y enriquecer el fundamento intuitivo correspondiente a diversos "campos conceptuales" matemáticos y, ciertamente, mejorar lo más posible el control sobre las estructuras conceptuales.

El sistema asimilación-acomodamiento de Piaget debe ser interpretado de la manera más amplia posible. Si hay conflictos entre intuición, algoritmos y uso formal o traducción del problema al lenguaje matemático, no es cierto que se tendrá éxito eliminando el primer componente. Estos tres niveles hacen parte de la asimilación y la experiencia puede ayudar a crear modelos más amplios, acomodando los diferentes componentes hasta alcanzar un nuevo modelo que sea lo más intuitivo y completo posible, que acoja los diferentes componentes y casuísticas.

Un sistema es promover la reflexión sobre los problemas y las intuiciones (Wittman, 1981):

> Se debe llevar a los estudiantes a reflexionar sobre su actividad intuitiva. Deberían tratar de descubrir las fórmulas generales y las ideas para verificar los modelos y las construcciones que la intuición les sugiere.

Para actividades de este tipo, se usa el término: *metacognición* (que, rigurosamente, es la reflexión sobre lo que se sabe). Se debería hablar de *meta resolución*: el análisis y la reflexión sobre el procedimiento utilizado para resolver un problema. Es por esto que no puede faltar la descripción, mejor por escrito, de la resolución del problema, como componente esencial desde el punto de vista educativo.

Nota

Aquí se debería afrontar un estudio relativamente complejo sobre la distinción entre imagen y modelo, así como sobre las diferentes acepciones que se usan para estos términos (que son múltiples). Evito presentar tal estudio, pues, de lo contrario, el texto resultaría demasiado pesado; por lo tanto, me limito a referir al lector a D'Amore (1999a). Sería también útil el estudio de las misconcepciones (D'Amore, Sbaragli, 2005).

Nota bibliográfica

En la redacción de esta sección, además de los textos ya citados, hice uso de (Fischbein, 1985b; Fischbein, Vergnaud, 1992; Hart, 1981; Vergnaud, 1981a, 1982; Wittman, 1981).

9.3. Un primer acercamiento al problema de la metacognición

La investigación actual en psicología reconoce que la adquisición del conocimiento es igual de importante a la reflexión sobre ésta, es decir la reflexión sobre los procesos mediante los cuales se llega al conocimiento. Esta rica red comprende:

- la adquisición del conocimiento, dividida a su vez en:
  - conocimientos declarativos
  - conocimientos procedimentales y otros relacionados
- reflexión sobre ambas categorías del conocimiento,

y es conocida precisamente como metacognición (como se mencionó en la sección anterior) (Flavell, 1979).

Más adelante, en los capítulos 11 y 13, tendremos que volver sobre este tema, por lo que me limito a exponer una breve panorámica de las estrategias meta cognitivas más estudiadas, tomando los trabajos de Michele Pellerey (1990) como inspiración.

Señalo las siguientes entre las estrategias metacognitivas más estudiadas:

- capacidad de orientarse o de encuadrar el problema; examinar las características del problema, su significado, las competencias que implica la solución, los caminos de resolución posibles, las diferentes exigencias (incluso aquellas concretas) que hay que satisfacer (por ejemplo, en términos de tiempo o de materiales); es decir, una reflexión sobre los pasos preliminares;
- capacidad de planificar la actividad resolutiva; no es tanto la resolución, como la capacidad de planear los pasos necesarios para la resolución: planear un método, organizar las respuestas, organizar una sustentación del plan que se ha seguido, en caso de ser necesario;
- capacidad de monitoreo; reflexionar sobre el propio comportamiento durante la resolución del problema, estar en capacidad de modificarlo y corregirlo teniendo en cuenta el objetivo del trabajo;

- capacidad de evaluar el trabajo tanto al final como en medio del proceso; esto significa saber evaluar los resultados parciales, los métodos y las modificaciones eventuales en el curso del trabajo, teniendo capacidad autocrítica, más aún al finalizar cuando el resultado no es congruente con el texto del problema.

Como se puede ver, el rol de la metacognición es reforzar la imagen tanto personal como del trabajo realizado; a mi modo de ver, esto es extraordinariamente importante, y lo es incluso más en el caso de los niños que encuentran dificultades, ya que ellos deben ser capaces de abstraerse de sí mismos para "verse" externamente, en el contexto de la clase, mientras trabajan.

Nota bibliográfica

Los estudios y las investigaciones sobre la metacognición, luego de los estudios pioneros de Flavell, Wellman, Brown y otros considerados clásicos, han proliferado de tal manera que hoy en día es prácticamente imposible dar cuenta de una bibliografía suficientemente completa. Sin embargo, sugiero la lectura d: (Cornoldi, 1991).

La lectura del capítulo 7 de (Barth, 1990) es útil tanto para los objetivos de esta sección como para el capítulo 11.

Así mismo, he utilizado (D'Amore, Martini, 1997c).

10. Conflictos y obstáculos durante la resolución

10.1. Leer el texto del problema

Leer el texto del problema, antes de resolverlo, parece ser una condición preliminar obvia. Pero no es tan fácil. Hemos visto más de una vez, en secciones anteriores, que hay elementos que obstaculizan la lectura y la comprensión, que inmediatamente se forman imágenes mentales distractoras, que hay términos extraños y operaciones inducidas semánticamente, etc. En dos ocasiones, en un pueblo de la región italiana de Emilia y en una ciudad del sur de Italia, asigné el texto de un problema más bien sencillo a un grupo de profesores de prescolar, pidiéndoles que leyeran el texto y que desarrollaran la actividad como prueba preliminar al curso que comenzaba.

El texto estaba presentado a la manera de ejercicio aritmético estereotípico de I o II de primaria, pero no había ninguna pregunta explícita: después de presentar una situación, se pedía un dibujo pertinente a la situación presentada, como la hubiera podido imaginar cualquier niño de cinco-seis años.

Algunos realizaron el dibujo, otros no; pero todos resolvieron el problema (sin haberlo solicitado) y luego hicieron un boceto más o menos realista.

Frente al lenguaje cotidiano y estereotipado, salió a relucir el lastre escolar: resolver (aun cuando nadie lo ha pedido).

En otra ocasión, un grupo de profesores de primaria titubeaba frente al hecho de que un problema "sencillo" (que realmente era un ejercicio) creó ciertas dificultades; la lectura del texto revelaba que estas dificultades eran de orden lingüístico: el dueño de una papelería compraba y revendía"resmas"de papel; la dificultad se centraba en aquel oscuro término. Entonces, creé un texto análogo, en el que aparecía una palabra inexistente, y lo propuse al grupo después de dos reuniones. Al leer el texto, hubo casi un amotinamiento a causa de dicho término. La reflexión que les hice hacer a estos profesores es obvia.

La dificultad para resolver problemas no reside solo en el número de operaciones necesarias para resolverlo, como lo he dicho en repetidas ocasiones.

Una investigación de P. A. Nesher (1982) evidencia tres componentes que se activan en los problemas (en realidad, Nesher habla de"problemas verbales", pero el estudio es interesante en general):

- la estructura lógica; esta comprende varios componentes: la o las operaciones requeridas, la presencia sobreabundante de datos, la falta de datos, etc.;
- la componente semántica; de la cual hacen parte las relaciones contextuales, las sugerencias verbales dentro del texto (más o menos explícitas), etc.;
- la componente sintáctica; la cantidad de palabras, la organización sintáctica del problema: por ejemplo, dónde se ubica la pregunta, dónde su ubican los datos, etc.

La diferencia entre estas categorías de Nesher es aquella sobre la cual se basan los estudios sucesivos, por ejemplo, los de J. M. Moser (1985a), que analizamos anteriormente.

Sin embargo, cada una de estas es un mundo en sí, cuya complejidad crece apenas se empieza a estudiar detalladamente el comportamiento de los niños. ¿Cuáles son las causas por las cuales ciertos detalles crean dificultades?

¿Por qué si se incorporan los datos al problema su evidencia es diferente?

"Un triángulo tiene 12 cm de base y la altura relativa a esa base es de 8 cm. ¿Cuánto mide su área?"

"¿Cuánto mide el área del triángulo dibujado abajo, si sus medidas son las allí indicadas?"

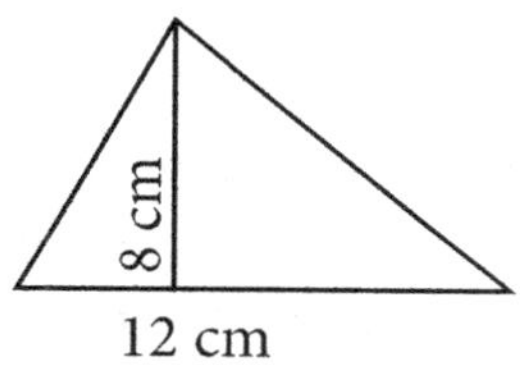

"Encuentra el área".

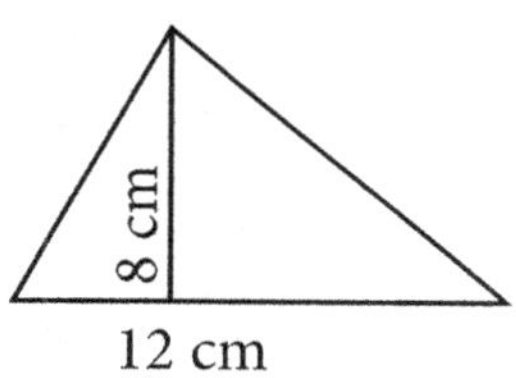

¿Se trata de 3 problemas diferentes o del mismo problema? Porque el tercero, que es el que inmediatamente tiene más acogida, es también el que convence menos al profesor ¿Acaso por la forma en la que está formulado? ¿Solo porque no está formulado de manera convencional?

En esta situación, la relación asimétrica alumno-profesor cobra una importancia esencial que no se debe pasar por alto.

Si en el texto de un problema aparece un término que el niño no conoce, este tiende tal vez a bloquearse. (Retomaré este punto en breve). Sin embargo, resolver un problema obedece a un hecho lógico y general que debería ser independiente de hechos específicos tales como entender cada uno de los términos en juego O, ¿no?

¿Por qué los profesores se inventaron una pregunta estándar (en el primer episodio narrado al inicio de esta sección), con tal de hacer operaciones, en lugar de responder la pregunta que realmente proponía el problema, que era solamente una gráfica? ¿Falta de concentración? Me parece un poco débil como justificación ¿Cuántas veces un joven resolutor contesta una pregunta que no está originalmente en el problema? Quién corrige el ejercicio tiende simplemente a decir que la respuesta es incorrecta. Pero ¿cuál fue la pregunta a la cual se dio respuesta?

Leer el texto del problema implica necesariamente el ejercitarse en la lectura crítica y constructiva del texto. Es decir, implica construir los textos, proponer problemas y hacer una reflexión sobre los problemas propuestos.

Conocemos experiencias en las cuales la pregunta del problema era «¿Cuál es la pregunta?». Una pregunta que frecuentemente es ignorada o que causa incomodidad.

Una buena actividad es hacer que los estudiantes construyan situaciones problemáticas en dos grupos distintos y luego intercambiar los textos. Una vez discutido en grupo pedir que cada grupo haga preguntas sobre el texto creado por el otro grupo.

Es además productivo analizar después detalladamente la estructura lógica del texto de los problemas, ya sean orales o escritos, para ver cómo cuestiones relacionadas con:

- datos (exceso o defecto),
- operaciones requeridas,
- imágenes mentales suscitadas por la situación

son diferentes entre sí, aunque exista una interacción muy marcada.

Por ejemplo, encontramos niños que resuelven problemas con falta de datos, diciendo: «Supongamos que (...)». Ellos sustituyen espontáneamente los números o los introducen inventándolos. Hicimos una experiencia en el segundo ciclo de la escuela primaria y en la escuela media sobre este punto. Los resultados recabados son impresionantes (D'Amore, 1994b).

Además, el componente sintáctico tiene una profunda influencia sobre la estructura lógica. ¿Hasta qué punto está dispuesto un niño a interpretar de manera significativa un texto problemático cuya estructura sintáctica es tan incorrecta que hace que el texto mismo se presente vacío de significado?

Tengo que decir que una estructura sintáctica correcta es generalmente una pretensión adulta. De hecho, en la experiencia de invención de problemas con los niños, hubo textos con sintaxis dudosa que resultaron comprensibles para los niños de los demás grupos.

De la misma forma procede la cuestión semántica. Es suficiente con reexaminar el experimento del problema en cuyo texto aparece una palabra sin significado y la incomodidad que esta causa incluso entre adultos, debido a una estructura lógica aparentemente distante.

Por lo tanto, leer el texto del problema no es una actividad ni obvia ni banal, sino que es una necesidad concreta.

Pero, retomemos brevemente el tema de la resolución de problemas escritos en los cuales hay una palabra desconocida por parte de los niños (resma), o de manera insistente, pero con un sonido que la vuelve aparentemente plausible (orettola), o claramente falsa y sin sentido (przxetqzyw). Al contrario de este presupuesto, hemos visto que es una falacia pensar simplemente que los niños se bloqueen o dejen de resolver el problema. De hecho, *no es así*. La casuística es extremadamente interesante y los porcentajes de respuestas correctas a las preguntas del problema son mucho más altos de lo esperado, con explicaciones razonables sobre la palabra en cuestión. En el artículo de D'Amore (1997b), resultado de una investigación financiada por el Consejo Nacional de Investigación de Italia y el Ministerio Italiano de Educación (también publicado en español y francés), se ve muy claramente que la hipótesis del bloqueo de los niños a causa de una palabra desconocida está presente, pero de manera muy limitada. (Véase también: Asenova, D'Amore, Fandiño Pinilla, Iori, Santi, Sbaragli, 2020).

Nota didáctica específica y concreta.

Para finalizar esta sección, agrego una consideración sobre todo tomada desde el trabajo de Zan (2012) y de nuestra experiencia de varias décadas.

Está de moda asignar problemas cuyo texto sea largo y artificioso, verdaderos cuentos, muchas veces talmente densos a nivel narrativo que harían perder el hilo a cualquiera (tenemos ejemplos que, si no fueran en tan dañinos, resultarían ridículos).

Entre otras cosas, los textos (también breves) están llenos de dos grandes vicios:

a) el uso de datos implícitos o supuestos;

b) la necesidad de que los niños interpreten las intenciones del autor.

Ejemplo de a):

Juan recibió 3 juguetes por parte de su mamá y 4 por parte de su papá

¿Cuántas juguetes tiene ahora?

Una posible respuesta correcta es 25, porque ya tenía 18. Pero el autor del texto quería decir que Juan sólo tenía los juguetes que recibió de parte de sus padres y nada más. Por lo tanto, se espera que la resolución sea: 3+4=7. Este grave error en la formulación de los textos es muy común.

Otro ejemplo de a):

Claudio y Mónica toman la medida de su salón dando pasos; Claudio cuenta 18 pasos y Mónica cuenta 23 ¡Cuál de los dos da los pasos más largos?

El autor del texto espera que la respuesta sea Claudio, pero nunca se dice que el salón que midieron es el mismo.

Ejemplo de b):

La señora Claudia lleva a Antonio y a Ana a la escuela. Sale a las 8:00 y llega a las 8:12 ¿Durante cuántos minutos condujo el carro la mamá?

No se puede saber cuántos minutos condujo la mamá, ni siquiera sabemos quién es la mamá. Al máximo se puede decir durante cuántos minutos condujo la señora Claudia. Hay que interpretar las intenciones del autor, para entender de que la señora Claudia es la mamá de Ana y Antonio.

De esta manera nos dimos cuenta de que entre el 50 y el 60 % de los textos de los problemas que se dan a los niños contienen por lo menos uno de estos grandes vicios.

Ahora bien, si un niño no responde el problema de la manera que espera el profesor, ¿cómo se evaluará? ¿Tendrá una nota negativa en *matemática*? ¿O en *aprendizaje estratégico*? Pero, si la falla está relacionada con la extensión exagerada del texto ¿qué tiene que ver la matemática?Y si el niño interpreta el texto de una manera diferente a las intenciones del autor, siguiendo su legítima interpretación individual, ¿qué evaluamos?

Sugiero:

a) evitar cuidadosamente textos de problemas excesivamente largos, si se quiere evaluar una capacidad matemática y no una interpretativa; solo un texto seco y preciso releva el puro conocimiento matemático.
b) evitar a toda costa problemas en los que el autor recurra a supuestos inútiles y engañosos; se debe señalar este tipo de textos a los autores y a las editoriales, pues deben ser condenados y eliminados definitivamente del contexto escolar.

En todo caso, recordamos que: si la intención es evaluar la capacidad estratégica del niño, es decir su capacidad para resolver problemas, debemos buscar siempre la causa en caso de falla. Esto nos permitirá darnos cuenta de que muchas veces la causa radica en nuestras elecciones y en nuestra miopía.

10.2. Representar el texto del problema

«Pedrito juega dos partidos de canicas. Se ha olvidado de cuántas canicas tenía al inicio, pero está seguro de haber ganado 2 en el primer partido y de haber perdido 7 en el segundo. Al final tiene solo 3 ¿Cuántas canicas tenía al inicio?

Atención: *no* debes resolver el problema, sino dar una representación gráfica».

Este es más o menos el texto de una actividad que propusimos en tres ocasiones a grupos mixtos de profesores de preescolar y de primaria. Me he referido anteriormente a la tendencia a resolver el ejercicio más bien que a seguir las instrucciones. La presencia del profesor de primaria, quien está más familiarizado con los problemas no estandarizados (en todas revistas se encuentran propuestas), permitió que, en esta ocasión, todos los participantes intentaran hacer la representación gráfica, como se había pedido, al menos después de haber dado una solución de tipo aritmético. El hecho a resaltar es que fuimos testigos de la enorme dificultad que significa representar una situación gráficamente.

Hicieron dibujos más o menos realistas, como los que se ven a continuación, que no contribuyen mucho a la solución del problema.

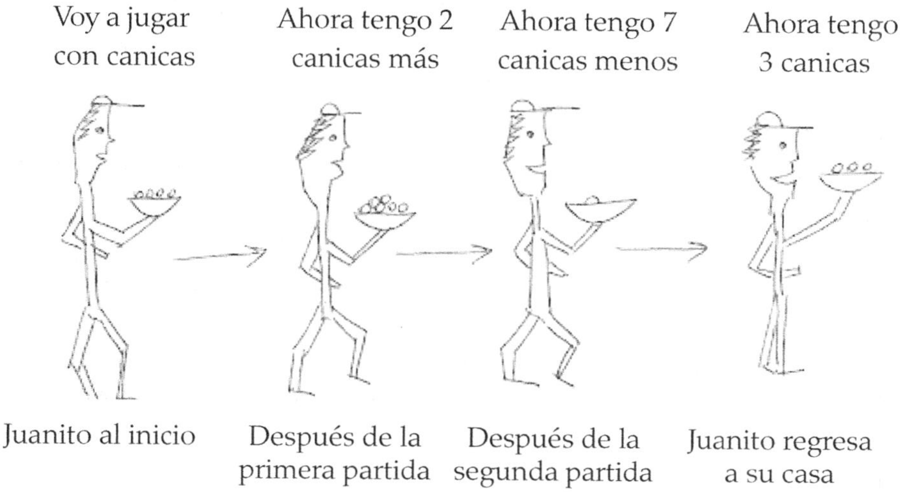

Sin embargo, unos gráficos puramente simbólicos, que aluden a la evolución aritmética más que a la humana, fallaron en un porcentaje importante.

El hecho es que este tipo de gráficos son ampliamente recomendados pero los profesores no los solicitan a manera de tarea, por lo que es poco lo que se hace para hacer de ellos un instrumento usual para la solución de problemas.

G. Vergnaud (1981a) estudió la relación entre la representación y la solución de problemas aritméticos complejos. La cuestión radica en que si existen más relaciones (lo cual quiere decir que hay varias operaciones necesarias para resolver el problema, o varias relaciones lógicas para entender el sentido del problema) no se puede hablar de problemas elementales, en cambio se tiende a utilizar el adjetivo "complejo".

Un ejemplo de un texto sugerido por Vergnaud muestra lo que se quiere decir con la expresión problemas complejos del tipo aditivo puro:

«El señor Durand quiere hacer una instalación eléctrica nueva en tres habitaciones de su casa. Para tal fin, necesita 130 m de cable, 4 interruptores, 9 tomacorrientes y un portalámparas. De una instalación anterior le sobraron 37 metros de cable que quiere utilizar en esta. Entonces se ve obligado a buscar hilo. Después de terminar la instalación, se da cuenta de que usó 4 metros de cable menos de los que había previsto, de tal manera que le sobraron 11 metros ¿Cuántos metros de cable nuevo había comprado?».

Vergnaud analiza con mucho cuidado el comportamiento de los niños frente a este problema. Varios de los niños, por ejemplo, resuelven el problema simplemente con la operación 130-37=93, sin considerar datos como: «4 metros menos de lo que había previsto» y que «quedan 11 metros al finalizar la instalación», aunque comprenden que los datos sobre los interruptores, los tomacorrientes y los portalámparas son inútiles.

Además, otros niños responden simplemente 130 metros, ya que no comprenden bien el sentido de frases como «lo que sobra» o «lo que falta». Otros se concentran en la expresión «4 metros menos de lo que había previsto» y, por lo tanto, responden 130-4=126.

Según el autor, estas respuestas equivocadas están muy lejos de ser aberrantes; todo lo contrario, muestran que el niño da un tratamiento correcto a la información que considera, pero le falta considerar toda la información pertinente.

(Entre paréntesis, es significativo que un alumno de Piaget, como Gérard Vergnaud, cuyo director de tesis doctoral fue el mismo Jean Piaget) considere siempre y solamente las respuestas positivas, antes de poner en evidencia lo que el niño no sabe hacer todavía a cierta edad o estadio de su desarrollo. Vergnaud da valor a lo bueno que un niño puede hacer con lo que sabe).

Pero entonces, ¿cuáles son las respuestas que se pueden considerar aberrantes?

Lo dice el mismo Vergnaud:
37+130
4+130

son ejemplos aberrantes, ya que «no trasladan ningún aspecto pertinente a las relaciones del enunciado».

Para dar una solución correcta al problema, es necesario considerar las cuatro relaciones que entran en juego:

- El señor Durand estima que le faltan 130 metros.
- Le quedan 37 metros.
- Utiliza 4 metros menos de lo que había previsto.
- Al final, le quedan 11 metros.

La mejor manera es representar la situación de la siguiente manera: estado-transformación-estado.

Vergnaud afirma que «la práctica psicológica demuestra que el niño no encuentra dificultades a priori al traducir un enunciado a tal esquema», mientras que nuestra experiencia y la de otros demuestra que la cosa está lejos de ser banal (a veces, no solo para los niños). Digamos que, con ayuda oportuna, el niño puede efectivamente y con cierta facilidad y naturalidad cumplir con esta "traducción".

Ahora bien, Vergnaud estudia en detalle todos los pasos elementales que llevan a las diferentes representaciones esquemáticas correctas, cada una de las cuales tiene sus propias peculiaridades. Pero esta solución excede nuestro tema, que se basa en las dificultades preliminares. Por lo tanto, refiero al lector al texto de Vergnaud que he tomado como inspiración (1981a) para quien desee profundizar y continuar con estos análisis.

Ahora veamos un problema complejo de multiplicación pura:

«Un campesino recoge cada día en promedio 66 litros de leche para hacer 1 kg de queso. Necesita 5 litros de leche por hacer 1 kg de queso. Los quesos que hace pesan cada uno 125 gramos. El campesino los vende a 30 francos la docena ¿Cuánto dinero recibe en promedio al día con la venta de sus quesos? ¿Qué otras preguntas se pueden hacer?»

Así las cosas, se favorece la propuesta de preguntas intermedias con respecto a la final, resolutiva:

«¿Cuánto queso hace al día?
¿Cuánto pesan 12 quesos?
¿Cuántos kg de queso hace con 66 litros de leche?
¿Qué rendimiento le dan un litro de leche diario?
¿Cuánto recoge con un litro de queso?
(...)».

Vergnaud sugiere un esquema que en su opinión es «bastante fácil de establecer con la colaboración de los niños»:

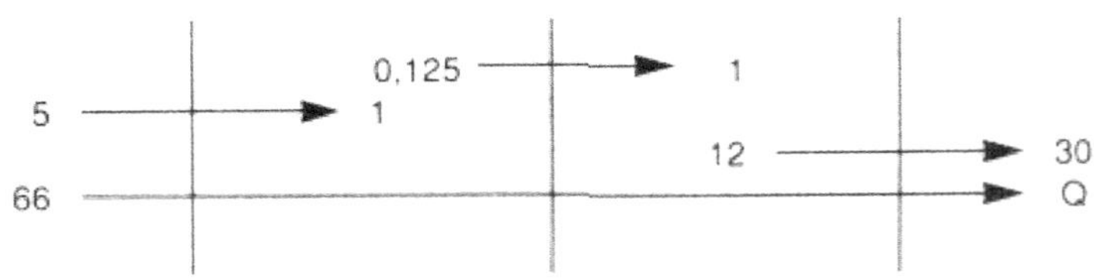

Indicamos con Q la respuesta a la última pregunta y con las flechas las relaciones textuales:

«El queso pesa 125 gramos, es decir 0,125 kg
se necesitan 5 litros de leche para hacer 1 kg de queso
12 quesos valen 30 francos
¿cuánto dinero se gana con 66 litros de leche?».

A este punto, una vez más, Vergnaud propone un análisis detallado de los procedimientos (estrategias) que pusieron en práctica los niños para dar la respuesta final; cada uno de tales procedimientos muestra el "estilo", mejor dicho, la influencia que se manifiesta en cada solucionador sobre la base de las relaciones disponibles, que no son iguales para todos.

Poniendo de presente la complejidad no tanto del problema como de la traducción del enunciado al esquema, se entiende que esto «tiene que ser estudiado de manera colectiva, con toda la clase o en una sesión de trabajo en grupo».

Pero precisamente el problema anterior lleva a dos ejercicios significativos que pueden ser propuestos y que consisten en completar las tablas de correspondencia que aparecen a continuación:

litros de leche pensados como unidad

litros leche	Kg queso
1	
2	
3	
4	
5 →	1
6	
7	
8	
9	
10	
–	
–	
–	
20	
–	
–	
–	
–	
60	
–	
–	
–	
65	
66	
–	
–	

Cantidad de quesos (cada 100 gramos)

litros leche	Kg queso
	0,100
	0,200
	0,300
	0,400
	0,500
	0,600
	0,700
	0,800
	0,900
5 →	1
	–
	–
	–
	2
	–
	–
	–
	5
	–
	–
	–
	10
	–
	–
	–
	–

Esto claramente nos lleva a establecer una regla de correspondencia del tipo y=ax (proporcionalidad directa) inductivamente.

El análisis del comportamiento resolutivo continúa, por parte de Vergnaud, pero no podemos quedarnos en este punto.

No creo que sea necesario subrayar el valor que tiene una actividad didáctica de este tipo, llevada a cabo siempre de manera colectiva: cualquier profesor se puede imaginar el impacto cognitivo (y metacognitivo, dado que este tipo de trabajo nos obliga a reflexionar sobre lo que se hace, paso a paso).

Vergnaud sugiere un ejemplo"mixto", de multiplicación y adición:
«Un comerciante compra 3 docenas de camisas a 360 francos por docena y las revende a 40 francos por camisa. Ponga la información en una tabla de correspondencia, incluyendo una columna para las ganancias. Encuentre todas las preguntas que surgen de la tabla y todos los caminos que permiten encontrar de manera sencilla las ganancias totales del comerciante».

Resulta una tabla de este tipo:

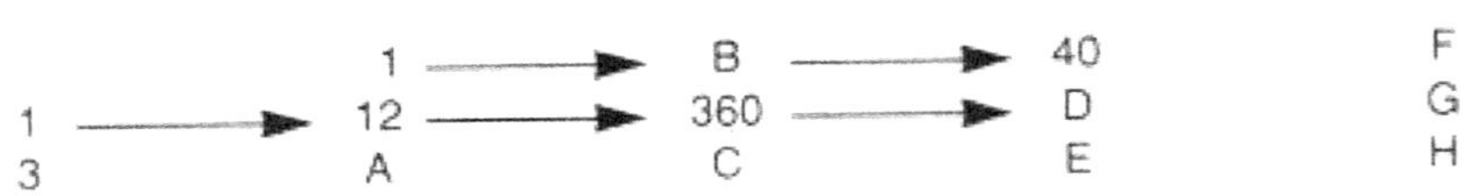

en la cual:
A es el número total de camisas;
B es el precio de compra de cada camisa;
C es el precio de compra por 3 docenas de camisas;
D es el precio de venta de 12 camisas;
E es el precio de venta de 3 docenas de camisas;
F la ganancia por una camisa;
G la ganancia por la venta 12 camisas;
H la ganancia por la venta de 3 docenas de camisas.

En este caso también, surgen varias estrategias de posibles soluciones que Vergnaud analiza con atención; cada una de las estrategias tiene una tipología y revela un modo personal de enfrentar el problema, mediante preguntas específicas que el niño formula de vez en cuando, paso a paso.

Como es usual, mientras hago referencia al análisis directo del texto, tomo inspiración de las siguientes sugerencias de tipo didáctico:

- hacer que el alumno formule las preguntas, sobre todo las intermedias, revela una posible manera de resolver el problema;
- "jugar" con el exceso o la falta de información;
- guiar al niño hacia la representación esquemática de la información, de las preguntas y de las posibles soluciones;
- proponer constantemente ejercicios de "traducción" entre diversas representaciones; por ejemplo, formular una información o hacer una pregunta sobre un esquema;
- no dejar de recurrir a la dramatización para hacer que una situación sea comprensible y para hacer que los esquemas cobren un sentido real.

Estos principios son indispensables para guiar al niño hacia un análisis profundo de las relaciones y las transformaciones planteadas. Sin dicho análisis la enseñanza conduce solo a un adiestramiento poco efectivo.

Efectivamente, hay pruebas muy significativas, aunque escasas, que demuestran la utilidad de esta modalidad para guiar al alumno hacia la superación de los obstáculos encontrados al formalizar y representar las diferentes partes de una situación problemática.

Pero, ¿cuál es la naturaleza de los obstáculos? Los obstáculos no están relacionados solamente con incapacidad, como se podría pensar ingenuamente. De hecho, el conocimiento que entra en juego en la situación examinada, las variables consideradas y ciertos valores pueden ser obstáculos; incluso, un conocimiento que está o que parece estar en sintonía con la situación o con las variables examinadas puede llevar a incurrir en errores (que, vistos de cerca, son específicos y, por lo tanto, reconocibles) al intentar que el modelo cuadre; se puede, también, tratar de un conocimiento estable que sin embargo crea disonancia porque, a veces, el alumno prefiere tomar un camino accidentado y complejo en casos en los que hay soluciones más rápidas y sencillas (¿tomando como referencia la lógica del adulto?). Lo anterior puede depender precisamente del hecho de que cierto conocimiento estable puede actuar como elemento distractor en una situación en la que rechazarlo es más sencillo que adaptarlo (D'Amore, Fandiño Pinilla, Marazzani, Sbaragli, 2010).

Superar un obstáculo es aprender y el aprendizaje sucede en situaciones de rechazo. Según una famosa tesis de G. Brousseau (1983), se pueden distinguir tres tipos de obstáculo:

- obstáculos de origen ontogenético: dependen de limitaciones neuro-fisiológicas presentadas por el alumno; por ejemplo, aquellas relacionadas con el estado de desarrollo en el cual se encuentra; en esta fase, el estudiante no puede más que aprovechar ciertos medios cognitivos y ciertas estrategias;
- obstáculos de origen didáctico: dependen de las elecciones hechas por el sistema educativo o del proyecto que el profesor adopta; frecuentemente, el origen de este tipo de obstáculos depende de una visión unilateral de los conceptos matemáticos, ya que el modelo propuesto no es suficientemente comprensivo o simplemente ya no funciona;
- obstáculos de naturaleza epistemológica: aquellos que hacen parte de la naturaleza misma de la materia; es necesario conocerlos bien, no para pasarlos por alto, al contrario, para estudiarlos; es inútil pensar en evitar este tipo de obstáculos, de hecho, resulta bastante productivo ponerlos en evidencia.

Conocer los obstáculos es obviamente una condición previa para superarlos; confundirlos o uniformarlos, como se hace frecuentemente en el contexto de la evaluación, es un error.

10.3. Cómo transformar la solución de un problema en un algoritmo

La pregunta implícita en el título de esta sección representa el sueño de varias generaciones de lógicos, matemáticos y filósofos que gozan de gran prestigio [para citar un ejemplo, traigo a colación al gigante alemán

Gottfried Wilhelm von Leibniz (1646 – 1716), quien dedicó su vida a perseguir este"sueño", como él mismo lo llamaba].

Sin embargo, como hemos visto en más de una oportunidad, cada vez que se busca racionalizar la idea de la "resolución de problemas" aparecen siempre en todos los autores ideas como "creación", "eureka" o "creatividad". Se trata de considerar un texto, de evidenciar su significado, de poner toda la atención en la pregunta y de poner en juego los conocimientos para así lograr concebir una estrategia, un acto creativo, que permita dar una respuesta a la pregunta. Lo que se pide en un problema puede encontrarse inclusive en la zona del desarrollo potencial, aún mejor si se encuentra en la zona del desarrollo próximo, pero no es necesario que se encuentre en la zona del desarrollo efectivo, es decir en la zona de los conocimientos adquiridos; de lo contrario, se pierde el derecho de llamarlo "problema" y debería simplemente llamarse"ejercicio".

Cualquier calculadora moderna está en capacidad de ejecutar operaciones que le costarían meses de trabajo a un ser humano, con la aproximación deseada; por ejemplo, si se intenta calcular a mano $\pi \times 5$ aproximándose a la cifra decimal en el puesto 10^{10}. No obstante, ninguna calculadora puede resolver un problema (un problema, no un ejercicio) que un alumno de 10 años podría resolver. Esto se debe precisamente a que la calculadora no cuenta con la fase"eureka".

Por lo tanto, todas las estrategias disparatadas que se han empleado en los últimos veinte años de pseudo investigación didáctica en este campo son inútiles, ilusorias y dañina. Sobre todo, la idea malsana de sustituir la resolución de un problema por, o en todo caso de hacer que lo preceda, un "diagrama de flujo" (que en realidad no es más que un diagrama de bloques). En este caso se ha visto que este procedimiento es más complejo para los niños que la resolución misma del problema. El simbolismo esquemático, que debería ser de ayuda, se vuelve el objetivo del aprendizaje y de la actividad de resolución de problemas. Esto constituye una "transferencia meta didáctica", un poco como sucedía en los años 70 con los gráficos de conjuntos que obligaban al alumno a estudiar una "teoría ingenua de conjuntos", en cambio de hacer simplemente un uso intuitivo de tales gráficos para estudiar matemática.

Sugiero la lectura del artículo de Brousseau y D'Amore (2008) y los artículos de D'Amore y Fandiño Pinilla (2014, 2020) sobre esta idea.

De tal manera que no hay que perder más tiempo en esta modalidad. Se ha visto también que la idea de hacer que los estudiantes coloreen los datos numéricos que aparecen en el texto de un problema puede conducir a errores estratégicos. Debido al carácter inadecuado de este procedimiento, el niño (a veces también el profesor) puede creer que los datos coloreados serán esenciales y tendrá menos libertad de hacer caso omiso de ellos cuando no son datos pertinentes. Entre otras cosas, como ya hemos visto antes, esta investigación puede sustituir la estrategia de resolución por la transferencia meta didáctica.

Se debe insistir en ir por un camino mucho más sensato y racional: analizar la situación, entenderla, reestructurarla mentalmente en la medida de lo posible para interpretarla de manera personal. Después de esto, se puede dar vía libre a la fase creativa, a la fase de la resolución en cambio de buscar algoritmos resolutivos. (Ver Fandiño Pinilla, 2008).

11. Procesos metacognitivos y actividades de reflexión

11.1. Importancia de las reflexiones sobre su propio trabajo

Con "procesos metacognitivos" (relacionándonos a la sección 9.2.) entendemos al menos dos tipos de actividad:

- análisis explícito sobre los propios conocimientos;
- y sobre su uso, lo cual conlleva el análisis sobre los procedimientos usados para resolver los problemas.

Es bien conocido el énfasis en la atención y en la evaluación que se da a estas actividades desde el punto de vista didáctico: es de notar que la adquisición de conocimientos nuevos, que pasa a través del nivel de conciencia desarrollada por el sujeto que aprende, se refleja en el acervo cultural individual. Con ayuda, el alumno supera, aunque sea aparentemente a otro nivel, el umbral del desarrollo efectivo y, por lo tanto, cada actividad metacognitiva hace parte de la zona de desarrollo próximo.

Se entiende que en todo esto se deben ver dos planos interconectados en acción:

- un plan de los aprendizajes y
- un plan (a un nivel diferente) de las reflexiones sobre los aprendizajes.

Lo mismo vale para las estrategias resolutivas de los problemas: pero, reflexionar sobre las propias estrategias es fundamental, así como lo es (con ayuda) tomar en consideración las estrategias de los compañeros de clase y otras actividades como veremos en este capítulo.

De tal manera, se delinean reflexiones personales explícitas:

- mientras se hace el trabajo
- preliminares
- sucesivas

a la resolución como tal.

Las primeras nos parecen fundamentales: mientras el niño resuelve el problema, se cuestiona sobre lo que hace, tanto analizando cada uno de los pasos (digamos: análisis local) como analizando el conjunto de la estrategia (digamos: análisis global), y juntando los pasos de la primera en la segunda. De hecho, es fundamental que el niño ponga por escrito estas consideraciones, así sea a grandes rasgos, acompañando y enriqueciendo la formulación clásica de la solución en el cuaderno con todos los comentarios (operativos y estratégicos) que quiere hacer. Ciertamente, los maestros dicen que una actividad concebida de esta manera hace que el tiempo requerido sea mayor del usual. Si se necesitaba un cuarto de hora para resolver un problema-ejercicio estereotípico, es cierto que ahora se requiere más de media hora. Sin embargo, esto permite un análisis completamente diferente del trabajo de los niños, permite entrar en el proceso de desarrollo de su razonamiento, intervenir directamente y ver sin rodeos el problema. Si el niño no sabe elaborar una estrategia, comprenderemos *por qué* y *dónde* se bloquea; entre otras cosas, no se ha dicho que el niño no sepa elaborar ninguna estrategia: «No sabe resolver problemas» es una aseveración osada y vaga. «No ha sabido resolver este problema porque se estancó aquí y aquí a causa de tal interpretación de los datos» es un ejemplo de un diagnóstico mucho más serio que puede dar informaciones útiles a cambiar el resultado.

Las reflexiones pueden ser preliminares, pero tienen el límite que su exposición de un solo golpe, antes de entrar en acción, pueden no hacer ver las dificultades. Tales reflexiones, por lo tanto, son útiles al momento del análisis por así decir lógico de la situación problemática.

Las reflexiones pueden también ser sucesivas, y esto es definitivamente muy útil. Pueden ser producto de un análisis personal, hecho individualmente; pueden ser el resultado de la guía del profesor o de un compañero que sea bueno resolviendo problemas; mejor aún, pueden ser fruto de un análisis colectivo de todas las soluciones propuestas (tal vez anónimamente), incluso de aquellas que se hubieran podido proponer, acertadas o equivocadas. Es muy importante que esta fase no sea objeto de evaluación, sino que se dé sin juicios y en un clima de serenidad y confianza. Un momento de gran fuerza a nivel tanto educativo como individual es el análisis de los errores que eventualmente se podían cometer, también si ninguno haya incurrido en ellos.

F. Lester (1983) hizo un buen análisis de los comportamientos que se deben mostrar en esta complejísima fase de la resolución de problemas.

Hay tres fases que estudiaremos rápidamente. (Hago notar explícitamente que hablaremos de verdaderos problemas, no de ejercicios banales).

• I fase: presentación del problema.

Se quiere que los alumnos alcancen una comprensión buena del problema; con este objetivo, el profesor no se puede limitar a dar un estímulo, debe en cambio presentar el problema con comentarios, debe responder las preguntas de los alumnos y dar las instrucciones adecuadas para que los estudiantes empiecen a trabajar. A su vez, el estudiante escucha al profesor y lee por su cuenta el texto más de una vez, hace preguntas y escucha con atención la información y la memoriza.

• II fase: los estudiantes resuelven o intentan resolver el problema.

Se quiere que los alumnos elaboren una estrategia apropiada para resolver el problema (autónomamente o en grupo); en esta fase el estudiante trabaja de acuerdo con la modalidad que el profesor ha establecido (no se trata de un contrato didáctico implícito, sino de las normas establecidas explícitamente). Entre tanto, el profesor hace preguntas personalmente, si es una actividad individual; si se trata de un trabajo en grupo, el profesor puede también suscitar un diálogo entre los alumnos, las preguntas pertinentes las puede hacer inicialmente el mismo profesor para evitar que los alumnos se dispersen. Si los alumnos se rezagan, el profesor puede incluso alentarlos para que progresen.

- III fase: discusión final.

El objetivo es hacer que los alumnos vean otros puntos de vista para encuadrar el problema; esto amplía ostensiblemente la capacidad de análisis de los problemas, bien sea porque se tienen en cuenta nuevas posibilidades que se pueden aprovechar en otro momento o porque, en términos de tiempo, tal comportamiento meta cognitivo es similar a haber asignado más problemas para resolver (se puede también hacer un análisis de posibles errores y malentendidos, así no se haya incurrido en ellos; es decir, análisis no solo positivo). Con este objetivo en mente, el profesor describe y comenta las soluciones (Lester sugiere que de 3 a 5 estudiantes expongan la solución); sin embargo, es importante que el profesor aclare explícitamente que esta actividad es de vital importancia. Mientras ocurre este análisis, puede ser que aparezca más de una solución válida, o que varias soluciones entren en conflicto, o que el profesor ponga de presente posibles generalizaciones. Esta fase tiene un gran valor a nivel cognitivo y, ya que se trabaja sobre la actividad individual del alumno, no sobre el libro de texto, es raro que no se logre la máxima concentración y atención. De tal manera que es también un momento cognitivo que tiene mucha acogida. Por otro lado, el alumno accede a proporcionar su propia solución e incluso a presentarla él mismo; escucha y discute las soluciones de los compañeros; acepta y discute las observaciones del profesor; colabora con los intentos de generalización, aportando a la discusión; analiza junto con el profesor lo que sirve y lo que no y por qué.

Ya que se habla de discusiones colectivas en torno a un comportamiento, es apenas natural hacer referencia a la técnica conocida como *brainstorming*, cada vez más usual en el mundo escolar. Con este término se entiende un método para incitar al trabajo en grupo (puede ser la clase entera) al discutir un problema. La formulación clásica del *brainstorming* prevé algunos puntos: los miembros del grupo, dispuestos de manera que se puedan ver entre ellos (por ejemplo alrededor de una mesa), construyen una lista de problemas asignando un orden de acuerdo a la importancia o prioridad; cada uno estudia por su cuenta, durante el tiempo establecido, las estrategias posibles para resolver el primer problema; las soluciones propuestas se transcriben en un tablero para poder compararlas; se discute hasta que no se llegue a una propuesta que recoja las sugerencias de todos y que se reconozca como la propuesta del grupo. Es bien sabido que, antes, especialmente entre los dirigentes de cierta clase social, hubo un momento en el que esta manera de llevar las cosas causó una gran fascinación. Aún hoy en día, parece oportuno no dejar a la suerte la asignación de trabajos en grupo, ya que la psicología de la conducta de grupo ha dado pasos de gigante, han aparecido puntos significativos. Por lo tanto, es fundamental conocer al menos los puntos básicos de estos estudios. (Cada reflexión es un conocimiento; así que reflexionar sobre las modalidades de trabajo en grupo es al menos una manera de verse a sí mismo, desde afuera, en un grupo; en el ver y estudiar a los otros se reconocen los comportamientos estándar que la psicología ha tipificado). La teoría del trabajo en grupo y la del trabajo colaborativo ha alcanzado un nivel científico notable en la actualidad y ha demostrado, sobre todo, su efectividad con respecto al aprendizaje cognitivo.

El *brainstorming* es ciertamente apto si se considera que se pueden formular preguntas en torno al problema formulado, si el análisis pone de presente una serie de elecciones y comportamientos estratégicos; en resumen, si la actividad está encuadrada en el problem posing que, al parecer, se ajusta a la perfección a la actividad metacognitiva de reflexión, tanto en la fase de análisis colectivo preliminar como en la III fase de Lester, o sea la revisión colectiva de las propuestas. Es tal vez en este punto donde el *problem posing* encuentra su justificación esencial.

Nota bibliográfica

En esta sección hice uso de Brown y Walter (1988) y de Aebli (1961). Se puede abrir, a propósito, un discurso interesante sobre el problema del aprendizaje mediante la discusión colectiva. Pero, me limito a citar tres artículos sobre este tema Bartolini Bussi (1989a, 1989b, 1991).

11.2. Redefinición de un problema, creación de la pregunta

Entre las actividades más difundidas y estudiadas de reflexión y análisis de un problema, hay dos que consideraremos en esta sección. Más que con el *problem solving*, estas actividades están más relacionadas con el *problem posing*.

La primera se puede llamar: la redefinición de un problema. Esta actividad debe hacerse por escrito, precisamente para hacer posible un análisis documentado de los diferentes comportamientos de los estudiantes.

Un ejemplo que hemos aprovechado en diversas oportunidades: los alumnos recibían un texto largo y con mucha información abundante, se les pedía que reescribieran el problema de manera simple, lacónica, eliminando todos los datos inútiles. He aquí un ejemplo:

«Mario es panadero. Un día compra 6 bolsas de harina de 5 kg cada uno a 3,50 euros por kg. Va a su panadería el martes a las 21 horas y hace pan francés. Hace 300 panes que piensa vender todos totalidad al día siguiente a 1,5 euros cada uno. Termina de trabajar el miércoles a las 4 de la mañana. Finalmente, va a descansar; luego, abre el negocio a las 7 de la mañana. ¿Cuántas horas trabajó para hacer el pan?».

Un laconismo rampante, puramente adulto, daría un resultado como el siguiente:

«¿Cuántas horas hay de las 21 de un día a las 4 del día sucesivo?»;

sin embargo, no se encontró ninguna mínimamente parecida entre las respuestas de los niños de II ciclo de la escuela primaria: ¡ninguno renunció a la historia de Mario el panadero!

Este análisis se hizo en diferentes clases, algunas (pocas) de las cuales eran dirigidas por profesores de nuestro Núcleo de investigación, el mayor número de docentes eran externos. En muchos casos regía una especie de acuerdo, naturalmente sugerido por el profesor, hacer una lista de todos los datos para iniciar a resolver el problema. Aquellos que siguieron este consejo, encontraron inmediatamente un problema; se entregó a cada alumno una hoja de examen cuadriculada formato carta, en la cual había el dibujo de un rectángulo, el niño debía trabajar exclusivamente en este espacio; después de transcribir algunos datos, el rectángulo estaba colmo de datos inútiles. Pocos niños entendieron lo que tenían que hacer y siguieron sin reparos lo que el profesor había sugerido. En sus acuerdos precedentes, evidentemente, el profesor había (implícita o explícitamente) dado tiempo atrás una directriz que los niños fueron asumiendo como obligatoria: «Ustedes deben hacer siempre la lista de los datos y yo les daré siempre un problema cuya solución se pueda alcanzar con ese procedimiento»; pero, en nuestro problema, con la pregunta presentada («Reformular el texto de la manera más breve posible»), este sistema era dañino.

Volvamos a las soluciones significativas; anteriormente decía que ningún niño supo tomar únicamente el hecho aritmético y que todos dejaron, algunos más que otros con trozos de historia personalizada, casi todos los datos, incluso el nombre y la profesión del protagonista de la historia. Algunos niños, intentando reformular el problema, se inventaron otro, en el cual por ejemplo la pregunta: ¿cuánto gana el panadero? Entonces, la atención se centró en el problema de búsqueda-inversión-ganancia, aun cuando la pregunta era totalmente diferente. Varias cuestiones contribuyen a esto, entre ellas, a mi modo de ver, la falta de difusión de actividades sobre el tiempo y su medida (¡gran error!). Por lo tanto, las situaciones problemáticas estereotipadas se convierten en un obstáculo para la compresión de textos que no responden a tales estereotipos.

En cuanto a la interpretación de los problemas y al rol que tiene la experiencia en la lectura, aunque me salgo un poco del tema, hay un buen ejemplo. Dimos el siguiente texto:

«Antonio trabaja desde las 21 horas del martes hasta las 4 horas del miércoles.

¿Cuántas horas trabaja Antonio?

(espacio para la respuesta y los cálculos)

Juan estudia desde las 21 horas del martes hasta las 4 horas del jueves.

¿Cuántas horas estudia Juan?

(espacio para la respuesta y los cálculos)

¿Cuál es la diferencia entre los dos problemas precedentes?

(espacio para la respuesta)».

No es el caso de analizar las respuestas a las dos primeras preguntas, pero, ya que estamos hablando de metacognición y reflexión, es pertinente ver la respuesta a la tercera pregunta, que relaciona las dos anteriores y requiere, por lo tanto, una reflexión. Así pues, la repuesta más usual fue: «Que Antonio trabaja y Juan estudia». Esta respuesta no se basó en el hecho lógico que se podía suponer (el salto de un día en los números proporcionados), sino en el campo de la experiencia personal del texto (del doble texto, en este caso).

Una señal de esto, al menos, es que la aproximación del niño al texto es esencialmente diferente a la del adulto y que si un educador no analiza el primero está en riesgo de salirse de cualquier proceso metacognitivo. (No se debe creer que este comportamiento se dé solo en la primaria; varios alumnos de 7° grado dieron la misma respuesta).

La segunda de las dos actividades ampliamente difundidas que mencioné anteriormente se trata de que el profesor proponga un texto (a veces tomado de situaciones diferentes o de libros, algunas veces inventado por los niños) y los alumnos (eventualmente cada uno por cuenta propia) formulen una o más preguntas a propósito de él.

En el texto de Brown y Walter sobre el *problem posing* (1988), se pueden encontrar algunos ejemplos, a nivel de escuela secundaria. Según parece, este tipo de actividad se ha difundido tanto, que no hay necesidad de comentar mucho más al respecto. Agrego solo que tal forma de interacción (texto-creación de preguntas) se puede aprovechar en varios ámbitos del aprendizaje en general y no solo en la resolución de problemas.

Más de una vez he escuchado quejas, por ejemplo, en la escuela media, de profesores que se preocupaban por enseñar la adición de fraccionarios $\frac{a}{b}+\frac{c}{d}$

con resultados alternos, ya que los niños intuitivamente tienden a hacer esta operación: $\frac{a+c}{b+d}$.

El motivo de preocupación de los profesores radica en prohibir esta técnica por ser errónea. Sin embargo, miramos como aprovechar de un ejemplo para mostrar a los alumnos que su propuesta no es correcta. Se proponga la siguiente adición:

$$\frac{1}{2}+\frac{1}{2}=?$$

El alumno hace:

$\frac{1+1}{2+2}$ o sea $\frac{2}{4}$ por lo tanto $\frac{1}{2}$.

¡Qué lindo! Tenemos dos medias tortas y unámoslas; cualquiera se imaginará que obtendremos una torta entera; pero no es el caso, la matemática"demuestra"(según ustedes) que queda siempre media torta.

Entonces, hay algo que no cuadra (...) Mejor si volvemos a mirar cómo hacer la adición $\frac{1}{2}+\frac{1}{2}=?$.

Otro ejemplo, adición de dos números en columna:

 37
+96

____

Primero las decenas

37
96

____
12 (…)

Luego las unidades

37
96

____
1213

¡Bello! Dos números cada uno de ellos menor de 100 cuya adición da un resultado mayor a 1000. Hay algo que no cuadra, ¿verdad?

Actividades de análisis de errores de este tipo, con una buena dosis de asombro, alegría y buen humor, son seguramente fructíferas. Prohibir, regañar y evitar, en cambio, resulta inútil.

Así las cosas, debe existir un acuerdo explícito en la actividad de hacer que los niños creen las preguntas: los niños pueden crear todas las preguntas que deseen, de lo contrario se deteriora una relación basada en la confianza y la tranquilidad. El hecho de que en la situación de Antonio y Juan la diferencia señalada por los niños sea diferente a la del plano lógico adulto, demuestra inequívocamente que hay una interpretación infantil intuitiva no de lógica adulta en el caso de los niños.

Hemos utilizado más de una vez un buen ejemplo de creación y generalización de situaciones problemáticas en geometría. Tal ejemplo se ha exhibido desde 1978 y se ha descrito en artículos y libros (D'Amore, 1987b). Hablo del Teorema de Georg Pick, nuestro sello distintivo y el gran amor de los niños (junto a la ley de Euler sobre los poliedros). Se trata de construir polígonos en una hoja cuadriculada (o en un geoplano), de manera que los vértices de los polígonos sean los nodos de la cuadrícula (o las puntillas de geoplano).

Presento algunos ejemplos a continuación.

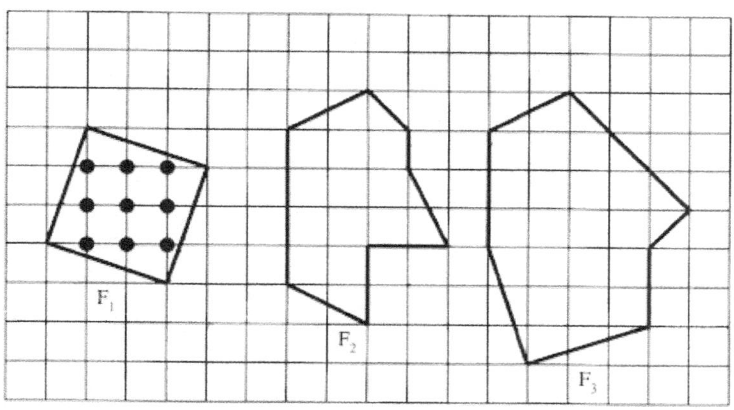

Para resumir, después de haber jugado a construir polígonos extraños y otros más usuales, se indaga sobre la extensión (área) de las figuras creadas. Esto es sencillo con las figuras estándar (rectángulos, cuadrados, unos triángulos sencillos), pero un poco más difícil con las figuras menos usuales. La generalización es encontrar una fórmula para hallar el área de cualquier polígono cuyos vértices se encuentran en la hoja cuadriculada, asumiendo como unidad de medida el área de cada cuadrito (en la hoja cuadriculada, el cuadrito; en el geoplano, el cuadradito más pequeño en medio de cuatro puntillas).

(El estudio del teorema en cuestión es tan apasionante que me ha llevado a buscar formulaciones originales. Encontré una en una revista de Praga, Pick, 1899).

Se trata de la siguiente bellísima fórmula; se indique con:
c el número de puntillas (nudos) que hay en el *contorno* del polígono F,
n el número de puntillas (nudos) que hay *dentro* del polígono F;
el área AF del polígono F sale de la fórmula:

$$A_F = \frac{c}{2} + n - 1.$$

La demostración se sugiere en la obra original de Pick, pero se puede hallar por inducción; claramente, está fuera de las posibilidades de los niños, ya que con ellos nos hemos siempre limitado a hacer solo evaluaciones y ejemplos. Y ¡qué evaluaciones!, siempre muy productivas.

Invito al lector a intentar resolver los casos de las figuras precedentes para que se convenza del valor educativo que tienen las evaluaciones:

$$A_{F_1} = \frac{4}{2} + 9 - 1 = 10$$

$$A_{F_2} = \frac{13}{2} + 9 - 1 = 14{,}5$$

$$A_{F_3} = \frac{12}{2} + 18 - 1 = 23$$

Otra actividad muy significativa es la de estudiar sucesiones numéricas. Hay algunas muy básicas que dan soluciones aceptables casi automáticamente; hay otras mucho más elaboradas que pueden llevar a proponer más de una solución, algunas plausibles que requieren una atención particular en su verificación; otras diferentes, pero todas justificables.

Aquí se debe hacer, de una vez por todas, una aclaración que considero muy importante, aunque me salga del tema. Dada una sucesión formada por un número finito de valores, se puede encontrar siempre una justificación "lógica" para un valor sucesivo; por ejemplo, después de

0, 2, 4, 6 puedo de manera razonable afirmar que el valor sucesivo es 5 ya que se trata de una sucesión que parte de cero y que aumenta tres veces de 2, y la cuarta vez disminuye 1; entonces, prosigue así:

0 2 4 6 5 7 9 11 10 (…),

¿Qué me lo impide? Si bien en una primera lectura salta a la vista la solución "8", nadie dijo que esta fuera la única solución. De hecho, en este campo, la creación de reglas es una actividad de gran valor más allá de la mera propuesta de elementos.

Entonces, propongamos a los niños la sucesión de ciertos valores dados por nosotros, pidiéndoles que encuentren los que siguen y sobre todo que justifiquen su elección. Pero, podemos también pedir que los niños inventen sucesiones, incluso algunas que parezcan desarrollarse banalmente y que en cambio se desarrollen inesperadamente. No es cierto que haya sucesiones "lógicas" o "no lógicas" como muchas veces se lee en los manuales, hay solo sucesiones. La regla para la formación de las sucesiones debe ser por principio confiable y válida después de las verificaciones pertinentes.

Lo anterior nos lleva a hacer observaciones, refutaciones, hipótesis y demostraciones muy significativas. Los experimentos hechos con la sucesión de Fibonacci son bellísimas (la hemos usado siempre en su formulación clásica e incluso con el ejemplo de las parejas de conejos):

1 1 2 3 5 8 13 21 34 55 (...)

Cuando se llega a escribir 89 como elemento sucesivo se siente una emoción enorme y gratificante; pero, es obvio que antes de llegar a esta respuesta, hay otras respuestas posibles cuyas motivaciones y refutaciones llevan a un momento de gran significado emotivo y cognitivo.

Los lectores podrían pensar que nos hemos salido del tema "Problemas", pero para mí no es así ya que este enunciado comprende una vastísima categoría de situaciones que requieren análisis y estrategias resolutivas. Además, se puede afirmar que no es el objeto que se propone como problema, sino la forma en el cual se enuncia y se afronta. Pero, sobre este particular hablaré más ampliamente más adelante.

Se debe decir también que la manera como se llevan a cabo ciertas actividades didácticas más allá del contenido puede seguir la modalidad de investigación-acción, teniendo en cuenta el involucramiento del profesor en la búsqueda de la solución que no se limita solamente a guiar al alumno sino a participar. Sobre este tema, se puede leer una reflexión en D'Amore (1991c).

Nota bibliográfica

Además de los textos citados explícitamente, usé Boero (1989) y D'Amore y Sandri (1991).

11.3. Problemas y fórmulas

Parece existir una coincidencia entre la solución y el conocimiento de la fórmula que se debe aplicar especialmente cuando el problema-ejercicio estereotípico que se propone al alumno es de carácter geométrico (para hallar el perímetro de un rombo se multiplica la medida de uno de los lados por cuatro; para hallar el área de un rombo se multiplica la medida de la base por la de la altura; o informaciones similares). Si el niño no sabe hacer esto (porque no recuerda la fórmula, o porque no entiende cómo aplicar la fórmula al caso propuesto, o por otros motivos), entonces podemos concluir someramente que el niño no sabe resolver el problema y por lo tanto proferir un juicio negativo al respecto.

Ya que hemos dedicado tanto tiempo a los problemas de carácter aritmético, veamos algo atinente a la geometría.

Nos limitaremos solamente a dos o tres planteamientos que son el resultado de algunas de las experiencias que hemos acumulado.

Una primera se puede sintetizar en el siguiente enunciado: dada una situación problemática que se encuentra ya en la fase resolutiva, y que involucra una fórmula de carácter geométrico, hay que preguntarse: ¿en qué casos no funciona?

Hemos comprobado, por ejemplo, que alumnos hábiles para resolver problemas geométricos (al menos, según sus profesores), utilizan fórmulas aptas para paralelogramos para estudiar el área de un deltoides como aparece en la figura:

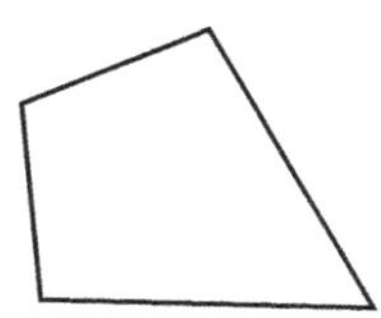

Si el mismo deltoides se presenta de la siguiente manera:

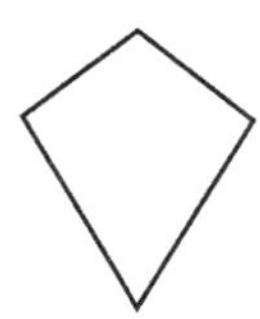

Los estudiantes trataban de relacionarlo con el rombo que, por antonomasia, se dibuja "de pie" y no "acostado":

rombo "de pie"

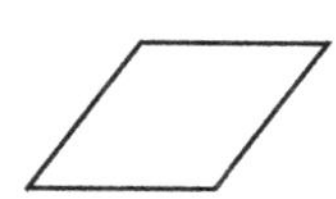

rombo "acostado"

(Aquí se podría abrir un amplio paréntesis sobre los estereotipos y las concepciones erradas en geometría, pero no quiero caer en discusiones obvias y bien conocidas).

Hemos resuelto estos problemas confiando en el estudio explícito del deltoides, sin proporcionar formulas. En cambio, se les dijo a los niños que hicieran sus propuestas y las justificaran. Así obtuvimos diferentes situaciones interesantes dada la variedad de las propuestas. Sucesivamente la confrontación fue un momento interesantísimo. Lo anterior nos llevó a reevaluar la "fórmula" en general y a discutir nuevamente las fórmulas que los profesores consideraban adquiridas y, bellísima, aunque no definitiva, la propuesta de «dibujar siempre figuras en la hoja cuadriculada o el geoplano, para usar siempre el teorema de Pick» que mostraba el deseo de una generalización total y el esfuerzo de crear relaciones entre experiencias diversas.

Para convencer a los profesores reacios, hemos propuesto varias veces el estudio individual que ha dado buenos frutos siempre; especialmente, hay que decirlo, cuando los profesores de la escuela primaria y media colaboran. Hemos propuesto un estudio clasificatorio de los cuadriláteros, pero partiendo de puntos de vista novedosos y no solo los estereotipos habituales (Bagni, D'Amore, 1992); los profesores podían hacer la clasificación basándose solo en cada uno de los siguientes puntos tomados uno a la vez:

- la medida de los lados;
- la amplitud de los ángulos;
- la disposición recíproca de los lados;
- la presencia de ejes de simetría;

(...)

El análisis del trabajo hecho junto con los profesores reveló una especie de malestar grave en la fase inicial, dada la sensación de extrañamiento formulada a partir de la propuesta y de los problemas en la fase de definición de los cuadriláteros, ya que muchas de las figuras presentadas no se podían definir de la manera usual (con el intento consiguiente de incluirlos obligatoriamente).

Por ejemplo:
un cuadrado es un rectángulo que tienen 4 ejes de simetría;

un rombo es un rectángulo que tiene todos los lados iguales;

un rectángulo es un paralelogramo que tiene al menos dos ejes de simetría y al menos un ángulo recto;

(...)

Todas estas situaciones poco usuales evitan que los profesores caigan en estereotipos; en cambio, los motivan a discutir, pensar, evaluar las elecciones personales y ver las cosas desde una perspectiva diferente a la usual.

Una actividad de este tipo puede no ser apta para los niños, pero es un ejercicio metacognitivo ciertamente útil para los profesores, justamente porque les ayuda a entender lo que se siente estar"fuera de lugar"(como, a veces, sucede a los niños cuando se les proponen actividades que tienen en cuenta solo la perspectiva adulta, descartando el proceso y la forma espontánea de apropiarse de las cosas propias de los niños).

Otra actividad exitosa que hemos llevado a cabo desde los años 70 es el estudio de la construcción de figuras sólidas, en particular de los cubos, más allá de la construcción usual a partir de una"cruz" como se propone en todos los libros de texto de la escuela primaria y media:

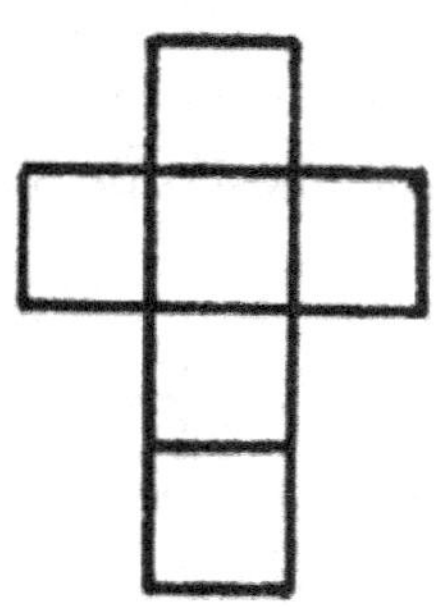

La idea es encontrar una cantidad mayor de construcciones posibles, entre las cuales hay construcciones "verdaderas" (si cortas la figura bidimensional y la cierras en el espacio tridimensional, tienes como resultado un cubo) y construcciones"falsas"(aquellas que no forman un cubo al intentar cerrarlas). (Se sabe que las diferentes construcciones posibles del cubo son 11).

Aparte del importante y elegante objetivo general que se alcanza: «saber observar en geometría», esta actividad propone una serie de problemas importantes.

Al lector le puede parecer imposible, pero hemos escuchado algunos profesores afirmar, frente a una figura como la que aparece a continuación, que corresponde a un cubo ya que tiene 6 caras cuadradas, como si esta fuera la única condición.

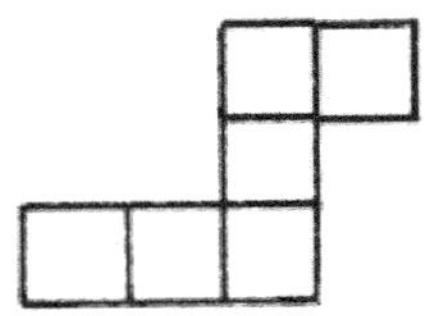

Con el fin de no dejar cosas importantes en suspenso, considero necesario regresar a una cuestión anteriormente subrayada: ¿Pueden las últimas actividades descritas ser catalogadas como problemas?

Para aventurar una respuesta, me remitiré a Guy Brousseau (1983); de acuerdo con este extraordinario investigador francés, hay que tener en cuenta al alumno siempre en el análisis de un problema. El alumno, cuando interactúa con situaciones problemáticas, recurre a conocimientos previos, los revisa de manera crítica o, incluso, los descarta:

«6 caras cuadradas forman un cubo, por lo tanto, a partir de esta figura

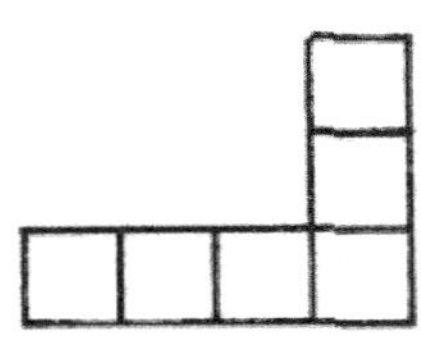

se construye un cubo; pero si recorto la figura e intento hacer un cubo, no resultará. De tal manera que no es suficiente con tener 6 caras cuadradas, las caras deben estar dispuestas de una manera particular».

Presento a continuación las 11 construcciones correctas que llevan a un cubo.

En el análisis de un problema, es necesario preguntarse cuál es el significado del conocimiento matemático y tener en cuenta que tal conocimiento puede ser pensado en clave de solución óptima en un campo definido por cierto número de limitaciones que pueden surgir ya sea porque están relacionadas con el niño o con el conocimiento mismo. Sin embargo, el conocimiento matemático no se puede identificar a partir solamente de situaciones en las cuales tal conocimiento es concebido como teoría matemática (entre otras cosas porque el alumno reconoce su estatus como método de solución); el conocimiento matemático es una mezcla de ideas, de concesiones rechazadas, de errores que se pueden evitar (valga el ejemplo del algoritmo de la adición en columna) y de ejemplos posibles. Pero no solo esto; precisamente desde este punto de vista es claro que no existe separación entre razonamiento y algoritmo, ya que están entretejidos en el conocimiento general y en las estrategias usadas para resolver problemas. Los automatismos, los conceptos y las construcciones del alumno asumen un rol particular, pues en ellos se encuentra la simplificación, o mejor dicho el resumen, de procedimientos complejos. En definitiva, ningún aprendizaje puede darse en la nada: aprender una noción quiere decir, según Brousseau, poder utilizarla en relación con otras y en la resolución de problemas; de hecho, los problemas son esenciales para el aprendizaje de una noción, son el terreno de ejecución. Si una noción funciona bien y a largo plazo en la resolución de problemas, asume un valor particular, se afianza por decirlo así. Lo anterior es positivo, por un lado, pero es bien sabido (Brousseau lo advierte) que podría, en el futuro, constituir un obstáculo para adquisiciones sucesivas. Es precisamente proponiendo problemas que se descubren adquisiciones que hacen las veces de obstáculo y que se han fijado de manera inoportuna. (D'Amore, Fandiño Pinilla, Marazzani, Sbaragli, 2010).

Como se puede ver, el concepto de problema que emerge a partir de esta idea está lejos del estereotipo que nos podría desmotivar a incluir la construcción de cubos, la invención de fórmulas para calcular el área de un deltoide o la creación de sucesiones numéricas como propuestas de problemas.

La postura de R. Borasi (1986a, 1986b) ayuda a sostener esta tesis ulteriormente y nos lleva a considerar de manera amplia una clase de problemas en la que se distinguen cuatro elementos constitutivos:

- formulación (no necesariamente explícita) que motive naturalmente a proponer, más que a responder, preguntas;
- contexto: «todo lo que se expresa explícita o implícitamente, con el fin de enmarcar el problema, y que provee la información necesaria para resolverlo»; o sea los datos y las ideas (ingeniosas, culturales, ...) que el contexto trae a la mente;
- soluciones, una, más de una o ninguna, este último punto de vista es importante: mostrar que no hay soluciones a un problema es en sí una solución al problema; aquí se pasa de la búsqueda de la solución a la presentación de la solución o soluciones;
- métodos de resolución que sean lo posible más amplios y diferenciados.

En esta posición se vislumbra ampliamente el intento de expandir el horizonte de la concepción de "problema". Me parece plausible y, de hecho, oportuno, incluir los casos que han permitido el surgimiento de la necesidad de definir la idea misma de problema.

El problema esencialmente es tal vez lo que se hace en clase cuando se desarrolla una actividad de resolución de problemas; por lo que resulta oportuna la distinción propuesta por P. Boero (1986) en elementos estáticos y dinámicos.

- Los elementos estáticos son: el texto (conjunto de signos lingüísticos, verbales o no verbales, interpretables como informaciones y preguntas); la situación problemática (los aspectos del mundo real y de la experiencia cultural que pueden ser expresados mediante el texto); las soluciones del problema.
- Los elementos dinámicos son actividades como tal: comprensión del texto (reconstrucción de la situación problemática); formulación de un texto (de manera que se dé una tarea a realizar, a partir de una situación problemática); resolución (proponer diferentes soluciones al problema); control (verificar las soluciones propuestas).

A manera de ilustración de esta propuesta, P. Boero usa este gráfico:

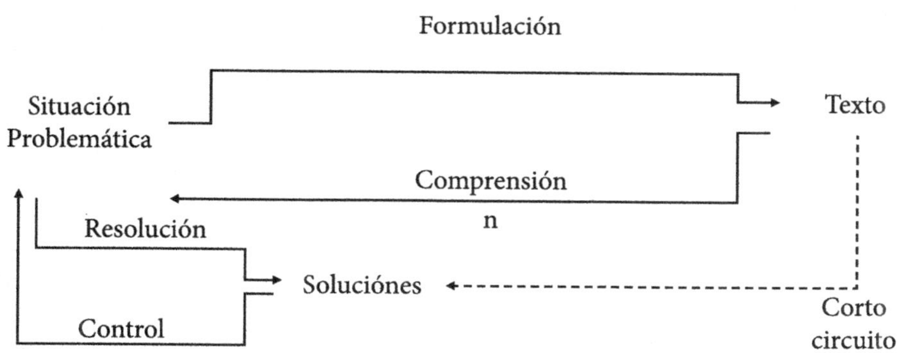

Ahora bien, el profesor puede analizar los elementos estáticos antes de proponerlos en clase; mientras que los elementos dinámicos se construyen dentro del proyecto educativo en tanto objeto de observación o en tanto habilidades.

Boero afirma que el camino tradicional en su propuesta de relacionar directamente el texto estereotípico y la formulación estándar de la solución crea un "corto circuito", es decir una situación que impide la exploración de la situación problemática. Con una visión tan amplia de la cuestión, el profesor puede esperar de sus alumnos desempeños tales como: la capacidad de formular un texto y de comprenderlo; y la capacidad de resolver situaciones problemáticas y de revisar la solución mediante un análisis más detallado de las diferentes fases.

Todavía, me parece que la idea de problema que surge es mucho más amplia y significativa que el estereotipo denunciado con antelación. Concuerdo con Boero en la posibilidad de entrar verdaderamente en el estudio de los mecanismos de solución de problemas; por tanto, se puede afirmar que la ampliación de tal concepción favorece el estudio del comportamiento de los niños en las actividades de *problem solving*.

Nota bibliográfica

Para redactar esta sección usé los textos ya citados explícitamente y, además Brown, Walter (1988), D'Amore (1987b), D'Amore, Persano (1987), Bagni, D'Amore (1992).

12. Modelos en y de los procedimientos de resolución

12.1. Modelos adecuados y modelos formados

En la vastísima literatura disponible sobre "modelos", en el campo del *problem solving,* hacer un (...) seguimiento de las acepciones bajo las cuales aparece ese término"modelo"se constituye en una actividad para nada superficial.

Por tal motivo, haré referencia a varias posturas buscando presentar en primera instancia una explicación sobre el uso del término.

En un artículo publicado en 1983, E. Ackermann-Valladao y sus colaboradores estudiaron el comportamiento de los alumnos según cuatro modalidades mediante las cuales se pueden presentar los modelos. Por *modelo,* estos autores entienden «un conjunto de competencias precedentes que permiten a la persona que resuelve el problema construir unas representaciones gráficas aptas para el proceso de resolución en el cual está actuando».

El modelo interviene en dos fases:

- descendente: del modelo a lo que, quien resuelve el problema, debe hacer para enfrentar la solución (para hacerse una imagen);
- ascendente: de la situación real (las acciones individuales en el proceso de solución) al modelo.

El conjunto de las dos fases constituye la manera en la cual el modelo interviene en la solución.

Solo que el grado de formación del modelo anterior a la solución del problema propuesto (estructuración del modelo) puede ser variable:

- puede ser un modelo ya existente;
- puede ser un modelo superado en parte o en proceso de formación.

De tal manera, el grado de aplicabilidad del modelo puede dar lugar a dos características:

- el modelo se adecua a la situación problemática estudiada;
- el modelo no de adecua.

De ahí surgen cuatro casos:

- modelo formado y adecuado;
- modelo formado pero inadecuado;
- modelo adecuado, pero no formado;
- modelo ni adecuado ni formado.

El primer caso parece ser el más afortunado. En esta situación, el sujeto es activo y anticipa las instrucciones; el procedimiento es claro y pertinente; ya que está en control de la situación, el sujeto acepta incluso modificaciones y observaciones con interés. De esto resulta un control descendiente, en el sentido explicado anteriormente.

En el segundo caso, en una situación de problem solving interviene un modelo formado, pero en una situación que no es pertinente para dicho modelo. Por lo tanto, el modelo no conduce a la solución. Lo anterior tiene como consecuencia que quien resuelve, al querer forzar el uso de su modelo, utiliza procedimientos no admitidos en ese contexto y comete otras trasgresiones (es decir que no sigue las instrucciones). Ya que el modelo está formado, entran bloqueos en juego, pero como se crea un conflicto, la persona que resuelve el problema patinará sobre modelos cercanos a los que ha elegido precedentemente, o insistirá repetidamente en seguir replicando el mismo modelo, constatando cada vez que es inadecuado, pero continua como si esperase un milagro. Si no existe el hábito o el entrenamiento para descartar modelos cuando son inadecuados y para pasar a otros, el fin casi inevitable es el abandono de las actividades de *problem solving*, declarándose incapaz. En el caso en el cual el modelo haya funcionado en otras ocasiones, hará que abandonarlo sea aún más difícil; la pertinencia del modelo en otros casos puede tomarse como la confirmación de su aptitud. A pesar de las pruebas negativas, aún prevalece el tipo descendente. En el caso positivo (es decir en el cual la falta de éxito convence a quien resuelve el problema de abandonar el modelo y pasar a otro adecuado) se cuenta con información descendente que lleva a modificaciones en la elección del modelo considerado adecuado, en el intento de representar la situación problemática.

En el tercer caso, el sujeto asume inmediatamente un modelo adecuado que sin embargo no se encuentra formado sino en formación. Las actividades de *problem solving* contribuyen precisamente a esta formación; la persona que resuelve el problema tiende a descontextualizar la instrucción, la reconstruye por cuenta propia, analizando sus componentes y adaptándola a sus conocimientos; puede también aventurarse a resolver el problema lentamente y desarrollar la verificación paso a paso. También sucede que el sujeto activa procedimientos lícitos y que estos den aparentemente la resolución del problema, mientras que, en realidad, se está solamente ensayando tales procedimientos, viendo qué se puede hacer con ellos y qué límites tienen. Hay casos en los cuales el sujeto transgrede la instrucción y usa procedimientos no admitidos. Aquí se puede ver muy bien que la exploración conlleva un control de tipo ascendente, es decir: son las acciones que el sujeto lleva a cabo o imagina de llevar a cabo las que dan indicaciones sobre como volver al modelo (el objetivo es transformar el modelo en formación en modelo formado).

En el cuarto caso, las actitudes deben ser completamente creadas; el sujeto busca modelos pertinentes, hojeando entre aquellos que le parecen más adecuados y viceversa. Es claro que un cuarto paso "puro" es difícil de encontrar porque el problema propuesto seguramente hará uso de competencias adquiridas, al menos en parte, con anterioridad (modelo parcialmente formado) y se sabe que existe la posibilidad de adecuar modelos que ya se poseen a este tipo de problema. Por lo tanto, el cuarto paso parece ser solo momentáneo, previo al alcance de uno de los casos precedentes.

Tomando como base esta hipótesis de Ackermann-Valladao (1983), es necesario subrayar la importancia que tienen las instrucciones anexas al problema, instrucciones no solo de tipo matemático sino relacionadas también con las actividades colaterales: el modo de comportarse durante la solución del problema, qué se puede y no se puede hacer, dónde y cómo proseguir con eventuales planes, etc. El contexto juega un papel relevante en la elección del modelo adecuado por parte del estudiante, mucho más relevante de lo que los adultos que proponen las actividades parecen considerar. (Un buen ejemplo de aplicación de esta hipótesis teórica aparece en Gallo, Amoretti, Testa, 1989).

12.2. Modelos normativos y modelos descriptivos

En realidad, tiene mucha relevancia y pertinencia en el campo de los procesos de toma de decisiones (ya que resolver problemas se trata de tomar decisiones) la distinción entre:

- modelos normativos;
- modelos descriptivos.

Se tiene un modelo normativo cuando se le dice a quien tiene que tomar una decisión (el resolutor, el alumno) cómo construir el conjunto de decisiones para las cuales es apropiado el modelo, por ejemplo, en forma de sugerencias totales o parciales, precedentes o en corso de obra. Por así decirlo, se trata de indicaciones sobre la aptitud del modelo más que sobre la estrategia a seguir (en una sola palabra: meta-indicaciones).

Se tiene un modelo descriptivo cuando se representa (de forma más o menos precisa) el comportamiento correcto por parte de quien toma las decisiones, por ejemplo, en forma de «Lo voy a hacer; Yo lo haría así y así»; se trata entonces de indicaciones sobre el comportamiento («Calma, reflexiona, espera, piénsalo bien, (...)») y sobre las maneras de resolver el problema.

Ahora bien, el modelo normativo contribuye notablemente en el campo del comportamiento resolutivo específico. Los estudios hechos sobre el análisis del comportamiento normativo dan indicaciones sobre el comportamiento humano específico (quien resuelve) y sobre el entorno (quien propone), sobre el comportamiento de quienes resuelven. Los estudios de Paige y Simon (cit. en Resnick y Ford, 1988) se dedicaron a la solución de problemas algebraicos, mientras que los análisis más vastos se dirigieron hacia el ámbito de la inteligencia artificial desde los primeros años de la década del 60 (Tonge y Gere, citados en Kleinmuntz, 1976); también son célebres los estudios de 1954 sobre el comportamiento humano frente a problemas de lógica (Moore, citado en Kleinmuntz, 1976) y de A. De Groot sobre jugadores de ajedrez (*idem*).

No se puede hacer un análisis de procesos mentales sin declaraciones explícitas, o sea reflexiones hechas en voz alta, tal vez basadas en preguntas pertinentes hechas por parte del investigador. En este sentido es muy interesante el análisis hecho por J. Paige e H. Simon (cit. en Resnick y Ford, 1988) sobre las declaraciones explícitas de un sujeto que intenta resolver un problema (fácil) de algebra, como este:

«La diferencia entre dos números es 12 y 7 veces el menor supera al mayor de 30. Encuentre los dos números».

Como puede observar el lector, se trata de un ejercicio simple de álgebra (que en ciertos niveles escolares son ampliamente difundidos); para asegurarse de que el sujeto estudiado diera indicaciones en voz alta sobre el procedimiento, un entrevistador escribía en el tablero las propuestas de resolución que lo sujetos examinados proponían; la transcripción de las indicaciones orales provee protocolos interesantes sobre el intercambio continuo entre modelos normativos y modelos descriptivos que quien resuelve da a sí mismo, mediante la figura del entrevistador-escribano.

En todo caso, me parece que se podría proponer una clasificación mucho más "fina", si se tuviera en cuenta, en una única resolución, las distinciones entre modelos normativos y modelos descriptivos, adecuados y formados. Lejos está de mi proponer la idea de una casuística impresionante; pero no se puede negar que hay una diferencia si el modelo adecuado es de tipo normativo o descriptivo: la aptitud puede radicar en las indicaciones sobre las decisiones que hay que tomar (en general) o sobre el comportamiento que se debe asumir (de manera más específica); lo mismo se puede decir del nivel de formación del modelo mayor o menor: quien tiene un modelo bien formado de carácter normativo, sabrá capotear más fácilmente problemas que requieren preliminarmente una elección sobre el modo de interpretar el texto y de referirse a instrumentos no específicos (por ejemplo, problemas sin datos que involucran más profundamente la lengua).

Una vez más, surge la oportunidad de crear una consciencia metacognitiva, por ejemplo, a través de una descripción oral explícita del comportamiento de cada cual: esto refuerza el modelo adecuado, lo dirige hacia su formación sobre el campo descriptivo.

Otro punto interesante es el comportamiento de los profesores en la fase de resolución de problemas por parte de sus alumnos. La propuesta de modelos ya sean normativos o descriptivos puede pensarse como algo peculiar (el "estilo" de la sugerencia es un indicador de la forma de ser del profesor) o como algo ocasional (según las instrucciones o el tipo de problema, el profesor privilegia, conscientemente o no, cierto modelo). Desafortunadamente, mi competencia en este campo es mínima y por lo tanto estas pocas indicaciones no son más que el fruto de una reflexión superficial; a mi modo de ver, se requiere mucho trabajo para poder profundizar.

12.3. Cómo ayudar a imaginar modelos

Ya he dicho mucho sobre la motivación, así que doy por descontado cualquier discurso a propósito de este argumento; supongamos que la motivación existe y que haya activado la volición: ahora, está el problema de crear la imagen de un modelo mental de referencia. El simple hecho de proponer un problema no quiere decir, en sí, que el niño active mecanismos que lo llevan a modelos (adecuados, formados, normativos, descriptivos, y demás). Parece una cosa banal, pero en la práctica didáctica, aquella que prefiero estudiar, no se ha dicho que el envío se dé automáticamente.

El hecho es que el texto de un problema propone un contexto, pero nadie ha dicho que el alumno lo acepte. Muchas veces es necesario descontextualizar el problema para recontextualizarlo de manera apropiada y personal. Para hacer que el problema sea "vivencial" puede ser necesario iniciar un proceso de extrañamiento del contexto habitual por parte del niño. Finalmente, nadie ha dicho que exista una construcción explícita consciente de representaciones "externas" de los problemas propuestos. Es decir, no es un problema solamente de modelos preconstruidos.

En una actividad de investigación finalizada hace tiempo (D'Amore, Sandri, 1996), propusimos a estudiantes de escuela media una serie de problemas llamados «supone que eres (...)». Asumiendo que existe motivación, como era de hecho, el juego consiste en retar al alumno a asumir contextos diferentes a los usuales en clase, obligándolo precisamente al extrañamiento como propuesta problemática. Las situaciones propuestas son modelos reales para la construcción de contextos oportunos que varíen cada vez; es más, ya que las manifestaciones externas son necesarias, pensamos que la solución misma del problema fuera la representación externa de una construcción explícita, pensada.

He aquí un ejemplo de 5 textos propuestos:

Supone que eres un comerciante (...)

Una señora compró algunas cosas y gastó 3700 pesos; te dio 5000 pesos y tú le diste las vueltas correctamente. Pero ella se queja y dice que le tenías que devolver 1700 pesos. Tú, con calma, le debes explicar por qué tú tienes razón.

Piensa por un momento que eres un profesor de primaria (...)

Quieres explicar a tus alumnos de tercero primaria que el área de un rectángulo se encuentra multiplicando la base por la altura.

Piensa por un momento que eres un arquitecto (...)

Este es el plano de un pequeño apartamento que acabas de dibujar, pero el comprador no entiende cómo logrará vivir en un apartamento tan pequeño que cabe en una hoja de papel. Debes explicarle bien que es un dibujo a escala.

(Sigue el plano del apartamento).

Piensa por un momento que eres un maquinista del tren (...)

Un pasajero te pregunta la velocidad media a la que viaja el tren de Bolonia a Milán (220 km) ya que se requiere una hora y media para hacer este recorrido. Tú respondes correctamente a su pregunta, pero él dice que es imposible y exige una explicación sobre el cálculo que hiciste.

Piensa por un momento que eres padre de familia (...)

Tu hijo, que tiene 7 años, escuchó que todos los triángulos tienen tres alturas y te pregunta: "Papá, ¿qué quiere decir eso?". No hay nada peor que evitar responder a un niño pequeño; entonces, tú decides responder.

Además del hecho que en actividades de este tipo se logra involucrar mucho más a los alumnos, esta manera de formular los problemas (en general muy simples, como salta a la vista) motiva a poner de presente la profundidad escondida detrás de los modelos formados. Cada uno de los que resuelven los problemas aprovecha modelos adecuados a la solución en cuestión en un contexto imaginario.

Además, se cuenta con una serie de modelos normativos ya sea auto-referenciales (indicaciones a sí mismo sobre el modelo a elegir) o hetero-referenciales (referidos al interlocutor imaginario). Existe también una buena cantidad de modelos descriptivos, a los cuales yo llamaría "ingenuos", donde la recontextualización sucede con frecuencia bajo la forma de un alumno que asume las veces del profesor o de alguien que explica algo.

Esta investigación produjo resultados interesantísimos, incluso en el campo de los llamados TEP (test escritos elaborados autónomamente) en clave de evaluación (D'Amore, Maier, 1998, 1999, 2002).

12.4. Modelos para la didáctica de los problemas

El término"modelo"se entiende en esta ocasión en un sentido concreto y específico y consta de un gráfico que representa lo que sucede durante la solución de un problema (el lector recordará que hay elementos"estáticos" y elementos "dinámicos") y que por lo tanto ofrece un medio útil para describir y evidenciar los diferentes componentes de la solución misma y de las dificultades encontradas por parte de los alumnos.

Después de años de redefiniciones y aclaraciones, lo más sencillo que logré concebir es el siguiente gráfico cuya interpretación requiere de la explicación de algunos términos.

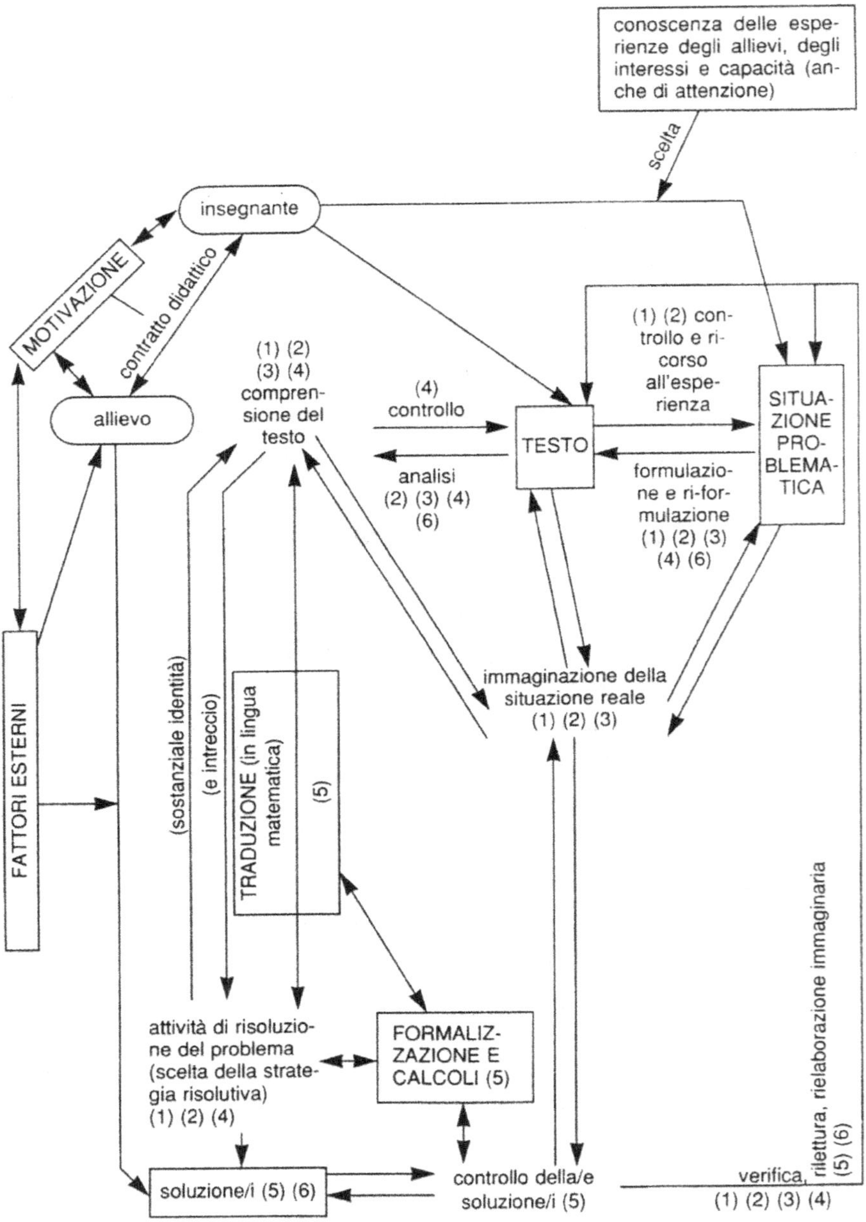
conoscenza delle esperienze degli allievi, degli interessi e capacità (anche di attenzione)
scelta
insegnante
MOTIVAZIONE
contratto didattico
allievo
(1) (2) (3) (4) comprensione del testo
(4) controllo
analisi (2) (3) (4) (6)
TESTO
(1) (2) controllo e ricorso all'esperienza
SITUAZIONE PROBLEMATICA
formulazione e ri-formulazione (1) (2) (3) (4) (6)
FATTORI ESTERNI
(sostanziale identità)
(e intreccio)
TRADUZIONE (in lingua matematica)
(5)
immaginazione della situazione reale (1) (2) (3)
rilettura, rielaborazione immaginaria (5) (6)
attività di risoluzione del problema (scelta della strategia risolutiva) (1) (2) (4)
FORMALIZZAZIONE E CALCOLI (5)
soluzione/i (5) (6)
controllo della/e soluzione/i (5)
verifica, (1) (2) (3) (4)

Por"texto" entiendo tanto la expresión de la propuesta problemática en un sistema de signos (en lenguaje oral, escrito, gráfico, [...]) como su significado semántico (fruto siempre de un contrato, a veces implícito; pienso incluso en significados latentes o escondidos, como «el corte de las lenguas madres», para decirlo en palabras de Benjamin Whorf, 1970; ver la nota bibliográfica).

Por "situación problemática" entiendo el sistema de competencias reales dentro de las cuales se puede imaginar lo que se ha descrito en el significado semántico del texto, específico para el problema propuesto y para la experiencia de cada niño.

Como"factores externos"señalo los que me parecen más significativos, ya que una lista completa resulta impensable:

- la experiencia (esto abre un mundo por sí mismo) (1);
- el hábito de expresar oralmente o por escrito ideas y acciones (2);
- la capacidad de hacer representaciones internas (3);
- la capacidad de proporcionar representaciones externas (4);
- la competencia matemática adecuada (5);
- la competencia lingüística adecuada (6);

(...)

Dentro del discurso de la teoría de las situaciones (D'Amore, 1999a), tomo (1) el "saber de enseñar", como lo definió Brousseau, establecido por el profesor y entonces parte integrante de ese mismo saber y (2) la atención del niño (dando por descontada una capacidad del profesor en este sentido). Para interpretar el texto se debe tener en cuenta que las flechas contiguas que van en el mismo sentido se deben considerar posibles de concatenar.

La fuerza de este modelo radica en la comprensión de los diferentes análisis posibles que en él se encuentran, tal como lo comprobé junto con los profesores colaboradores del Núcleo de investigación de Bolonia en varios seminarios.

Por otro lado, su debilidad radica precisamente en esto: al ser demasiado comprensivo se torna difícil de interpretar y de usar; en situaciones particulares resultan ser más apropiados los gráficos parciales que se desprenden del modelo.

Sin embargo, puedo afirmar que usarlo habitualmente hace que el gráfico se vuelva manejable, como lo han confirmado varios profesores.

Nota bibliográfica

Me gustaría ser más específico con la siguiente magnifica cita de Benjamin Whorf (1959):

> Todos conservamos una ilusión sobre el acto del habla, la ilusión de que hablar no tiene constricciones, que es espontáneo y simplemente que "expresa" cualquier cosa que deseamos hacerle expresar. Esta apariencia ilusoria se debe a que los fenómenos obligatorios dentro del flujo aparentemente libre del discurso son tan despóticos que el emisor y el receptor están inconscientemente atados como por una ley de la naturaleza.

El mismo autor:

> Seleccionamos la naturaleza según las líneas trazadas por nuestras lenguas madres, las categorías y los tipos que aislamos del mundo de los fenómenos no los encontramos allí porque están allí, delante de nuestros ojos; al contrario, el mundo se presenta mediante un flujo caleidoscópico de impresiones que nuestra mente debe organizar. Hacemos añicos la naturaleza, la organizamos en conceptos y esto sucede sobre todo porque somos partícipes de un acuerdo para organizarla de tal manera; un acuerdo mantenido por nuestra comunidad lingüística que se codifica en los esquemas de nuestra lengua. Tal acuerdo es completamente implícito y no declarado, pero sus términos son absolutamente obligatorios; no podemos de modo alguno hablar

sin subscribirnos a la organización y clasificación de los datos que nos impone el acuerdo. Este es un hecho muy relevante para la ciencia moderna pues significa que ningún individuo tiene libertad para describir la naturaleza con absoluta imparcialidad, sino que está obligado a asumir ciertos modos de interpretación aun cuando se considera lo más libre.

Este último fragmento se encuentra en *The Technology Review*, n. 6, 1940 (y se lo debo a la gentil sugerencia de mi amigo, el escritor Gianni Celati).

A esta postura de Whorf se oponen decididamente una cantidad de lingüistas, entre quienes señalo a Louis Hjelmslev; ver, por ejemplo, Hjelmslev (1968, en particular los capítulos 13, 15 e 21).

12.5. Modelos mentales

En nuestro campo se habla con frecuencia de estas palabras "modelos" y "mentales", con la impresión de que estas dos palabras se auto definen. Pero, la realidad es un poco más compleja y el estudio de los modelos mentales es bastante específico; de él se ocupan, por ejemplo, por obvios motivos, quienes estudian la ciencia cognitiva. Se puede decir que un modelo mental es un modo de representación analógica del conocimiento.

Inspirándonos en el estudio supremamente claro de B. Bara (1990), subrayaré la correspondencia entre:

- entidades y relaciones de lo que se quiere representar;
- entidades y relaciones del modelo representante (mental).

Al construir un modelo, este se estructura de tal manera que resulte coherente tanto con el hecho real que se quiere representar como con el uso que se quiere hacer del mismo (pragmática esperada). Para entrar en mayor detalle, además del texto citado anteriormente, hay que recordar el trabajo de P. Johnson-Laird (1988) que resulta fundamental y más específicamente, con referencia a razonamientos espaciales y formales, el texto clásico de P. Johnson-Laird e R. M. Byrne (1990). Los autores subrayan como el mismo objeto real puede ser representado mediante modelos mentales diferentes, no solo basados en lo que se quiere representar, sino basados en el uso que se quiere dar al modelo. El ejemplo del "aeroplano" en cuanto objeto se presta para diferentes modelos según el objetivo que se tenga, ya sea representarlo en vuelo (donde el objetivo es el reconocimiento junto con la imagen en vuelo), ya sea verificar, por ejemplo, la capacidad (entonces el modelo puede ser de una sección del avión abierto, donde se vean las sillas), etc. En últimas, no existe *el* modelo mental *correcto* de un objeto o relación real; sin embargo, *cada* modelo depende, entre otras cosas, del uso que se le dé. Este simple hecho abre las puertas a la representación tanto de la ex-tensión como de la in-tensión de un concepto dado. En palabras de Bara (1990):

> De hecho, el núcleo del modelo mental representa la intensión de un concepto, es decir las propiedades características del estado de las cosas descritas; los procedimientos de gestión del modelo se utilizan para definir la extensión del concepto mismo, o sea el conjunto del todos los estados posibles de las cosas descritas por el modelo.

Por lo tanto, no debemos perder de vista ninguno de los dos aspectos generales en la descripción general o particular de modelos mentales.

Sigamos entonces con los puntos fundamentales de Johnson-Laird en la lista de características de los modelos mentales, bajo la interpretación de Bara (1990).

- Un modelo mental se debe poder simular en una calculadora: es computable.
- Así, además es finito, es decir que está constituido por un número finito de elementos. Si las entidades y las relaciones

entre ellas son finitas, la comprensión es fácil; «los dos jugaron a los dados» tiene como modelo una situación en la cual todos los elementos son ciertamente una cantidad finita; «todos los hombres son mortales» (ejemplo de Bara, 1990, p. 129) no puede tener como modelo una figuración real de todos los hombres; aunque el número no sea infinito, es tan grande que iría más allá de la potencialidad del cerebro (aún más de la potencialidad de la calculadora); en casos tales, es obvio recurrir a símbolos icónicos y no icónicos limitados en número que de alguna forma representen el cuantificador universal "todos" junto con "hombres" (por ejemplo, tomar en cuenta "algunos seres humanos", y una estrategia para nombrar más seres humanos, si es necesario). Lo anterior lleva a la necesidad de tomar en consideración lo que aquí llamaremos "elementos básicos".

- Los modelos mentales son construibles utilizando como elementos básicos los elementos constitutivos; estos (llamados *token*) son de cuatro tipos:
  1. primitivas: innatas, relacionadas con percepciones y acciones y con capacidades cognitivas fundamentales: comparar y memorizar, entre otras; y con emociones básicas como el miedo o la felicidad; estas primitivas son la base de las capacidades perceptivas, motoras, emocionales y cognitivas de todos los seres humanos;
  2. conceptos simples: son los conceptos construidos sobre campos semánticos originados a su vez a partir de las primitivas; por ejemplo: causa, intención, idea de animal, a la derecha de, diferente a, antes que otros;
  3. conceptos complejos: basados en conceptos simples por sucesivas yuxtaposiciones; involucran emociones elevadas (remordimiento, maldad), ideas sofisticadas (raza pura, infantilismo), objetos complejos (motor Diesel, raza pura). (Los ejemplos los tomé de Bara);
  4. isomorfismo: el modelo mental es una representación fiel de la situación que representa:

Entes de la situación que se quiere representar	“Entes elementales” constituyentes del modelo mental
a, b, c, …	a’, b’, c’, …
(a cada ente le corresponde un bien precisado “ente”, en una correspondencia biunívoca)	
relaciones entre entes de la situación	“relaciones” entre constituyentes del modelo
R(a, b), S(b, c, d), T(e), …	R’(a’, b’), S’(b’, c’, d’), T(e’)
(a cada relación entre entes corresponde una relación precisa que actúa exactamente sobre los “entes” correspondientes: el isomorfismo mantiene las relaciones)	
Relaciones lógicas entre entes, entre relaciones, entre entes y relaciones	Relaciones lógicas entre “entes, entre “relaciones”, entre “entes” y “relaciones”
(identidad: las relaciones lógicas se mantienen inalteradas)	

En cierto sentido, el lenguaje es en sí mismo un modelo mental que describe la realidad; entonces, se habla de"representación proposicional": la palabra, en sí, por sí misma, no da casi nunca indicios sobre el término definido; por ejemplo, la palabra "cuadrado" en cuanto forma no es más cuadrada que la palabra "redondo". El término/palabra "cuadrado" alude a un modelo que nos da la competencia y la experiencia.

- El modelo mental debe ser, por decirlo así, "económicamente conveniente", es decir, debe requerir un esfuerzo cognitivo mínimo; esto nos hace entrar en contacto con cuestiones como el significado de los símbolos escogidos para la representación, la riqueza de la elección y del modelo obtenido;
- los modelos mentales son "combinables", como en una especie de caja china: hago un modelo mental de aquello que para mí es modelo mental de quien lee esta frase (...)

Basados en lo que hasta ahora se ha descrito, Johnson-Laird propone una taxonomía de los modelos mentales; como todas las taxonomías resulta un poco infructuoso, especialmente en nuestro campo de estudio, pero resulta útil para hacer una reflexión de tipo crítico.

- Modelos físicos (representan situaciones relacionadas con el mundo físico):
  - relacional
  - espacial
  - temporal
  - cinemático
  - dinámico
  - de imagen.
- Modelos conceptuales (representan situaciones abstractas):
  - monádico
  - relacional
  - metalingüístico
  - de conjuntos.

Algunas consideraciones sobre cada uno de los anteriores.

- Relacional: modelo estático que simplemente describe la situación física con elementos adaptados de la manera más sencilla posible;
- espacial: es un modelo relacional cuando las relaciones son de tipo espacial (por ejemplo, el modelo del cuadrado);
- temporal: es un conjunto de modelos espaciales dispuestos según una sucesión temporal;
- cinemático: modelo temporal cuyos elementos constitutivos guardan una continuidad psicológica entre ellos;
- dinámico: es un modelo cinemático con relaciones causales entre los eventos, momento por momento;
- de imagen: este amerita un discurso en sí; el ser humano está en capacidad de crear imágenes mentales complejas de cosas o de situaciones solo pensadas; puede también reconocer si dos formas se obtuvieron una con el movimiento de la otra; lo anterior, nos lleva a adentrarnos en varios meandros de tipo psicológico entre los cuales encontramos el fascinante mundo de la memoria en tanto que, como es sabido, la memoria es indudablemente la favorita de una serie de imágenes que la

refuerzan, la vivifican y la vuelven estable; seguir este camino nos llevaría demasiado lejos de nuestro objetivo, pero cierro aquí diciendo que los estudios de S. Kosslyn (1980, 1989) sugieren que los modelos mentales de imágenes son una verdadera "fábrica" de conocimiento, estudiada con bastante asiduidad por parte de la ciencia cognitiva.

Pasemos a los modelos conceptuales:

- monádico: trata de las aserciones sobre individuos, sus propiedades y comparaciones;
- relacionales: introduce relaciones entre los elementos de un modelo monádico;
- metalingüístico: introduce elementos o relaciones cuyo objeto son los elementos o relaciones de modelos relacionales o monádicos;
- de conjuntos: introduce la reagrupación o clasificación dentro de términos ya dados.

El estudio de los modelos mentales pone de presente un problema fundamental: «reproducir las estructuras cognitivas básicas». Las iniciativas en este sentido, especialmente por parte de la ciencia cognitiva, han dado diferentes resultados:

- se llegó a un tentativo de reunificación entre las estructuras de los datos y las funciones para manipularlos: los datos y los procedimientos son sin duda diferentes, pero son imprescindibles en tanto elementos constitutivos del modelo; no hay una distinción neta (parece cada vez más obsoleta) entre el conocimiento declarativo y el conocimiento procedimental;
- el análisis de modelos mentales hace relativa la fase de construcción del conocimiento, en otras palabras, la "descripción", incluso la más simple de un objeto, tiene en cuenta la funcionalidad; esta elección determina las propiedades que se deben poner en evidencia: no se puede hablar, entonces, de valor absoluto, sino solamente de valor relativo;
- el estudio de modelos mentales ha puesto en evidencia la profunda diferencia que existe entre el conocimiento general (lo que en

general se sabe sobre los datos en cuestión) y el conocimiento activo (lo que se sabe, basado en lo que estoy haciendo o basado en lo que quiero efectivamente hacer). En últimas, aunque se cuente con un conocimiento completo y complejo, según las circunstancias concretas, este conocimiento se activa solo en parte; de lo contrario, uno se encontraría en un estado de ineficiencia ya sea por exceso de datos o de competencia general. La atención en este punto juega un papel preponderante.

Nota bibliográfica

Para la elaboración de esta sección, me serví de Paivio (1986) y Shepard (1980).

En los años 90 elaboré una teoría compleja sobre imagen y modelo, buscando una generalización no solo teórica sino también concreta de lo que sucede en el salón de clase. El lector interesado en estas cuestiones puede encontrar reflexiones y propuestas en D'Amore (1999a).

13. *Problem solving*

13.1. Las fases y las condiciones "externas"

Muchos estudiosos (casi todos psicólogos) han examinado, desde varios puntos de vista, el *problem solving*; ya hemos tenido en los capítulos precedentes la oportunidad de hacer un gran resumen de diversos acercamientos. Este último capítulo se dedica a elaborar acercamientos ya delineados y esta sección, en particular, presenta un punto de vista que es oportuno conocer y que, de alguna manera, sintetiza nuevamente un acercamiento"clásico".

Existen cuatro fases en la solución de un problema, según este acercamiento:

- preparación: se analizan los elementos del problema en su relación entre ellos y con las competencias dominadas por quien resuelve el problema;
- incubación: la persona que resuelve el problema renuncia a resolverlo, pero, aun si parece interesado y ocupado en otra actividad, inconscientemente está (…) amalgamando los elementos del problema;
- inspiración: puede llegar o en el momento en el que se retoma el problema de manera explícita o mientras se está haciendo otra cosa;
- prueba: la idea que ha determinado la inspiración se valida y se confronta con las exigencias del problema para verificar que están en sintonía.

Más que de actividades de *problem solving* en clase, esta descripción tiene origen en estudios llevados a cabo por psicólogos sobre actividades de investigación y descubrimiento de científicos famosos. Sin embargo, me parece que esta descripción puede circunscribir algunas, sino todas, las actitudes de quien resuelve un problema. Nosotros, por ejemplo, hemos encontrado y puesto en evidencia la fase de incubación en muchos casos. Varios psicólogos han desarrollado proyectos de investigación precisamente sobre las fases de incubación e inspiración (haciendo referencia al fenómeno del *insight*), tanto así que la inspiración parece aclararse cada vez más.

El fenómeno de la incubación, en cambio, permanece en la oscuridad. Por eso, en la descripción anterior, usé términos alusivos ("amalgamando"), precisamente por la falta de otros más específicos.

En los años 60, se habló también de una fase preliminar de inspiración inconsciente, pero no he encontrado seguimientos al respecto. Otros prefieren ver el fenómeno de la siguiente manera: durante la fase de preparación, recurrir a modelos preconstituidos provoca un efecto Einstellung (estudiado anteriormente); durante el período de incubación el sujeto se libera de limitaciones mentales (de alguna manera producidas por sus mismas competencias) y el efecto cesa o, por lo menos, disminuye. Sin embargo, permanece el hecho que la incubación es un proceso inconsciente o preconsciente. Se trata de un… terreno minado, y aventurarse en él requiere de mucho valor. Sobre todo por parte de un autor que es matemático, investigador en Didáctica de la Matemática, y no psicólogo.

Una hipótesis más: hemos visto más de una vez cómo la lectura del texto de un problema produce siempre condiciones implícitas que aparecen como vínculos limitantes (que, en realidad, el sujeto mismo crea, tal vez porque ha visto tales condiciones anteriormente y estas tienden a permanecer). La fase de incubación puede permitirle al sujeto desvincularse de tales condiciones limitantes. A propósito de esto, tenemos un buen ejemplo. Hicimos que un grupo de profesores trabajara largamente sobre cubos hechos con pitillos amarrados por los extremos con limpia pipas o plastilina, por lo que los cubos eran en realidad esqueletos de cubo. Un día, dibujamos en el tablero un cubo en perspectiva sobre el cual señalamos dos vértices opuestos, A y B, diciendo que se trataba de un cubo de hierro sólido.

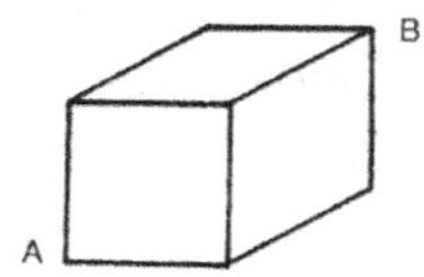

La pregunta era encontrar un camino con la distancia mínima entre A e B. Hubo cierto rechazo frente a la posibilidad de atravesar la cara y dar la respuesta (de otra parte errónea) de la figura que aparece a continuación.

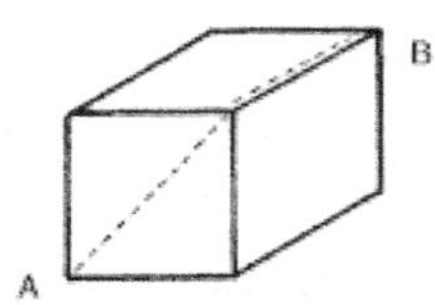

Esto se debe, en cierto sentido, a que permanece un vínculo contrario a los datos y muchos creían que tenían que seguir trabajando con los esqueletos de cubo. La historia continua de modo interesante, aunque se sale del tema, con la búsqueda de la explicación sobre la elección del camino correcto mostrado en la siguiente figura.

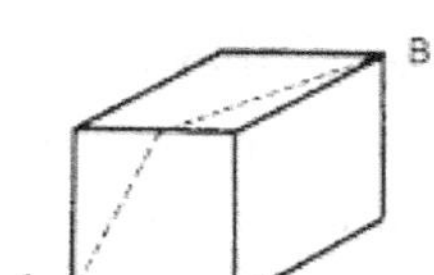

Para llegar a esta respuesta hubo que recurrir al desarrollo del cubo.

Ya que surgió el problema del desarrollo de un cubo de hierro sólido, se hizo énfasis en el significado del término "modelo" en geometría.

¡Pero, en este sentido nos salimos verdaderamente del tema! Entonces, terminamos aquí esta historia.

Otros modelos del comportamiento del resolutor del problema ponen de presente en especial su habilidad (según los estudios de C. Bunderson de 1965 citados en Kleinmuntz, 1976):

- asimilación del enunciado del texto del problema;
- percepción de las relaciones entre los datos del problema;
- producción de una organización adecuada de las relaciones emergentes;

pero estas fases no se presentan en el orden que acabo de exponer, sino en modo más o menos caótico, intercaladas.

Otros modelo privilegian todavía el análisis comparativo de los medios disponibles y de los fines (parciales y totales) que se quieren alcanzar: pienso en la teoría de A. Newell, J. C. Shaw, H. A. Simon, publicada en 1959, citada en Kleinmuntz (1976), y aplicada posteriormente en otros trabajos de Newell y Simon publicados en los primeros años de la década del 60 (idem); esta teoría es interesante sobre todo porque desembocó en un programa muy famoso en los años 60 que se llamó GPS (*General Problem Solving*) y que, en esos años, hizo surgir muchas ilusiones ingenuas sobre las posibilidades resolutivas de las máquinas de cálculo en el *problem solving* general.

Según esta teoría, el resolutor en principio compara la situación inicial (los datos o algunos de ellos) con el objetivo final (la pregunta del problema); esto lleva a esquemas que no son más que condiciones adjuntas que no se encuentran en el texto de modo explícito, pero que permiten aproximarse más a la solución. De esta manera, se crea una red de conexiones cada vez más pertinentes y cercanas a la solución requerida, en medio de un caos que, sin embargo, tiene una lógica dentro de la evolución de la solución. Así, se crean subproblemas originados por el análisis de los datos y de su comparación con el requerimiento final; cada uno de tales subproblemas se resuelve y, a su vez, proporciona datos nuevos que permiten aproximarse a la solución final del problema.

Si se llega a una calle sin salida, el resolutor va atrás y empieza de nuevo por otro camino. No existe un orden lógico, pero sí heurístico, definido "intuitivo" por varios autores. Se entiende inmediatamente cómo una teoría de este tipo se adaptó tan bien al análisis de programadores que deben precisamente estudiar una serie de subproblemas que se acercan cada vez más al problema final. En cambio, los conductistas radicales naturalmente atacan esta teoría, dado que no se puede expresar en términos de estímulo-respuesta y no describe nada de lo que sucede dentro del organismo humano en las actividades de *problem solving.*

Sin embargo, la teoría de Newell y sus colegas no intenta considerar análisis neurológicos, sino que es solo una descripción de los procesos entendidos como transformaciones de información simbólica.

Otro modelo muy célebre es el de L. Burton, J. Mason, K. Stacey (1982) desarrollado en 4 fases:

- fase inicial: el estudiante trata de entender lo que debe hacer y de qué trata el problema que tiene en frente a sí; una característica positiva de esta fase es la buena representación de la situación problemática que se alcanza para poder proceder; si el problema se propone en términos concretos, la representación puede ser simple; en cambio, si se propone en términos generales, la tarea inicial del estudiante es encontrar ejemplos concretos o formas que ilustren la situación; lo anterior no proporciona estímulos para proceder y pasar a la fase siguiente; si se tiene éxito en esta fase, el sujeto demuestra interés en continuar con la solución;
- fase de ataque: es la fase más relevante; el resolutor ensaya una primera hipótesis de solución que puede no conducirlo a buen puerto, entonces debe estar dispuesto a iniciar de nuevo el ataque; en este punto puede ser necesaria la intervención del profesor para dirigir exitosamente el esfuerzo del estudiante, especialmente si, después de muchas dificultades, debe iniciar desde el principio; es necesario decir que reconocer que no se puede continuar es el primer paso hacia la solución: es mucho más difícil de tratar a quien se empecina contra la evidencia y muestra poca disposición para revisar su propio trabajo;

- fase de revisión: es la fase en la que el resolutor compara su solución con el primer estímulo (por ejemplo, el texto del problema); puede ser que la comparación muestre una falta de congruencia entre las dos cosas; en este sentido hay puntos en común con la fase anterior: el sujeto debe estar dispuesto a caminar sobre sus pasos; es bueno que esta fase sea por escrito, precisamente para facilitar la revisión personal y para tener material de discusión en clase;
- fase de extensión: un problema nunca debe ser un hecho aislado, por cuenta propia; en cambio, debe hacer parte de un proceso continuo; la solución de un problema debe llevar a la creación de otro; la fase de extensión lleva a reforzar el desarrollo de una actitud matemática; así el proceso evoluciona en forma de espiral porque sobre las cenizas de la fase de extensión surge la fase inicial para un nuevo problema.

Otros modelos han tomado inspiración de la teoría de juegos, otros de la heurística del juego y otros interpretan el *problem solving* como perteneciente a la categoría del aprendizaje conceptual; entre todos los modelos que he apenas mencionado, forzado a pasarlos por alto, hago referencia solo a los estudios de este último caso: K. R. Laughery (1961), K. R. Laughery y L. W. Gregg (1962), y otros sucesivos (todos los casos se encuentran analizados en Kleinmuntz, 1976).

Si el intento de describir las fases del *problem solving* parece una empresa sobrehumana dada la riqueza y la abundancia de las contribuciones proporcionadas, es casi peor intentar describir, así sea rápidamente, las posiciones sobre las condiciones externas. R. M. Gagné (1973) propone tres variables, a su vez susceptibles de un estudio a mayor profundidad:

- estímulos: pueden ser físicos, verbales, no verbales, icónicos, entre otros; nadie ha dicho que cada individuo responda al mismo estímulo de la misma forma, se pasa de la indiferencia respecto a los estímulos, al condicionamiento total; según Gagné «hay que hacer hipótesis sobre un proceso de mediación que permita codificar los estímulos en sí»; sin embargo, este intento parece ser una empresa titánica dado que las dos variables: texto o tipo de problema, situación o tipo de estímulo, se presentan bajo una casuística inmensa a primera vista; algunos psicólogos, con la motivación precisamente de Gagné, han intentado probar las reacciones sintomáticas de quienes resuelven problemas con un tipo de estímulo singular, pero voy a pasar este punto por alto; otros han estudiado la intervención de estímulos externos, como el ruido, la temperatura, la presión, la calidad del oxígeno, entre otros; estoy seguro de que el lector me perdonará si no entro en particulares;

- pautas verbales: se trata de indicaciones tendientes a favorecer cierta forma de ver el problema, por ejemplo: «Mira primero la figura de la derecha y luego la de la izquierda»; u: «Observa el denominador de la fracción, ¿puedes ver que (...)?»; es obvio que las pautas de este tipo juegan directamente con la actividad de *problem solving* y se pueden estudiar con el fin de comprender su función específica; en este sentido la casuística parece infranqueable;
- instrucciones: tienen como función «suscitar el accionar de procesos de mediación que permitan la solución del problema» y por lo tanto favorecen lo que llamamos "la entrada en el problema"; obviamente, las instrucciones entran en juego de muchas formas, según su tipología; he aquí algunos ejemplos:
    - informaciones sobre la naturaleza de la solución requerida: a veces, este tipo de información es necesaria para saber si la solución se adecua a los requerimientos; por ejemplo, al resolutor de un anagrama se le dice que la palabra que busca debe ser de uso común; al resolutor de un ejercicio que habla de velocidad se le puede decir si la solución debe o no ser aproximada;
    - informaciones sobre aspectos relevantes de la situación estimulante: esta puede servir para hacer que el estímulo no sea ambiguo, en un dato relacionado con un juego de cartas (con el 7 de corazones) se puede informar si lo que cuenta es

el valor de la carta (7) o el palo (corazones);

- informaciones-recordatorio de conceptos o reglas apropiadas: es lo que comúnmente hacen los profesores;
- informaciones sobre el proceso del pensamiento que se debe seguir para lograr dar pasos decisivos (o para llegar a la solución); aquí se abre un capítulo nuevo que nació en los años 60, a partir de allí se teorizó y desarrolló; pienso en lo que ha sido llamado "descubrimiento guiado" GDL (Guided Discovery Learning) y en el trabajo de R. M. Gagné y L. T. Brown de 1961 (descrito en Gagné,1973) y de M. C. Wittrock de 1965 (*idem*).

Obviamente, estas consideraciones podrían continuar extensamente; pero este no es mi objetivo, quiero limitarme solamente a dar indicaciones sobre posibles líneas de investigación y sobre algunos resultados que, para mí, merecen la reflexión de los profesores. Sin embargo, me gustaría citar los estudios sobre el ambiente social del aprendizaje de Murray (1972), seguidos por otros autores.

Nota bibliográfica

Casi todo lo que he mencionado se puede encontrar en Kleinmuntz (1976), especialmente en las pp. 19-24 y 137-141; las referencias bibliográficas específicas se encuentran en las pp. 366-373.

Ver también (Murray (1972), Resnick y Ford (1991, cap. 7) y Burton, Mason, Stacey (1982)).

13.2. Las condiciones internas y las diferencias individuales

Como contrapunto de los estudios sobre condiciones externas, encontramos el análisis de las condiciones internas que son mucho más delicadas y difíciles. No se puede separar de esta evaluación las diferencias individuales, que hasta ahora he llamado"estilos", pero aquí hay que considerarlas de manera más amplia. No siempre haré esta distinción entre estos dos aspectos. Las condiciones internas tienen una influencia decisiva en varios momentos (fases) del *problem solving*, por ejemplo, en el comportamiento del resolutor frente al enunciado del problema propuesto.

Nuestro "usual" Gagné (1973) propone la siguiente gráfica para ilustrar los factores que intervienen en la solución de un problema.

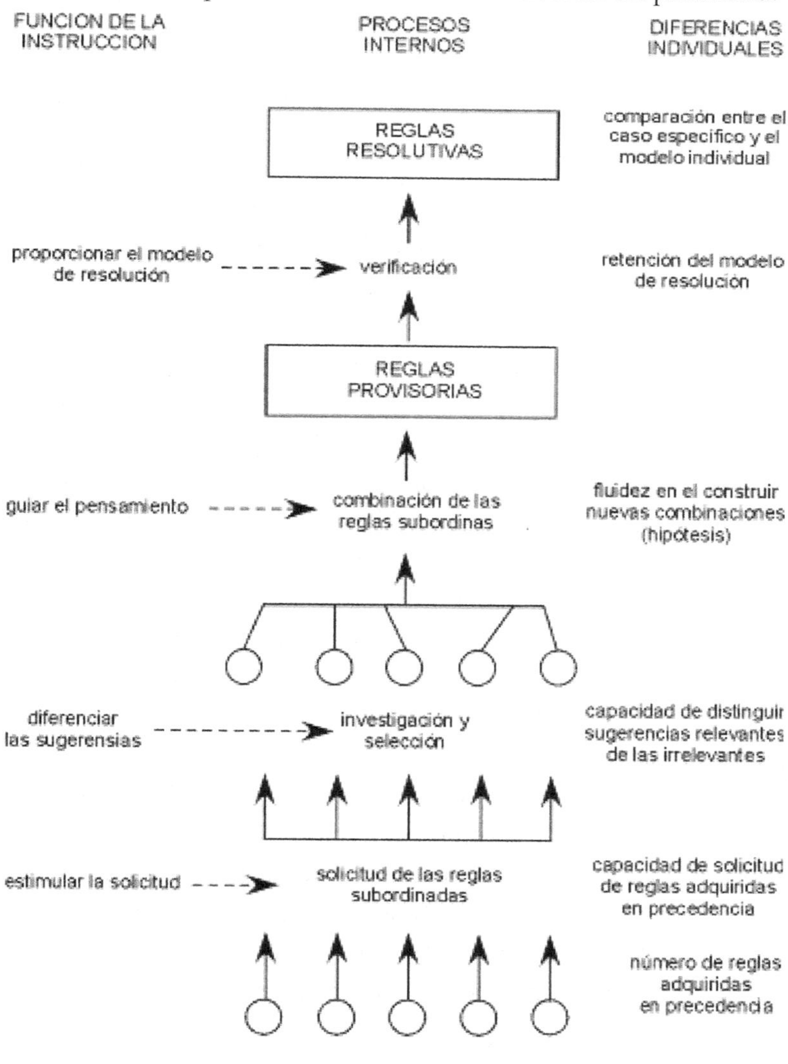

La columna (vertical) tiene como objetivo captar la parte esencial de los procesos internos, mientras que la columna de la derecha capta las diferencias individuales. Una lectura global de la gráfica muestra que el *problem solving* depende tanto de la aceptación como de la presencia de reglas adquiridas previamente que, en los casos más sencillos, son conceptos. De manera simple, por ejemplo, en un problema sobre un triángulo rectángulo son necesarios conocimientos adquiridos anteriormente sobre el triángulo y el ángulo recto. En el primer paso, recurrir a preguntas que ponen en movimiento condiciones internas positivas significa recordar reglas y conceptos aprendidos; entran en juego instrucciones proporcionadas externamente (ver la sección anterior) que solicitan condiciones internas favorables (más o menos explícitas).

Sucesivamente, entre las reglas o los componentes de la regla recordada, el sujeto selecciona las partes específicas que debe considerar relevantes, en un análisis continuo de los estímulos, y descarta las otras. Tomando prestado un término de la teoría de la comunicación, es obvio que esta fase puede resultar un poco confusa, y por lo tanto tener un "ruido" de fondo: una condición interna óptima es aquella que permite distinguir las señales significativas de los ruidos nocivos.

Aún más, hay algo que muchos autores identifican con la formulación de hipótesis; se trata de la combinación de conceptos, reglas recordadas y situaciones problemáticas específicas en un objeto, una especie de maraña de sugerencias e ideas que no se puede pensar de otra manera si no como fenómeno interno del sujeto. Si en este punto se pide una declaración explícita de lo que sucede, se encuentra una gran dificultad, y luego, de todas maneras, lo que el sujeto logra decir no es ni siquiera un atisbo de lo que realmente sucede. Maier (en los años 30), Katona (en los años 40) y Bruner (en los años 50 y 60) (cit. en Gagné, 1973) dieron indicaciones que son ya clásicas sobre la manera como se estudia esta fase. Por otra parte, es un conocimiento obvio para todo educador el hecho de que una guía externa (ya sea sobre las pautas o sobre las instrucciones) favorece de manera notable el mejoramiento de las capacidades de *problem solving*; pero, para llegar al punto, tener claridad interior al organizar lingüísticamente las frecuentemente confusas sensaciones individuales produce un aumento positivo en el mismo sentido.

De tal manera, se alcanza la fase de las "reglas provisorias", o sea las reglas que según el resolutor le ayudarán a resolver su problema, hasta que no se demuestre lo contrario. Estas reglas están sujetas a verificación, es decir que se comparan con los estímulos (el texto del problema, por ejemplo) para comprobar su idoneidad. A esta altura, el resolutor parece haberse formado un "modelo interno" de la solución del problema y es así, sobre todo, que el resolutor verifica su idoneidad (cito las investigaciones de G. A. Miller, E. Galanter y K. H. Pribram de 1960, analizadas en Gagné, 1973). En realidad, no considero que la elección de las reglas provisorias sea "pura", es decir que esté disociada del contexto. Es mucho más razonable pensar que tales reglas hacen parte del modelo interno mismo; por lo tanto, la verificación se da contemporáneamente con la creación del modelo interno y con la elección de estas reglas provisorias. Antes o después, a veces incluso en un primer momento, las reglas provisorias no son desmentidas, y el modelo interno proporciona la solución correcta; y el proceso encuentra positivamente su fin.

Es obvio que existe un estilo personal que condiciona el orden, la duración y la importancia de las fases individuales; por lo tanto, cada proceso resolutivo es una historia por sí misma, aún si hay características en común, más o menos marcadas.

Entre las diferencias individuales, podemos señalar, con Gagné (1973), las siguientes.

- Cantidad de informaciones almacenadas. Es obvio que una persona puede ser mejor para solucionar problemas porque sabe más; incluso los llamados test de inteligencia a veces pecan ingenuamente en este sentido, ya que no tienen en cuenta la cultura individual; no solo en los test de Matemática, por ejemplo, se revela este hecho, también en los del campo lingüístico: un académico conoce muchas más palabras que una persona que trabaja en otro campo y esto, indudablemente, favorece al primero en ciertos test de manejo lingüístico, aunque el académico sea físico o químico en lugar de literato.

- Facilidad para traer a la memoria la información; es bien sabido que, cuando hay paridad, al menos potencial, de información almacenada, hay personas más hábiles para recordar tal información que otras; recordar está ligado a interferencias, más o menos fuertes según el sujeto, o a condiciones particulares de la persona, como demostró B. J. Underwood en una investigación publicada en 1964 (Gagné, 1973).
- Capacidad para seleccionar los conceptos; aún en situaciones de conflicto conceptual, hay personas que tienen la habilidad de distinguir los conceptos y de seleccionarlos basados en la tipología del problema, la situación y demás; mientras que para otras personas puede ser más fácil caer en la confusión. Sin embargo, es difícil decir en qué consiste realmente esta habilidad.
- Fluidez para formular hipótesis; parece que se encuentran personas más hábiles para combinar reglas y conceptos para llegar a hipótesis nuevas, formuladas de manera más o menos correcta; podemos recurrir a lo que los psicólogos llaman"fluidez intelectual", estudiada a finales de los 50 e inicios de los 60 especialmente por parte de J. P. Guilford, de D. W. Taylor y J. W. Getzel y de P. W. Jackson (Gagné, 1973); se ha hablado de ciertos individuos con mayor flexibilidad. En cambio, hay personas que no ven una relación aparentemente evidente a los ojos de otros. Esto puede depender de diversos factores, entre los cuales los psicólogos señalan la concentración.
- Capacidad para conservar en la mente un modelo de solución; parece que hay personas más o menos hábiles para modificar una situación en la cual existen condiciones variables y para considerar mentalmente el modelo en evolución, fase por fase. Una falta de capacidad en tal sentido podría ser la causa por la cual no se sabe individuar la evolución en una sucesión de modelos de la solución.
- Capacidad para comparar el caso específico con el caso general.

Hablar simplemente de capacidad de generalización, me parece dispersivo; se ha estudiado un caso general, pero se enfrenta un caso particular que está relacionado con el general, pero no se sabe aprovechar esta relación.

Es obvio que este tipo de distinciones lleva a examinar la mayor o menor capacidad del estudiante para construir una estructura"integrada" en la que confluyan conocimientos conceptuales (relacionados con el campo de los problemas) y estrategias relacionadas con estos. Esta estructura ha sido llamada"esquema mental" (De Carolis, Pellerey, 1987) y evidentemente uno de los objetivos de la enseñanza es estimular la construcción de tal aparato. En sentido contrario, el resultado es el opuesto, o sea el estudiante tiende a disociar de forma deletérea los conocimientos declarativos (las"teorías") de los conocimientos de tipo procedimental (las "estrategias"). Sobre este punto, ver los mismos autores y también Davis, 1986. ¿De qué depende? Al parecer, se debe a tres factores (Hierbert, Lefevre, 1986):

- errores en los conocimientos fundamentales (o solo lagunas);
- falta de o dificultad en la codificación de las relaciones recíprocas entre operaciones aritméticas (algoritmos) y los conocimientos semánticos (por ejemplo: porque se usan);
- conocimiento fragmentario "a compartimientos estancos", es decir conocimiento sectorial y sin relación con otros conocimientos.

La cura es obvia, una vez diagnosticado un mal similar: al proponer un conocimiento es esencial una construcción significativa, razonada e inteligente entre el conocimiento declarativo y el procedimental a este relacionado. Sin embargo, la investigación psicológica ha puesto en evidencia cómo, en esta área, es extraordinariamente importante ser consciente de los procesos y de las estrategias, es decir promover la metacognición (que ahora paso por alto, dado que hemos ya hablado de este particular en la sección 9.3., capítulo 11, y en otras secciones).

Entre los estilos o diferencias individuales, hay también una predilección interna, tal vez ni siquiera explícita o consciente, hacia la inducción o hacia la deducción. No hay que dar inmediatamente una interpretación matemática a estos términos, sino ver la forma en la que se aplican (siempre dentro del proceso de *problem solving*); por ejemplo, sigamos lo que dice Burrhus F. Skinner (1968):

> Muchos ejemplos de comportamiento de problem solving podrían formar parte de la inducción. Este término se aplica tanto en los estímulos evocados por un comportamiento adecuado a un conjunto de contingencias derivadas de la exposición a las mismas, como al momento en el que derivan de la consideración directa del sistema de refuerzos. En este sentido "inducir" no significa derivar una regla general de instancias específicas, sino, sobre todo, construir una regla capaz de generar el comportamiento adecuado frente a cierto conjunto de contingencias.

Por esta razón, preferí incorporar esta argumentación al discurso sobre las condiciones internas más que a las externas: la elección de la consideración (incluso inconsciente) y la característica de la presión de los estímulos son hechos individuales, significativos de manera diferente según el individuo.

Continua Skinner (1968):

> La deducción es otra forma de construir estímulos discriminatorios. Las máximas, las reglas y las leyes son objetos físicos manipulables hasta el punto de producir otras máximas, reglas y leyes. A partir de descubrimientos empíricos relacionados con el éxito de ciertas prácticas o de una consideración de los sistemas que permiten mantener las contingencias de las reglas de primer orden descritas, se pueden derivar "reglas de segundo orden" o reglas que permitan manipular las reglas de primer orden. (...) Las reglas de segundo orden se descubren por la vía inductiva (...) o deductiva (...) mediante el análisis de las reglas de primer orden o de las contingencias que estas describen.

Ni la deducción ni la inducción parecen ser factores del todo externos, pero la elección de la una o la otra depende en gran parte de las diferencias individuales de los sujetos.

Pongo en consideración otra cuestión, para responder la siguiente pregunta: «¿Qué produce el *problem solving*?»; Skinner (1968) propone respuestas en términos de:

- adquisición de conocimientos (y Skinner hace referencia a Polanyi y Bridgman sobre el conocimiento personal de tipo incluso operativo en sentido estricto);
- estructuración del pensamiento operante (entre lo que, en este sentido, se encuentra el aumento de la cantidad de cuestiones sobre las cuales se tiene que saber pensar significativamente).

Si aceptamos estas respuestas, tenemos una serie de beneficios todos internos que, a su vez, producen nuevas condiciones internas que se deben tener en cuenta (más o menos conscientemente) en las actividades de problem solving sucesivas. Encuentro justificación suficiente para incluir en esta sección este breve discurso sobre lo que produce el *problema solving*, ya que el beneficio no puede que ser variable de forma individual y acarreará efectos diferentes según el estilo (digamos, según la disposición personal en recibirlos) de cada resolutor.

Robert Gagné, en el capítulo 8 de su libro (1973), bajo el título «Problem solving», propone ejercicios en los cuales confluyen reglas de orden superior, que inicialmente son estrechamente atinentes a la Matemática (el uso de ciertas reglas algebraicas), y luego más vagas (problemas de configuración de los fósforos), luego extrañas (los experimentos de Maier con el péndulo); en cada caso, admite la diferenciación significativa del comportamiento individual incluso frente a aprendizajes (primarios o secundarios) que se podrían definir si no como similares, por lo menos comparables.

Entre las condiciones internas, sin estar suficientemente desarrollado investigativamente, me parece interesante el capítulo sobre el conocimiento tácito, llamado por los especialistas conocimiento K-tácito, donde K viene de "*knowledge*" (conocimiento). Se trata de aquel tipo de competencia, conocimiento o certeza que el ser humano posee pero que no se representa de manera explícita, y que le permite interactuar de alguna manera. Pero, así sea conocimiento perfecto y consciente, no logra expresarse de otra forma diferente a la operativa o implícita. Muchas veces este tipo de conocimiento es inexpresable lingüísticamente (o se puede expresar, pero solo mínimamente) y es irreductible a otros tipos de conocimiento (Polanyi, 1979).

Existen varios ejemplos posibles, generales, no estrictamente relacionados con nuestro tema general, pero eficaces para entender el sentido y sus implicaciones:

- hay causas que producen variaciones; los momentos de transición son, muchas veces, difíciles de expresar o de reducir a otras experiencias, si no mínimamente (ejemplo: describir una flor que se abre);
- hay sensaciones, sentimientos y situaciones conocidas que se pueden expresar solo mediante alusiones o metáforas; el ejemplo de B. Bara (1990, cap. 5), tomado del *Catálogo de vinos de Italia* (1976) de Luigi Veronelli, en este sentido es muy bueno; el sabor del conocido y ampliamente apreciado Barbaresco se pone en estas palabras: «Tranquilo y seco, se abre inmediatamente en la boca, cual caricia de elegante tela y, aun así, cual nervio sentido; es un vino de raza poco común». Para quien nunca ha probado el Barbaresco, esta fascinante descripción no le dice realmente cuál es su sabor;
- los artistas creativos generalmente no aman que se les vea trabajando, ni siquiera sus propios alumnos; dar de manera explícita y a nivel consciente una presentación individual parece reducir la efectividad del proceso creativo.

Los ejemplos pueden continuar; algunos expertos hablan de "conocimiento opaco" en estos casos. Tal término da buena cuenta del efecto que tiene el conocimiento tácito sobre quienes lo reconocen, pero no lo pueden expresar.

En cuanto al metaconocimiento, se trata de algo difícil de expresar explícitamente aún a uno mismo: saber hacer (gustar, crear, [...]) y darse cuenta de no saber expresarlo. De ahí que los académicos dedicados a la ciencia cognitiva pongan por encima el K-tácito con respecto al conocimiento procedimental, en el cual se sabe hacer (y uno es consciente de esto) pero no se sabe expresar lo que se hace. Entran en juego también los hábitos o la repetición: las cosas que son tan usuales que se convierten en mecanismo parecen difíciles de explicar en términos explícitos.

Pero si el K-tácito no se expresa, ¿tiene sentido hablar de conocimiento? Hay quien dice que no, como J. Searle (1988), quien habla de "habilidades de segundo plano" no representadas ni representables en términos de competencias. Es probable que precisamente los investigadores dedicados a la inteligencia artificial (en el fondo los más interesados en esta cuestión) un día encuentren la manera de volver explícito el K-tácito mediante un modelo adecuado. Gran parte del comportamiento humano se basa en este tipo de conocimiento cada vez que se advierte, se intuye o se siente algo que no se puede explicar con palabras.

En otras palabras, tengo un conocimiento de fondo del hecho de que en el complejo enredado que sucede en la mente cuando nos disponemos a leer el texto de un problema o, mejor aún, cuando se pasa de la lectura a la acción, el K-tácito tiene un papel decisivo, pero, por su naturaleza, difícil de estudiar. En cuanto a la motivación (es decir la buena disposición a trabajar para encontrar una estrategia que permita resolver el problema) la riqueza de estímulos que podría crear el K-tácito parece jugar un papel esencial.

Enriquecer el conocimiento de fondo con estímulos (culturales, sociales, éticos y de otra naturaleza) podría ser una manera de desenredar la maraña de la que se habló anteriormente y de proporcionar una ventaja amplia de referencias.

Nota bibliográfica

Además de los textos citados explícitamente, usé Kleinmuntz (1972, pp. 141-148, 239-241, 252-256).

13.3. Enfoques psicológicos sobre el estudio y la investigación en el *problem solving*. La Gestalt

Entre todos los enfoques posibles elaborados por la Psicología, frecuentemente adoptados por parte de los matemáticos en lo relacionado con la elaboración de modelos (de estudio y de investigación), emergen cuatro por encima de los demás dada su relevancia:

- enfoque gestáltico;
- enfoque psicométrico;
- enfoque conductista;
- enfoque (conocido como) informático;

dedicaré una breve presentación a cada uno de estos.

En esta sección 13.3. veremos el enfoque de los psicólogos de la Gestalt; en la sección 13.5. veremos los enfoques psicométrico y conductista y en la sección 13.6. el enfoque informático.

Si una persona intenta describir libremente las sensaciones, impresiones e intuiciones que acompañan una actividad mental cualquiera (la solución de un problema, entre otras), se da cuenta de que el pensamiento no fluye de manera lineal de una fase a la otra, sino que se crea una amplia y compleja red de percepciones, pensamientos, comportamientos, etc., contrariamente a lo que desearían psicologías reduccionistas que elaboran cadenas lineales de fases. Los psicólogos que se identificaron con la idea de Gestalt (psicología de la forma o de la representación, recuerdo sobre todo a Kohler, Koffka, Wertheimer) reconocían el hecho de que la mente humana no se limita a entrar en contacto o a tomar en consideración lo que se presenta, sino que *interpreta* eventos, fenómenos, hechos, objetos, formas, representaciones, etc. Lo anterior a partir de la simple percepción, paso a paso hasta llegar a la solución de problemas (de cualquier tipo, no sólo matemáticos): esta última actividad es considerada por parte de los gestálticos como la expresión típica y más elevada de la inteligencia humana. Percibir no se trata simplemente de sumar estímulos que actúan sobre los sentidos, es la reelaboración de una estructura que es un resultado de una interpretación del cerebro humano. Por ejemplo (Luchins, Luchins, 1970): el mismo círculo blanco de la imagen que se ve a continuación asume interpretaciones diferentes según el contexto, porque la mente humana interpreta de forma estructural un grupo de puntos (todos puntos negros y uno único punto blanco):

- en el caso a) el punto blanco tiende a"cerrar"la estructura, dando la interpretación de una imagen de un cuadrado o un rombo donde, en realidad, solo hay cuatro puntos, tres negros y uno blanco;
- en el caso b) el mismo punto tiende a cerrar la figura y a darle la estructura de un triángulo;
- en el caso c) la mayoría de las personas ven el punto blanco como el centro de un rectángulo, buscando una interpretación más compacta, una"forma buena";
- en el caso d) el punto blanco tiende a ser visto como un "expulsado" de la estructura, simplemente como un punto por fuera de un hexágono.

Los seguidores de la Gestalt en este caso afirmaron que ni la identidad ni la función de un elemento de la interpretación son elementos fijos, sino que cambian según el ambiente. La forma en la cual se presentan los elementos perceptivos juega un papel determinante en la interpretación: la mente humana, sustancialmente, rechaza la simple declaración unívoca y uniforme: «En todos los casos se trata de un punto blanco»; al contrario, este punto tiende a crear una estructura; por lo tanto, es el contexto y no el objeto en sí lo que determina la percepción.

Para sustentar esta tesis, los seguidores de la Gestalt dieron varios ejemplos: la música, más allá de la simple suma de notas, es elaborada en el cerebro humano como estructura compleja; el cine (Wertheimer dio este ejemplo por primera vez en 1923, en medio de la época dorada de este nuevo arte que se estaba afianzando) entendido como estructura del cerebro humano y no como simple sucesión de fotogramas; las famosas formas que aparecen a continuación:

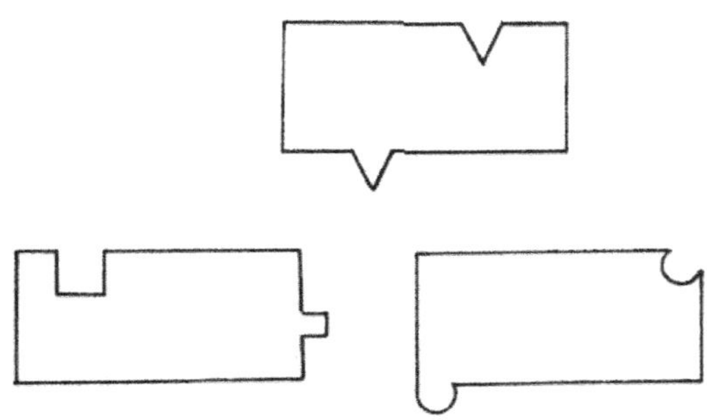

que el cerebro no ve como simples líneas, sino como rectángulos (forma buena) con"cavidades"y"protuberancias". Otro ejemplo: es más fácil decir a simple vista que en la siguiente situación hay 6 puntos negros en la figura que aparece a la izquierda, que en la figura que aparece a la derecha donde también hay 6 puntos negros:

Esto se debe a la así dicha"forma buena"bajo la cual se presentan los puntos"organizados". Esta idea de"forma buena", importantísima en el movimiento gestáltico, entra también en la lectura y en la interpretación de fórmulas algebraicas; hay fórmulas que, debido a su forma buena, son más fáciles de considerar, incluso de ver a simple vista, respecto a otras.

Motivados por estas consideraciones, los seguidores de la Gestalt supusieron que en la solución de problemas había estructuras, formas buenas y consideraciones similares: el ambiente psicológico, el "espacio interior" en el cual se da el acto de consciencia está sujeto a la misma tensión y tendencia a ver las estructuras y no los entes desorganizados. De tal manera que, es como si, en esta obra supeditada a la presión del contexto, el cerebro buscara un equilibrio entre partes que pueden parecer desconectadas o no relacionadas entre ellas.

He hablado (y hablaré más adelante) varias veces del *insight* ("forma interna" que determina la intuición): el papel del *insight* es fundamental en la interpretación gestáltica del *problem solving*. Los experimentos de Wolfgang Kohler (publicados por primera vez en 1925; pero, yo hago referencia a un texto de 1929) fueron definitivos en este sentido. Kohler (quien colaboró con Wertheimer sobre el fenómeno de la percepción) observó largamente actividades en chimpancés y propuso una interpretación de su comportamiento como proceso elaborado y organizado, oponiéndose a la teoría de Thorndike que explicaba su comportamiento en términos de prueba y error en el procurarse alimentos haciendo uso no sólo de las manos sino también de herramientas. Un hecho determinante convenció a Kohler de esta posibilidad: la fase de aparente extrañamiento. Me explico: sucedió que a veces el chimpancé, inmerso en el importante y único problema de conseguir comida, se alejaba temporalmente para ocuparse de otra cosa, por ejemplo, de meter un palo dentro de otro; un problema diferente pero que estaba en función del objetivo original, como se demostró posteriormente. En un proceso solo de prueba y error, el chimpancé hubiera tenido que insistir siempre de la misma manera, obsesivamente, incluso con resultados negativos. Esta epifanía, el pensamiento repentino, surge de una idea, eureka, llamada *insight*, término que permaneció para convertirse en término técnico. Kohler supuso que el pensamiento y el *problem solving* no son simplemente la suma de estímulos y respuestas, sino que de alguna manera se debe dar la percepción del global del problema como totalidad funcional. En resume, el problema es una estructura compleja que puede ser intuida como un acto único en un contexto nuevo. Esto también es un *insight*, la visión iluminada por un golpe de intuición estructural. La solución de un problema sucede inmediatamente después de que el sujeto recibe la iluminación y"ve" en el contexto problemático, repentinamente, una configuración no holística pero estructurada de los elementos del problema.

Leyes clásicas de la Gestalt

(fuente: Cesa-Bianchi, Beretta, Luccio)

1. Ley de la cercanía: los elementos del campo perceptivo se unen en Formas donde entre mayor es la cohesión menor es la distancia recíproca.

2. Ley de la similitud: los elementos unidos en Formas donde entre mayor es la cohesión mayor es la similitud.

3. Ley del destino común: los elementos en movimiento solidario entre ellos (y diferente del movimiento de los otros elementos) se unen en Formas.
4. Ley de la dirección: los elementos se unen en Formas basadas en su continuidad y dirección.

5. Ley de cierre: las líneas que forman figuras cerradas tienden a verse como una unidad (en las figuras de abajo se tiende a ver rectángulos en lugar de pares de líneas cercanas).

6. Ley de la pregnancia: la Forma que se constituye es tan buena en cuanto las condiciones dadas lo permitan.
7. Ley de la experiencia pasada: elementos que por nuestra experiencia se asocian habitualmente, tienden a unirse en Formas.

Kohler interpretó este comportamiento también en el ser humano en términos de *insight*, de conflicto, de fuerzas mentales dinámicas, en búsqueda del equilibrio hacia la organización (más intuitiva y perceptiva pero además cultural e intelectual o lógica, en otras palabras, como tendencia natural). Hasta que la estructura fundamental del problema no se haya acogido como una visión global estructurada mediante el *insight*, la situación problemática no es reconocida como significativa, y, por lo tanto, el problema no se puede solucionar.

Sin embargo, el trabajo de M. Wertheimer (1959) fue el que aclaró el significado de las ideas sobre la estructura y el insight en el ámbito más específico de la enseñanza (y en particular de la matemática y el *problem solving*, los ámbitos predilectos del psicólogo praguense).

Del laboratorio, donde estudiaba la percepción, Wertheimer pasó al salón de clase, donde estudió a los alumnos; Wertheimer rebautizó el pensamiento que comprende una estructura como "pensamiento productivo", un término muy afortunado desde entonces. El ejemplo que él mismo llamó "del paralelogramo" es muy célebre. Mientras iba a las clases, observó que todos los estudiantes habían entendido cómo aplicar una famosa fórmula: base por altura, para calcular el área de los paralelogramos que tuvieran una forma estándar como la siguiente:

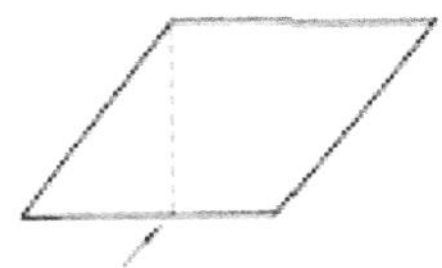

Wertheimer entonces propuso otro paralelogramo, muy parecido al anterior, pero, por así decirlo,"enderezado", de manera que la altura, que los estudiantes habían identificado con la medida vertical en la posición dada, tuviera el pie "fuera" de la base. Hubo reacciones de grande desasosiego por parte de los estudiantes.

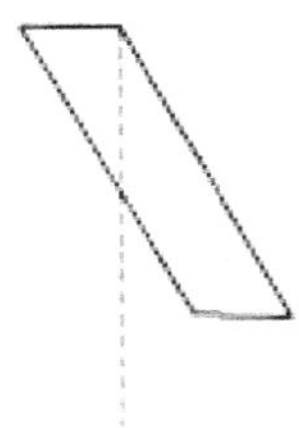

Algunos estudiantes dijeron que no podían resolver el problema, ya que no se podía aplicar la fórmula; otros dijeron que se necesitaba otra fórmula; otros que «no es justo»; otros renunciaron, incómodos con este tipo de figura; otros ni quisieron considerar un problema que no respetaba los acuerdos.

Según Wertheimer la dificultad nace del impacto con una estructura que no es buena: esta nueva figura sugiere partes sobresalientes, tiene una forma imperfecta, resulta ser incómoda. Dado que los estudiantes, según Wertheimer, no se apropiaron de los principios estructurales sobre los cuales se basa la aplicación de la fórmula del área, tenían la tendencia a identificar tal fórmula con la figura dada. Al ser desplazados por una figura incómoda, no buena, negaban necesariamente que se pudiera aplicar dicha fórmula. Según Wertheimer, mientras en el niño (en general, el ser humano) existe la tendencia a ver estructuras, totalidades organizadas, la escuela enseña partes aisladas de la realidad, algoritmos sin conexión entre ellos, que muy difícilmente pueden penetrar a fondo la cultura individual (que también es una estructura compleja y organizada). El pensamiento se vuelve "productivo" cuando establece una red organizada de competencias basadas sobre soluciones que Wertheimer llama "elegantes, verdaderas y claras", es decir que no están ligadas con ejemplos reductivos y concretos, sino a relaciones (en este caso, por ejemplo, la capacidad de redirigir en todos los casos el paralelogramo hacia el rectángulo equilátero, para cual tiene sentido la fórmula "base por altura"). Por un lado, existe un aprendizaje mecánico (que también genera pensamiento, pero no pensamiento productivo); por el otro lado, existe un aprendizaje significativo (que crea pensamiento productivo). Köhler da otros ejemplos: el cálculo de la suma $1 + 2 + 3 + \ldots + 99 + 100$ (efectuado felizmente mediante un golpe de intuición de Gauss cuando tenía menos 8 años); el número de paneles necesarios para cubrir una escalera, etc. (pero no me voy a detener en estos ejemplos).

Se trata siempre de tener un *insight* basado en la visión global, pero de un conjunto dotado de la estructura del problema, no desordenado; además, el psicólogo de la Gestalt insiste en el hecho de que, aun si el problema no es de naturaleza geométrica (como la suma de Gauss), el vistazo es necesario porque la solución del problema, en la fase de *insight*, se "ve", dado que el cerebro humano elabora un esquema, una representación bella, buena y elegante y rechaza (no aprende) de una forma "fea".

Por lo tanto: se pasa de las partes individuales de un todo, al todo organizado en una estructura que asume una forma buena, mediante el *insight*. Pero, ¿cómo sucede todo esto? ¿Hay un proceso gradual que se desarrolla o solo un acto final complejo? ¿Se puede educar al *insight*? ¿Quién resuelve un problema, lo hace de un solo golpe o sigue una sucesión de fases que se pueden reconocer y distinguir? ¿Cuáles son tales fases? ¿Cuál es la fase principal?

La respuesta de Wertheimer es, en cierto sentido, una desilusión para el profesor; opuesto al énfasis que se pone al señalar el interés hacia el pensamiento productivo y el *insight*, el autor mismo afirma que no parece fácil transformar esto en práctica didáctica, en una ayuda concreta para los alumnos. Hay también dificultades en el definir "estructura" y "pensamiento" y en la definición de las fases en el complejo sistema de solución de un problema.

Wertheimer en particular (y casi todos los seguidores de la Gestalt que se han ocupado del proceso de enseñanza - aprendizaje) privilegia ejemplos, atractivos y significativos, pero no llega a una elaboración teórica de la actividad didáctica.

Aquí nace una dicotomía interesante, hasta hace poco muy en boga:

- proceso bottom-up (de abajo para arriba), de las partes individuales al todo, a la visión del conjunto;
- proceso top-down (de arriba para abajo), del total al particular o, si se quiere, de la eventual desorganización compleja, a la reestructuración en partes simples de los componentes elementales.
- Se sabe que detrás de estas dos voces de la dicotomía se han escondido frecuentemente dos maneras diferentes de ver la filosofía del comportamiento didáctico:
- primero los elementos, los contextos, los ejemplos, (...) y luego la "escalada" hacia la generalización, la lógica, la estructura;
- viceversa.

Sin embargo, hoy domina la tendencia a distinguir casos: según el contexto o la situación problemática, hay casos en los cuales conviene adoptar el proceso b.-u. y otros en los que parece más adecuado el proceso contrario. La atención respecto a este tipo de problemáticas resurgió y se puso de moda después de la introducción de la informática en el ámbito de la escuela: se han estudiado y se han propuesto una gran cantidad de algoritmos interpretados en uno de estos dos procesos opuestos. Después, nuevamente se apagó el entusiasmo.

Otro psicólogo de la Gestalt que se dedicó a este tipo de análisis, fue el alemán Karl Duncker, discípulo de Wertheimer (que publicó sus resultados principales en 1945, a los cuales me refiero aquí). Karl Duncker estudió el comportamiento de seres humanos adultos dedicados a problemas complejos, para analizar su comportamiento; de esta manera logró demostrar que los sujetos reelaboraban el problema varias veces, reformulándolo continuamente, hasta llegar a establecer una relación funcional con la estructura del problema: a este punto se activa la solución. En palabras de Duncker (1945, pp 7-8):

> La forma final de una solución particular no se logra en una única etapa, generalmente, a partir de la formulación original del problema: al contrario, el principio, el valor funcional de la solución emerge típicamente primero, pero la forma final de la solución en cuestión se desarrolla solamente mientras este principio se vuelve más concreto. En otras palabras, las propiedades generales o "esenciales" de una solución preceden genéticamente las propiedades particulares; estas últimas se desarrollan a partir de las primeras. (Fragmento tomado de Resnick y Ford, 1991, p. 135).

Las diferentes fases de la solución de un problema surgen a partir de conflictos productivos: «¿Qué debo cambiar en este planteamiento, parece decirse a sí mismo quien resuelve el problema, ya que algo no funciona?». El análisis puede ser desde arriba y entonces hacia una clase de soluciones particulares, con una atención constante al análisis continuo de los objetivos: lo que pide realmente el problema para evitar dispersiones poco productivas. Viceversa, desde abajo se ponen en evidencia los datos, los "materiales", de los cuales se dispone. Basado en sus múltiples experiencias,[9] Duncker llegó a privilegiar las soluciones desde arriba (las llamó "orgánicas", en contraste con las opuestas, "mecánicas"), pero reconoció la presencia efectiva y el recurso a ambos procesos por parte de quien resuelve el problema basados en una conveniencia efectiva o a un estilo personal.

[9] Precisamente tomadas de la Matemática. Se recomienda al lector interesado en saber más al respecto seguir las indicaciones bibliográficas.

En estos estudios (y otros) no puede faltar la afirmación de una teoría gestáltica sobre el aprendizaje relacionada especialmente con la obra de G. Katona (1967) publicada entre 1940 y 1967.

Aunque las pruebas aplicadas sobre el aprendizaje de la Matemática hechas por Katona son interesantes, no las citaré aquí. Me limitaré a reportar los resultados de tales pruebas:

a) el aprendizaje nemónico es un proceso diferente al aprendizaje por comprensión;
b) el aprendizaje por comprensión implica sustancialmente el mismo proceso del *problem solving*: el descubrimiento de un principio;
c) tanto el *problem solving* como el aprendizaje significativo consisten principalmente en modificar u organizar el material; la tarea de esta organización es establecer, descubrir o entender una relación intrínseca.

La fuerza de esta postura no se puede comprender en términos actuales, pero se puede hacer el intento de hacerla resurgir: con estos experimentos y resultados, Katona se oponía al modelo psicológico totalizador que estaba de moda entonces. Tal modelo expresaba y explicaba todo en términos de estímulo-respuesta: condenar el aprendizaje de memoria como si fuera un tipo de aprendizaje de segunda categoría, por ser puramente mecánico y, por lo tanto, poco productivo, era una dura batalla que, en ese periodo, iba contracorriente.

Hoy en día se ha redimensionado toda esta polémica. Por un lado, la tendencia a explicar todo en términos de estímulo-respuesta ya no existe; por otro lado, ¡hoy se acepta que "aprender de memoria" no constituye una alternativa necesaria para "entender"! Es más, estudios recientes muestran que, como afirman Resnick y Ford (1991):

> [...] aprender de memoria es un proceso activo que depende de principios muy similares a los propuestos por Katona. Las investigaciones muestran que la tendencia a organizar la información, como medio para afianzar con mayor eficacia la memoria, crece con la edad y este crecimiento está relacionado con mejores habilidades en tareas relacionadas con la memoria.

Para justificar esta afirmación, Resnick y Ford citan el trabajo de Kreutzer, Leonard, Sister y Flavell (1975). No se excluye que la capacidad de recordar a memoria esté facilitada por el reconocimiento de un principio que une los elementos que componen el objeto a memorizar, por ejemplo, los componentes de una secuencia numérica. De hecho, esto es lo que sucede realmente.

Organizar lo que se debe memorizar en una estructura general reduce el número de elementos a aquellos esenciales. Esto facilita su retención en la memoria por dos motivos principales:

- el número de"cosas"que se debe retener es menor,
- la estructura general que une los objetos proporciona una razón lógica global, lo cual los hace aparecer como una unidad, más que como un conjunto de datos (hablamos todavía de "formas buenas"y de"formas malas").

La idea del aprendizaje "por descubrimiento" nace precisamente de la experiencia de Katona. La idea fundamental es dar a los niños la libertad de manipular y entrar en contacto con el material disponible, hasta que ellos mismos sean capaces de establecer relaciones (esta es una tendencia natural en los seres humanos, según los seguidores de la Gestalt); descubrir estas relaciones es el fruto del aprendizaje.

Naturalmente, todo profesor sabe bien que esta hipótesis teórica no siempre se da en la práctica. Así nace la idea del"descubrimiento guiado" (Guided Discovery): es el educador quien paso a paso lleva a los estudiantes a través de un camino que va de los datos, de los objetos, de los materiales disponibles, hacia el objeto cognitivo que se quiere alcanzar. El educador se limita a hacer las veces de guía, dejando a los alumnos la satisfacción de dar el paso final; descubrir la regla, la relación, la ley o la solución, según sea el caso (nos encontramos en plena *teoría de las situaciones* elaborada en la Didáctica de la Matemática por Guy Brousseau). Parece que lo que se"descubre"tiene una permanencia más profunda y duradera en la memoria; expresémoslo en términos de"mayor interiorización" de los conceptos descubiertos respecto a los conceptos adquiridos de otra manera. Esta mayor interiorización debería facilitar el proceso de traer a la superficie reglas y conceptos en las diferentes fases de solución de un problema. Es más, se obtiene un aprendizaje real solo cuando el alumno se hace cargo personalmente de su propio aprendizaje (esta es una frase continuamente repetida por Guy Brousseau en sus obras).

Desafortunadamente, la idea del "aprendizaje por descubrimiento" se desnaturalizó y se trivializó en la práctica didáctica. Por eso, mientras varios investigadores (citados con mucha precisión por parte de Resnick y Ford, 1991, p. 140) se dedicaron al análisis detallado de las fases de este proceso y cuestionaron su sentido real (psicológico), en la práctica escolar no hubo repercusiones. Las reflexiones son tanto más necesarias si se piensa que Gagné y Brown (1961) sugirieron esta conclusión:

> Cuando la retención en la memoria y el transfer son los objetivos de la enseñanza, puede ser muy eficaz (frecuentemente más eficaz) mostrar el principio directamente antes que pedir a los estudiantes que lo descubran.

[Habría mucho que decir en cuanto a los estudios actuales sobre la memoria; mientras que en el pasado existía una distinción entre memoria a muy corto, corto, mediano, largo y muy largo plazo, los estudios de Craik y Lockhart (1972) demostraron que (esta es hoy una tesis ampliamente aceptada en el mundo de los psicólogos) que estas distinciones no tienen mucho sentido. En cambio, se habla de la idea de "niveles de elaboración" de la información que pueden tener lugar en profundidades diversas].

Entonces, el psicólogo gestáltico que se dedica a la enseñanza considera al sujeto que aprende como un organizador de percepciones y experiencias. De aquí surge la necesidad de un aprendizaje en forma de espiral, sobre todo en Matemática. Cada paso de esta espiral, el surgimiento de un insight favorecido por un procedimiento por "descubrimiento", proporciona una mayor posesión de la situación en su complejidad y una mayor capacidad de elaborar visiones globales que llevan a la maduración de la consciencia. Resolver problemas, entonces, es un entrenamiento y ya que todo esto se confía al *insight,* vuelve a ser importante la pregunta formulada anteriormente sobre la posibilidad de favorecer el mismo insight. A esto dedicaré más espacio en la sección 13.4., a propósito de Polya (1945, 1954). Este autor, aunque no lo podemos clasificar entre los seguidores de la Gestalt, tuvo influencia de este punto de vista y su posición es históricamente conciliable en este proceso. Para confirmar la educabilidad del insight, se puede citar nuevamente a Maier con sus experimentos sobre dos cuerdas colgadas al techo y sobre la fijación funcional, vistos anteriormente (en la sección 1.3.): así como el experimentador, con gesto aparentemente inocuo y neutro (como hacer que una cuerda se meza casualmente), hace surgir la idea, de la misma forma lo puede hacer el profesor que guía el descubrimiento con la sabiduría e la inteligencia adecuadas.

No faltan posiciones críticas a la Gestalt en general y al *insight* en particular:

> El fracaso más ilustre es el de la psicología de la Gestalt con el concepto del insight. El insight corresponde al pasaje mágico de un problema sin resolver a uno resuelto, sin que la persona que lo resolvió sepa explicar explícitamente cómo lo hizo, sin que la persona que lleva a cabo el experimento tenga la más mínima idea de lo que sucedió.

Esto es lo que escribe B. Bara (1990) (p. 167); y continúa (p. 168):

> Aunque el aspecto milagroso del insight no enmascara su inconsistencia total dese el punto de vista explicativo, el hecho de que se haya tomado en serio da cuenta de la desesperación de los teóricos porque nunca han podido entender la manera como un problema, no importa si fácil o difícil, se puede resolver.

En este punto entran en escena Allen Newell y Herbert Simon (este último premio Nobel en 1982) (1972); con el objetivo de estudiar el GPS (*General Problem Solver*), programa que según se pensaba se inició para resolver problemas en general, estos autores analizaron profundamente los procesos utilizados por el ser humano para resolver problemas de cualquier tipo, pero principalmente aquellos inherentes a los juegos y la Matemática. Newell y Simon usaron la estrategia de hacer hablar libremente a los sujetos mientras resolvían los problemas, precisamente porque hay elementos de análisis de los procesos "internos", gracias a estos indicios. Uno de los resultados más célebres es el de una persona que resuelve problemas de juegos de criptoaritmética: asociar cifras diferentes a letras diferentes para hacer que la siguiente "adición" sea correcta:

D O N A L D +
G E R A L D =
R O B E R T

Mediante estos estudios, se puede llegar a formular las siguientes cuatro fases de solución de un problema:

- reconocimiento del problema;
- definición del problema; aquí entra en juego la idea de "definición buena de un problema", se dice que un problema tiene una definición buena si:
  - el conjunto de las estrategias posibles se conoce;
  - los resultados de la elección y de la aplicación de cada estrategia se conocen hasta un punto significativo;
  - quien está por tomar la decisión sobre la estrategia a seguir está en capacidad de cuantificar la probabilidad de eventos inciertos;
  - quien está por tomar la decisión sobre la estrategia a seguir puede establecer una especie de "grado de utilidad" de tal estrategia con respecto al objetivo propuesto;
- solución real del problema;
- control de la solución encontrada.

A pesar de las críticas anteriores, haré uso en las siguientes secciones del ambiguo término insight solo para indicar la toma de consciencia del hecho que se puede sortear el problema recurriendo a algo más (otras competencias, analogías, [...]).

Nota bibliográfica

He pasado por encima del problema de la "forma buena" que, en cambio, es central para la teoría de la Gestalt; sugiero que se lea Resnick y Ford (1971, pp. 68-73) y eventualmente consultar la bibliografía allí propuesta.

13.4. La contribución de Polya

Definitivamente, en este campo la contribución de G. Polya (1887-1985) es muy notable, no se puede negar que sus obras de los años 40 y particularmente *How to solve it* (en español: *Cómo plantear y resolver problemas*) son aún hoy en día una piedra angular para aquellos que se dedican a este tipo de investigación y estudios (no tanto desde el punto de vista explícito y real de la investigación y de la práctica en Didáctica de la Matemática, como veremos: hoy en día las críticas son muy feroces).

> En su primer libro sobre ese tema (1945), Polya escribe:
> En primer lugar, quiero ser preciso sobre cuál es el primer y principal objetivo de la enseñanza de la matemática, sobre todo en la secundaria: es enseñar a pensar. Esto significa que el profesor no debe limitarse a proporcionar información, sino que debe buscar la manera de ayudar a los alumnos a desarrollar la habilidad de utilizar la información recibida, insistiendo en el saber hacer, en los comportamientos favorables y en los hábitos mentales deseables. Pero tengo que hacer precisión en dos puntos: a) El pensamiento del que estoy hablando no se trata de soñar despierto, sino de "pensar con un objetivo" o "pensar voluntario" [aquí Polya cita a W. James], un "pensamiento productivo" [aquí Polya cita a M. Wertheimer]. Este pensamiento, en una primera aproximación, se puede identificar con la solución de problemas. De todas maneras, la habilidad de resolver problemas es la finalidad principal de la escuela. b) El pensamiento matemático no es puramente "formal", no se preocupa solamente de axiomas, definiciones o pruebas rigurosas; le pertenecen muchas otras cosas: generalizar a partir de casos observados, argumentos inductivos, argumentos por analogías, reconocer un concepto matemático en una situación concreta o saber extraerlo de ella. El profesor tiene muchas oportunidades para que sus alumnos se acostumbren a estos

procesos informales de gran valor: enseñamos a intentar con cada medio a disposición y también a hacer conjeturas. (...) El saber hacer en matemática es la habilidad para resolver problemas, para encontrar pruebas, para esgrimir argumentos a favor, para usar el lenguaje matemático con cierta fluidez, para reconocer conceptos matemáticos en situaciones concretas.

Imre Lakatos profundizó en esta dialéctica del pensamiento matemático, debatiendo entre conjeturas, demostraciones y confutaciones, aunque, a diferencia de Polya que se dedicó a la heurística, Lakatos puso su atención en la dialéctica relacionada con el rigor de la demostración.

M. Pellerey (1987) escribe:
El desarrollo del saber matemático, entendido como patrimonio consolidado de la humanidad y como patrimonio individual consolidado y poseído establemente, se basa esencialmente en la emergencia de conjeturas que tratan de responder a un grupo de problemas relevantes y significativos. Una conjetura es aquello, en general una afirmación, que parece razonable y que proporciona explicaciones y soluciones plausibles para una cuestión, pero cuya veracidad no está adquirida definitivamente. Una conjetura puede adquirir más consenso o ser abandonada rápidamente, según sea confirmada o falsificada. Sin embargo, la mayoría de las veces no se abandona completamente la conjetura, más bien se modifica o se precisa, restringiendo su campo de aplicación. La dinámica se desarrolla de esta manera entre momentos de inventiva y aventura, que generan o hacen más precisas las afirmaciones, y momentos de control crítico, que examinan su validez y confiabilidad.

Según Polya, la solución de un problema (en general) es un proceso que consta de cuatro fases:

- entender el problema;
- idear un plan para encontrar la solución;
- seguir el plan;
- regresar para verificar el procedimiento y revisar el resultado.

Un ejemplo propuesto por Polya se ha vuelto emblemático:

«Un motociclista acróbata quiere recorrer en moto una cuerda extendida entre el ángulo superior izquierdo de la parte trasera de un paraninfo y el ángulo inferior derecho de la parte frontal del aula. El tamaño del paraninfo es 100 por 60 por 30 pies. Es necesario saber la extensión de la cuerda para cubrir la distancia que se quiere recorrer.

¿Cómo puedes ayudar al motociclista a encontrarla?».

Polya se imagina a un muchacho frente al problema.

«¿Cuál es la incógnita?», se pregunta, «¿Cuáles son los datos?».

La incógnita es la extensión de la cuerda, el dato es el tamaño del paraninfo.

«¿Cuál es la condición que se debe satisfacer?». He aquí la representación que se debe hacer, que se puede hacer, de la situación.

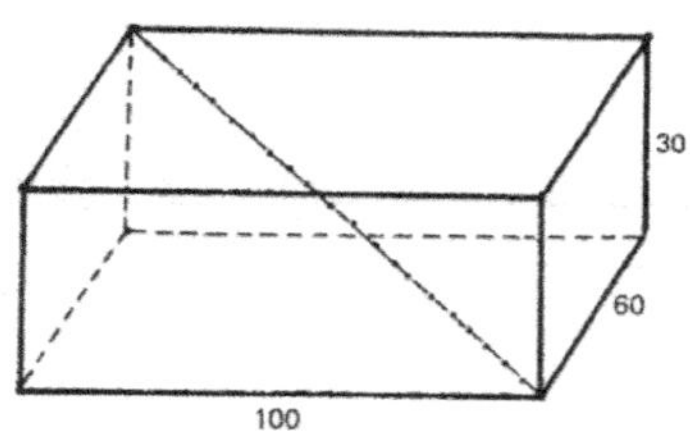

Claramente se trata de un problema que va más allá de los cánones de la escuela primaria, pero a nosotros nos interesan las fases no el contenido. En este punto, el niño busca problemas análogos para poder inspirarse. Le viene en mente que, tratándose de ángulos rectos y de triángulos rectángulos, hay efectivamente algo que ya ha visto y que le puede ayudar. Es aquí donde se da el insight: se sustituye el problema complejo real con un modelo geométrico en el cual la nueva pregunta es: dados los catetos, encontrar la hipotenusa.

Este parece ser el paso decisivo: buscar la estructura, reformular el problema, ver el problema con ojos nuevos. En este momento, el alumno puede formular un plan para resolver el problema.

De manera más general, citaré líneas abajo una página del libro *How to solve it* de Polya donde se detallan y especifican las fases.

Es de notar que los ejemplos de Polya son frecuentemente de carácter geométrico, como los de Wertheimer: la representación en general y la representación espacial en particular son un aspecto esencial del pensamiento matemático, quizás el más elevado.

Primero Debes entender el problema.	*Entender el problema* *¿Cuál es la incógnita? ¿Cuáles son los datos? ¿Cuáles son las condiciones que se deben satisfacer?* ¿Es posible satisfacer la condición? ¿La condición es suficiente para determinar la incógnita? ¿Es insuficiente? ¿Es superflua? ¿Es contradictoria? Haz un diseño de la situación. Introduce las notaciones adecuadas. Separa las diferentes partes de la condición. ¿Puedes escribir cuáles son?

Segundo Encuentra la relación entre los datos y la incógnita. Puede ser que tengas que considerar otros problemas si no se puede encontrar una relación evidente. Finalmente, debes tener un *plan de solución.*	*Crear un plan ¿Has visto este problema antes?* ¿Has visto el mismo problema en una forma ligeramente diferente? *¿Conoces un problema parecido?* ¿Conoces un teorema que te pueda ser útil? *Observa la incógnita.* Trata de pensar en un problema conocido que tenga la misma incógnita o una parecida. Aquí hay un problema resuelto parecido al tuyo. ¿Puedes usarlo? ¿Puedes usar el resultado? ¿Puedes usar el método? ¿Debes agregar otro elemento para poder usarlo? ¿Podrías reformular el problema? ¿Podrías formularlo de manera diferente? Vuelve a las definiciones. Si no sabes resolver el problema asignado, trata de resolver un problema parecido primero. ¿Puedes imaginar un problema más fácil de resolver que esté relacionado con este? ¿O un problema más general? ¿O un problema análogo? ¿Podrías resolver una parte del problema? Mantén solo una parte de la condición y abandona la otra: ¿Qué tan lejos está la incógnita determinada así? ¿Cómo puede variar? ¿Puedes producir algo útil a partir de los datos en caso de ser necesario, de manera que la nueva incógnita y los nuevos datos sean más cercanos entre ellos? ¿Usaste todos los datos? ¿Usaste todas las condiciones? ¿Tuviste en cuenta todas las nociones esenciales contenidas en el problema?
Tercero Llevar a cabo tu plan.	*Lleva a cabo tu plan* Mientras llevas a cabo tu plan de resolución, *revisa cada paso.* ¿Puedes ver claramente si es exacto? ¿Puedes probar que es exacto?

Cuarto Examina la solución obtenida.	*Ver hacia atrás* ¿Puedes *verificar el resultado*? ¿Puedes verificar el razonamiento? ¿Puedes llegar a este resultado de otra manera? ¿Puedes usar el resultado o el método para resolver otro problema?

Para llegar a esto, parece esencial empezar a manipular el espacio (de forma concreta, con dibujos y representaciones), lo más pronto posible.

De todas formas, es importante aclarar que Polya se dedicó también a las analogías formales no geométricas, por ejemplo, en la Teoría de números, como matemático profesional. Su elegante demostración de la siguiente igualdad es muy conocida:

$$\sum_{n=1}^{\infty} n\text{-}2 = \frac{\pi^2}{6}$$

Una frase de Polya, tomada de su libro sobre el descubrimiento matemático (1954, vol. I, p. 118):

> Resolver problemas es la tarea específica de la inteligencia y la inteligencia es el don específico del ser humano. La capacidad de sortear un obstáculo, de ir por una vía indirecta, pone al animal inteligente por encima del obtuso, eleva al hombre enormemente más allá de los animales más inteligentes y a los hombres de talento por encima de sus congéneres.

El "sortear el obstáculo", el "ir por la vía indirecta" no pueden más que recordar los experimentos de Kohler sobre los chimpancés: estos experimentos, vistos los vanos tentativos de llegar a los bananos de forma directa, mirar alrededor para ver si hay herramientas adecuados para sortear el obstáculo. El insight en este caso podría ser: se pueden alcanzar los bananos, no necesariamente con las manos. El acudir a otra estrategia, el "sortear" facilita el *insight* (que se puede educar, según Polya). Por este motivo hay inserta a Polya dentro del pensamiento estructural de la psicología de la Gestalt.

El intento de transformar esta contribución de Polya en un estudio general de la resolución de problemas en el plano escolar por parte de algunos entusiastas poco críticos es hoy puesto en entredicho, dado que los estudios de Didáctica de la Matemática han evidenciado el error que se esconde detrás de esta actitud. Veamos en detalle de que se trata. (Lo que sigue es un resumen del texto: D'Amore, Fandiño Pinilla, 2020).

La producción divulgativa, no científica, del grande matemático húngaro-estadounidense George Polya (1887 – 1985) se desarrolló entre 1945 y 1954; se trata de dos libros: 1. *How to Solve It*; 2. *Mathematics of Plausible Reasoning Volume I: Induction and Analogy in Mathematics; Mathematics of Plausible Reasoning Volume II: Patterns of Plausible Reasoning*. (Polya, 1945, 1954). Con estos libros divulgativos, él trató de ilustrar y hacer evidente al vasto público su forma personal de afrontar y de resolver problemas, de manera genial, admirado por todos aquellos matemáticos que han apreciado sus resultados en Probabilidades, Teoría de números, Sálculo combinatorio y en el estudio de particulares series. La narración de sus métodos y la confesión pública de cómo llegó a tales resultados fueron transformadas por algunos lectores de dicha época en una especie de "metodología general para la resolución de problemas". Podemos considerarla como una heurística ganadora que, con consideraciones superficiales, fue interpretada por algunos pocos críticos como modalidad para usar en el aula. Sus "reglas" internas y personales, que Polya enumera y describe brillantemente con ejemplos, fueron consideradas ingenuamente como una vía maestra de seguir en el proceso de enseñanza, convencidos de que el aprendizaje sería una consecuencia lógica.

En aquel tiempo aún no se hablaba de Didáctica de la Matemática como disciplina, no se había creado aún; inició a estructurarla Guy Brousseau precisamente a finales de los años 60, por toda la década de los 70, culminando con la creación de una teoría del aprendizaje matemático como la entendemos hoy hacía la mitad de los años 80.

Ahora bien, lo que quería proponer Polya a sus lectores era y es muy claro tomando como base sus mismas palabras: proponerse a sí mismo como modelo, dado que se trata de un modelo que lleva al éxito; y proponer sus etapas como ejemplo que cualquier persona habría podido seguir (esto nos recuerda lo que sucedió con los estudios psicológicos de Poincaré y de sus formas de investigación a finales del XIX siglo e inicio del XX siglo; véase D'Amore y Sbaragli 2020). Nada más.

Hoy, mientras la historia de estos instrumentos personales, así eficaces en el caso de Polya, son considerados de gran interés histórico y psicológico, nadie osaría considerarlos científicamente idóneos para estudios de Didáctica de la Matemática de utilizar en aula, si no por desproveídos que no han estudiado o han estudiado mal la Didáctica de la Matemática. Normalmente los instrumentos de Polya son elogiados o citados con favor de quienes no conocen los adelantos en los últimos decenios en Didáctica de la Matemática o, menos aún, la investigación desarrollada en su interior. A costa de repetirme, una eventual citación de Polya desde este punto de vista es interesante desde una visión histórica y tal vez psicológica, pero no ciertamente desde un punto de vista didáctico, ni concreto ni teórico.

El uso didáctico de estos instrumentos heurísticos, tomados como modelos, puede ser incluidos en un fenómeno negativo y contraproducente, evidenciado por la investigación seria en Didáctica de la Matemática, bajo el nombre de "deslizamiento metadidáctico", muy difundido y peligroso, tal vez incluso favorecido por docentes ingenuos.

Esto sucede cuando se pasa del estudio de un tema matemático T, que debería constituir objeto de aprendizaje, al estudio de los instrumentos que como máximo sirven o para ilustrar el tema T o para afrontar la resolución de un problema relativo al tema T, como un banal esquema y no como un aprendizaje real (lo cual debería implicar, como consecuencia, la resolución correcta, apropiada, de problemas relacionados con ese tema T). Si el deslizamiento tiene éxito, el estudiante aprende a comportarse por analogía, pero no aprende conscientemente. Aprende un esquema, un algoritmo, pero no el tema T. Por lo general, además, el docente (cuando no es competente en Didáctica de la

Matemática) confunde estos dos niveles, acepta de buena fe la situación que aparece superficialmente como positiva, y así el juego está hecho: todos están satisfechos, pero el tema matemático T sigue quedando para el estudiante un misterio.

Para entender bien la situación, presento dos ejemplos muy conocidos.

1. Consideremos el estudio de una proporción $a : b=c : d$, en la cual a, b, c, d son números conocidos (no nulos); ahora, al puesto de c colocamos $c' \neq c$, pero conservamos los valores a y b y hacemos preguntas sobre la variación de d. Estos problemas son muy difundidos en las escuelas de todo el mundo: «3 obreros hacen un cierto trabajo en 9 horas; pero si los obreros al trabajo son 6, ¿Cuántas horas de trabajo serán necesarias para hacer el mismo trabajo?».

Para entender bien y, por tanto, para resolver conscientemente este tipo de problemas ha sido ideado desde tiempos inmemorables un mecanismo gráfico conocido en todo el mundo como"regla de 3". Dicho modelo transforma la formulación aritmética en un gráfico con flechas y esto parece hacer más eficaz la resolución del problema. Sólo que, como sucedió y sucede en todos los Países, poco tiempo después, no se habla más del problema ni de la proporción, sino del gráfico. Aprender a usar la regla de 3 sustituye aquello que era al origen el verdadero objeto de aprendizaje, conocer y saber usar el objeto matemático: proporciones. El estudiante aprende a tratar y a usar este gráfico (con flechas ascendentes y descendentes) y, si incluso logra encontrar el resultado del problema propuesto, no aprende a resolver el problema porque no ha aprendido la idea de proporcionalidad. Tan solo acertó la forma justa de colocar las flechas. Si olvida la regla de 3 o si se equivoca en colocar las flechas no puede resolver aquel tipo de problemas: no razona, busca la regla, el algoritmo. Tan es así que, si se modifica d al puesto de c, el estudiante no sabe ya que hacer.

2. Otro funesto ejemplo se dio con el ingreso de la teoría ingenua de conjuntos en las aulas en los años '70 y '80, por una errada y sobrestimada

idea de algunos matemáticos de prestigio que poco tenían que ver con los problemas de enseñanza – aprendizaje. Después de algunos años, se introdujo en el mundo de la escuela el problema de la representación de los objetos de la teoría de conjunto y, por tanto, se introdujeron círculos o elipses para indicarlos; de ahí a poco, se dejó de estudiar la teoría de conjuntos, y se inició a teorizar cómo diseñar y usar los gráficos, siendo este el nuevo tema de estudio. Por lo cual los estudiantes, si algo aprendían, no aprendían la lógica, que era el objetivo inicial, aprendían a dominar los diseños de los gráficos. ¡Otro deslizamiento metadidáctico! Menos mal que todo esto sirvió para expulsar este inútil contenido matemático, gracias también a la intervención de otros matemáticos de idéntico prestigio. Cualquier estudiante entiende, intuitivamente, que: si los objetos a son sólo una parte de los objetos b (por ejemplo: todos los cuadrados son rombos), entonces se puede usar como representación gráfica dos círculos dispuestos de la siguiente forma (A es el conjunto de los objetos *a*, B es el conjunto de los objetos *b*), sin tener que estudiar por años una teoría (...) de los"circulitos".

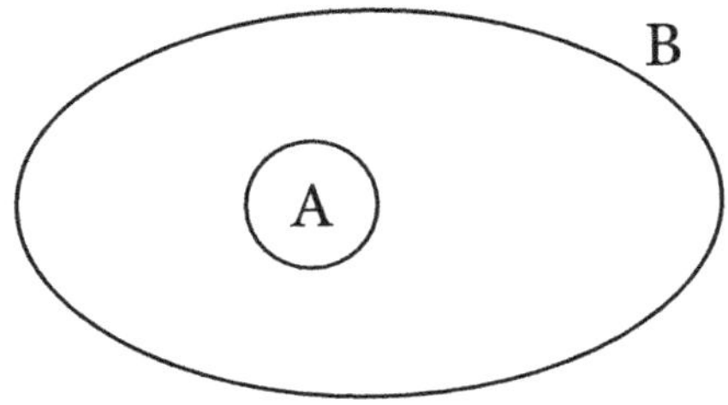

Este ridículo fenómeno muestra de todas formas que, para resolver una dificultad incluso menor, una cascada de procedimientos pseudo didácticos puede elaborar progresivamente un proceso que poco a poco se convierte en un monstruo incontrolable.

Hemos identificado los fenómenos de este tipo como *deslizamientos metadidácticos.*

Estos fenómenos aparecen normalmente después de una derrota, de un fracaso, generalmente inevitable; pero el hecho no es reconocido inmediatamente como tal por los medios de la didáctica espontánea. Los docentes explican, después explican las explicaciones, las ilustran y después explican las ilustraciones (...) Cada vez los intentos para corregir los fracasos iniciales se revelan inadecuados. El fenómeno se amplifica y rápidamente se vuelve incontrolable.

La "heurística de Polya" y la enseñanza de sus supuestos "métodos" (de tipo pseudo algorítmico) de *problem solving* es entonces otro ejemplo peligroso de deslizamiento metadidáctico que muchos profesores no alcanzan a reconocer.

Las bien conocidas dificultades que encuentran los estudiantes en la resolución de problemas dejan por lo general a los docentes desarmados. El alumno sabe "sus" saberes, y "sus" teoremas y sin embargo él no encuentra el medio para usarlos en la resolución de los problemas que el docente le propone. Una respuesta clásica ingenua a nivel primario consiste en presentarle problemas análogos de forma tal que el estudiante pueda reproducir la solución que le fue enseñada en un caso similar. Y es lo que propone Polya en su heurística (pero sin culpa, él no quería proponer una metodología didáctica, sólo quería mostrar su forma personal de actuar y de sugerirla a quien quisiera copiar su modalidad).

El estudiante no tiene necesidad de saber si la respuesta es adecuada, ni el por qué; basta que dicha respuesta sea conforme con el modelo esperado por su docente. El estudiante puede así responder en el ámbito de un contrato didáctico sin sentirse obligado a comprender el porqué de su solución correcta. El estudiante simula entonces una resolución que incluso puede no comprender.

En un recorrido más concreto, para guiar a los lectores, Polya se prodiga en consejos neo cartesianos para la organización del trabajo de resolución de problemas: comprender el enunciado, conectarlo con los conocimientos, descomponerlo en etapas, (...) Polya sugiere de esta forma intentar pasos aún más heurísticos: buscar similitudes, un ejemplo, un contraejemplo, generalizar, comparar, (...) Este trabajo sirvió de base para un intento ingenuo de enseñanza de la resolución de problemas de Matemática cuyas bases se encuentran en el uso de estas heurísticas.

Se trata claramente de un deslizamiento metadidáctico: la resolución de problemas se ve en parte sustituida por un estudio de procedimientos en el sueño de alcanzar dichas resoluciones.

Los ejemplos dados son de tal naturaleza que permiten tranquilizar y hacer competitivos a los estudiantes, pero es evidente que la situación se desplazó sin cambiar la naturaleza: el estudiante busca aplicar sus heurísticas, así como buscaba aplicar sus conocimientos y el éxito no está ya asegurado, a menos que se elijan problemas ad hoc, en base a acuerdos (explícitos o implícitos) al interior del contrato didáctico. El engaño didáctico es fatal. La única diferencia es que los saberes matemáticos significativos contienen dentro de sí mismos sus condiciones de validez, lo cual no es el caso de las heurísticas que son sólo conocimientos y no saberes. Tratarlas como saberes es un error epistemológico y didáctico.

El esfuerzo personal y generoso de Polya de proponer su propia forma de actuar como sugerencia heurística (¡que no tenía el objetivo de hacer dejar de aprender, por el contrario!) se transformó lentamente en un recorrido peligroso y contraproducente. Su sugerencia metodológica queda un buen ejemplo histórico y personal, pero no es aceptable en el mundo de la didáctica, hoy que hemos aprendido y avanzado mucho en la investigación científica en Didáctica de la Matemática.

Entendemos que un error o un fracaso conducen al actuante, sujeto o sistema docente/estudiante, a trasladar su atención de la actividad en curso a uno de los medios de control o de conocimiento de esta misma actividad.

Llamamos "meta" este medio de control.

Por ejemplo, para efectuar una tarea, un actuante se sirve de un medio que se revela insuficiente; examina entonces este medio para mejorarlo y transformarlo en instrumento. Es este proceso que constituye aquel deslizamiento de actividad que se le llama *deslizamiento metacognitivo.* Este ir y venir, que sea o no fructuoso, es perfectamente legítimo. Esta es la esencia misma del pensamiento.

El *deslizamiento metadidáctico* para el docente se presenta cuando cambia el objeto de su enseñanza de una actividad o de una noción, por uno de sus medios de control. Este deslizamiento se produce en particular cuando el medio es inapropiado o cuando el sistema no puede ni abandonarlo ni rechazarlo, dado que ha sido impuesto por el mismo docente. Es una forma de rendirse ante el poder del contrato didáctico, o ante alguno de sus deletéreos defectos (D'Amore, Fandiño Pinilla, Marazzani, Sarrazy, 2018).

Como consecuencia ulterior y altamente negativa de esta ingenua interpretación didáctica de las sugerencias de Polya, veinte años después, fue la difusión en el mundo occidental de la obtusa idea de hacer preceder la resolución de los problemas en el aula con la ideación y ejecución de lo que se llamó "diagramas de flujo" (lo cual era simplemente diagramas de bloques) sobre todo con el éxito de la informática. En este caso se observó que para los niños se revelaba mucho más compleja esta elaboración que no la resolución misma del problema; el simbolismo esquemático, que habría tenido que ayudar, se convertía en el objeto mismo de enseñanza y por tanto de aprendizaje, así como objeto "indispensable" de la actividad de resolución de problemas, lo cual constituye un "deslizamiento metadidáctico". En nuestras investigaciones tenemos declaraciones espontáneas de niños quienes admiten de saber resolver el problema, pero de no saber construir este diabólico instrumento (que era pretendido por el docente) cuyo sentido quedaba siempre misterioso y que, al contrario, según alguien, debería ayudarlos. Afortunadamente, la violenta lucha de los expertos de Didáctica de la Matemática y el sentido común de los docentes dejó fuera del aula esta estúpida idea.

Ya que estamos hablando de este tema, hay un peligro en esta dirección relativo a los test nacionales e internacionales.

Hoy, los medios de control del aprendizaje —los test— tienden a invadir no sólo el debate sobre la escuela sino también sobre las prácticas escolares. De medio de control de los resultados o de simple medida de sistema (no individual) del aprendizaje, se transformaron, en un primer momento, en objetivos, después en medios de enseñanza y por último en objetos mismos de enseñanza. Estos tienden a transformar nuestra concepción de conocimiento y de aprendizaje en una especie de preparación para un'banal seguimiento' universal. Se trata, por tanto, otra vez, de un evidente deslizamiento metadidáctico extremamente potente y peligrosos. En el sistema escolar, el hecho de controlar un conocimiento lo aísla de su contexto y lo transforma en un "saber de enseñar" que no puede jugar un papel de conocimiento.

En el sueño de alcanzar resultados de alto nivel por parte de todos los estudiantes de la nación, de la región, de cada una de las escuelas, de las propias clases, docentes y editores proponen, ponen en campo, usándolos y defendiéndolos, manuales de instrucción no relacionados con el favorecimiento del aprendizaje de la Matemática, sino dedicados a dar "reglas" de cómo resolver los problemas, creando modalidades artificiales del todo improductivas, negativas. El objetivo principal original era aprender la Matemática, aprender a resolver los problemas de Matemática. Poco a poco se convirtió en: aprender instrumentos, métodos, algoritmos engañosos, para dar la respuesta esperada, incluso sin dominar los temas evocados en los textos propuestos, por ejemplo, aprendiendo analogías entre enunciados de problemas: este tipo de problema se resuelve así y así; por tanto, cuando estés frente a un problema hecho así, aprende como hacer uso de los datos, no importa si entiendes o no lo que estás haciendo. El objetivo ya no es aprender, el objetivo es obtener un puntaje que sea considerado positivo por el docente, por la comunidad.

Los conocimientos y los saberes forman una pareja de metaconocimientos mutuos. Los conocimientos son los medios implícitos para activar y gestionar los saberes. Los saberes son los instrumentos institucionales y culturales para aprender los conocimientos, los propios y aquellos de los otros. Querer tratarlos de la misma manera, en particular concebir los conocimientos sólo como saberes, constituye deslizamientos metadidácticos permanentes. Cada conocimiento fijado en un saber requiere, para funcionar, nuevos conocimientos que, cuando estos son de nuevo fijados, no pueden jugar su papel. Resultan errores, malentendidos, fracasos que relanzan exigencias imposibles y prácticas ineficaces. Los conocimientos disponibles en el aula son el capital y sus intereses son los saberes adquiridos. El docente profesional, crítico y consciente tiene que distinguir aquello que debe ser dicho de lo que no debe ser dicho. Este arte humano existe desde hace millones de años; este implica el juego sutil e incierto de los conocimientos vivos, dudosos, fugaces con los saberes seguros, compartidos, el juego del dicho y del no dicho.

Antes de pretender "mejorarlo" con medidas sumarias y drásticas, conviene cuanto menos estudiarlo con humildad.

Referencias bibliográficas

Para la elaboración de esta sección, aparte de los textos citados, usé Polya (1945, 1954, 1963), Lakatos (1976), Pellerey (1987, 1991b), Broussseau (2008), Brousseau, D'Amore (2028), D'Amore, Fandiño Pinilla, Marazzani, Sarrazy (2018), D'Amore, Sbaragli (2020).

Se pueden encontrar otros análisis de las contribuciones de Polya en: Aebli (1961), D'Amore, Plazzi (1990), Speranza (1989, 1990, 1991).

La última parte de esta sección es un resumen del artículo D'Amore, Fandiño Pinilla (2020).

13.5. Enfoque psicométrico y conductista

Ahora recordaremos el enfoque llamado psicométrico. Según los investigadores que siguen esta teoría, el problema es estudiar la naturaleza de la inteligencia humana, examinando manifestaciones externas. Se hace una distinción entre *problem solving* y *problem posing* precisamente para resaltar las diferentes condiciones externas en el vasto y comprensivo fenómeno del estudio de problemas. ¿Qué es la resolución de un problema? Se trata de elegir entre "programas existentes"; la individuación de un problema, en cambio, es «la elección de programas en un conjunto más amplio que contiene los que ya existen y los que estarán disponibles en el futuro» (Gagné, 1976).

La solución de un problema produce cambios en las capacidades del sujeto: la solución determina la adquisición de una regla de primero o de segundo orden, e incluso de una forma de comportarse en circunstancias determinadas. Tal adquisición provoca una interiorización que tiene una fuerte influencia en las condiciones internas y el modo de aceptar y utilizar las externas. Es obvio que las diferencias individuales son significativas e interesantes: se trata, por ejemplo, de la cantidad de datos almacenados, de la facilidad de recordar las nociones poseídas, de la habilidad para discernir los aspectos significativos de los distractores y de la mayor o menor fluidez al formular hipótesis que vimos en la sección 13.2.

Los conductistas, en cambio, recurren a explicaciones ligadas al principio de estímulo-respuesta, sin hacer mayores distinciones entre los procesos simples y los complejos. Aquí se habla de una terna de elementos significativos: estímulo, respuesta y elementos de refuerzo; la causa del fracaso frente a la solución de un problema está relacionada con el descuido de uno de los tres elementos anteriormente mencionados. Existen varias motivaciones para el fracaso relacionadas, por ejemplo, con la "interrupción" en la recepción del estímulo, o con la contradicción entre dos estímulos que produce respuestas conflictuales. Si el sujeto permite que las reglas de seguimiento de los estímulos lo guíen, dará una respuesta positiva la cual, a su vez, producirá un elemento de refuerzo en una sucesión positiva de estímulos y respuestas.

Los conductistas consideran que los estímulos verbales tienen una gran relevancia (la misma que los seguidores de la Gestalt). Lo anterior conlleva un estudio meticuloso de los estímulos verbales presentes en los problemas; el estímulo verbal por excelencia es aquel que hace recordar las reglas expresadas anteriormente. De hecho, en una acepción "fuerte" del conductista Skinner, que he recordado varias veces, el mismo *problem solving* consiste en el acto de recordar y aplicar una respuesta aprendida precedentemente. Por otra parte, hemos visto antes que para Gagné

(1976) resolver un problema significa descubrir una combinación de reglas conocidas; tal combinación se aplica «para alcanzar la solución en una situación nueva y problemática».

Es precisamente en esta actividad, a mi modo de ver, donde se lleva a cabo la forma más elevada de aprendizaje (ver nuevamente la sección 1.5).

Nota bibliográfica

Además de Gagné (1962, 1973), hice uso de Gagné (1976) y Forehand (1976).

13.6. El enfoque conocido como informático y la teoría de las redes semánticas

El enfoque conocido como informático debe su nombre al hecho de que en él se simula el aprendizaje y la solución de problemas como si el sujeto que aprende y que resuelve fuera una máquina de cálculo. En esta simulación, la preocupación mayor es encontrar programas descriptivos, con el objetivo precisamente de describir el comportamiento humano frente a la solución de un problema, evitando, así, los programas de carácter normativo (ver sección 12.2.). Un elemento importantísimo en este enfoque es la "traducción" del texto del problema, del lenguaje cotidiano a un lenguaje adecuado (algebraico, geométrico, esquema, dibujo, etc.). Esto nos lleva a resaltar una terna de categorías de palabras fundamentales: las variables, los sustitutos y las formas (lingüísticas) funcionales; esta terna facilita la consciencia y la competencia, por ejemplo, al escoger la funcionalidad de los términos del texto del problema. Mediante el estudio repetido de simulaciones en las calculadoras (o usando el lenguaje de calculadora) del comportamiento humano, el enfoque informático ha evolucionado lentamente hacia planteamiento real de programas de ordenador destinados a resolver un tipo cada vez más amplio de problemas. De esta manera se obtiene una interacción hombre-máquina en la cual se da al hombre la tarea de elegir lo que quiere hacer, mientras que la máquina tiene que elegir cómo hacerlo.

Entre los pioneros del enfoque informático pondría a Gagné (1976), o al menos el Gagné de los modelos "mecánicos" y "electromecánicos", como él mismo los llama. Este autor describe muy bien las características más relevantes de sus modelos en cuatro puntos:

- acción secuencial: de un conjunto de eventos a otro conjunto de eventos: «el completar cierto estadio depende de la presencia de cierta capacidad en el estadio precedente»;
- fenómeno del umbral: para que un estado determinado tenga efecto, debe alcanzar cierto nivel de "intensidad";
- respuestas no jerarquizadas: una acción sucede o no, no existe una jerarquía en cuanto a su efectividad; un estímulo existe o no, se reconoce o no;
- conexiones múltiples: un evento puede contribuir a otro o a varios eventos sucesivos, no necesariamente a uno solo.

De esta manera parece que en el proceso de solución de un problema se confía en comportamientos heurísticos prevalentemente; el descubrimiento debe ser un hecho individual que difícilmente encuentra la mediación de experiencias ajenas: se puede recordar la postura de Polya (1954), cuando explica a los profesores la necesidad del proceso heurístico de descubrimiento por parte de los alumnos y no a través de la mediación de los profesores. Cuando Polya subdivide la solución de un problema en las cuatro famosas fases:

- comprensión,
- creación de un plan,
- desarrollo del plan,
- revisión de la solución,

hay que poner nuestra atención sobre el proceso fundamental heurístico del descubrimiento personal; esto recuerda el "eureka" de Glaeser, que hemos mencionado anteriormente.

Pero regresemos al enfoque informático o "basado en la elaboración de información". In este contexto existe la tendencia a hacer énfasis en los eventos, las acciones y la manipulación de la información ordenándolas en secuencias; el objetivo es tratar de entender la manera como las personas entienden los conceptos matemáticos (de tal manera, el objetivo es también proporcionar sugerencias a los profesores sobre cómo enseñar y, sobre todo, cómo hacer que se aprenda la Matemática).

Para entrar en el tema, es necesario hacer una distinción preliminar entre:

- memoria de trabajo: en esta, la información es almacenada temporalmente para hacer uso inmediato de ella; aquí se desarrolla la elaboración efectiva de la información;
- memoria a largo plazo o memoria semántica: se conserva toda la información (es lo que el individuo sabe).

Inmediatamente, surgen dos problemas: ¿Qué significa exactamente convertir la información en imagen? El modo de archivar es específico para la especie humana, o ¿hay estilos diferentes? ¿Estos estilos tienen alguna influencia sobre la comprensión (y cómo)?

En una primera aproximación, se puede imaginar una lista de datos, pero se entiende inmediatamente que este proceso no es un buen modelo de lo que realmente sucede: el hombre recuerda a veces de manera muy rápida, instantánea y conecta una información con la otra. ¿Cómo se explica esto mediante el modelo de la lista? Entender, generalizar e inventar van más allá de un análisis de tipo "lista". Esto ha llevado a los psicólogos a imaginar que ni las memorias ni los conocimientos son simples listas, sino bodegas organizadas y estructuradas (recuerdo los estudios de Anderson, 1976; de Anderson y Bower, 1973; de Norman y Rumelhart, 1975; aconsejo el estudio del análisis presentado en Resmick y Ford, 1991). El modelo de la Gestalt de la estructura está siempre presente, si se observa atentamente. En una obra de Collins y Quillian de 1969 (para entender bien la cual sugiero la descripción detallada de Resnick y Ford, 1991), se da un modelo parcial de una estructura del conocimiento relacionada con la memoria semántica que muestra relaciones posibles entre elementos y propiedades dentro de la categoría semántica"animales".

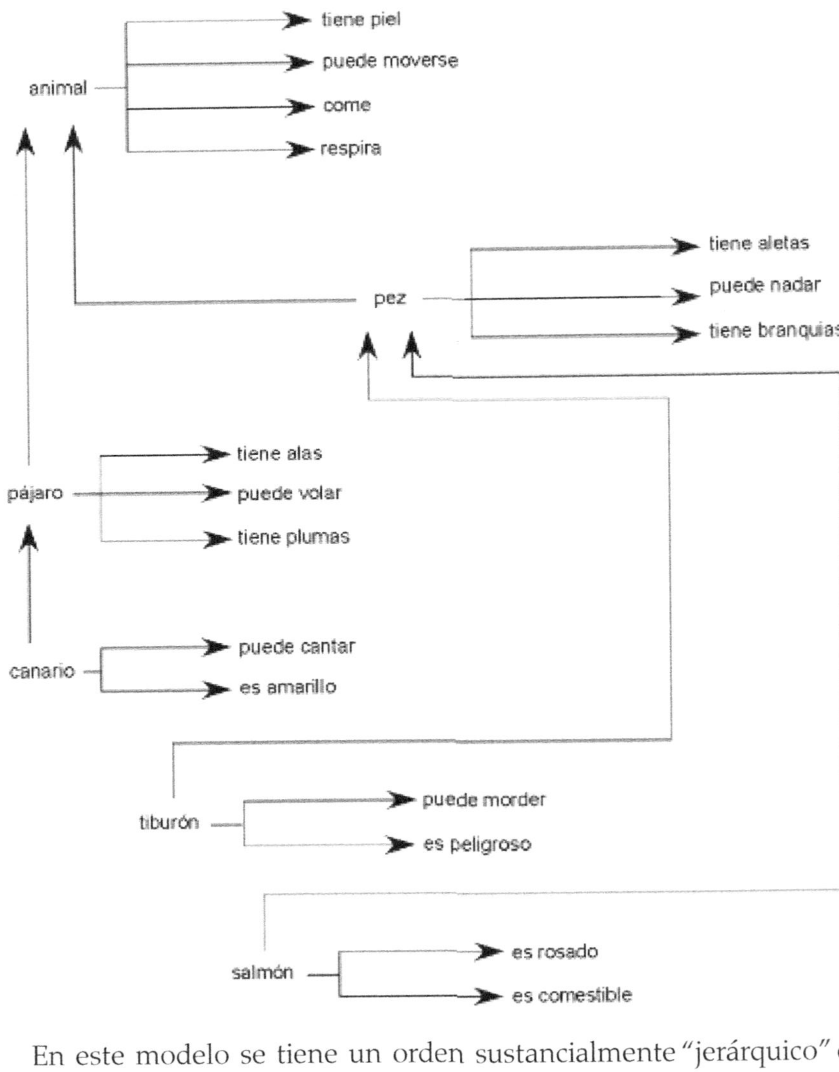

En este modelo se tiene un orden sustancialmente "jerárquico" del conocimiento, estructurado precisamente sobre la base de la información. ¿Esta jerarquía se encuentra realmente en la mente humana o es un elemento ocasional de la reelaboración y la adquisición? El debate en este sentido, encendido desde inicios de los años 80, no me parece que se haya extinguido.

Con esta "teoría de la red semántica", como se ha bautizado, se explican muchas capacidades del ser humano, por ejemplo, la excepcional velocidad con la cual un sujeto produce respuestas a preguntas de este tipo y también a preguntas de tipo general. Es de notar que "tiene piel" es una propiedad general de los animales y, por lo tanto, no se escribió entre las propiedades particulares que se encuentran al lado de "canario". Sin embargo (se han hecho experimentos sobre la capacidad de reacción), un sujeto a quien se le pregunta si el canario tiene piel es capaz de establecer la relación inmediatamente:

canario → animal → tiene piel → canario

en un lapso brevísimo de tiempo. Pero si la pregunta es si el canario tiene alas, el tiempo de reacción es menor, porque la "distancia" entre "canario" y "tener alas", en el modelo, es inferior al anterior. El tiempo de reacción individual a una pregunta sobre la red que representa una estructura del conocimiento en la memoria semántica dependería de la distancia entre los conceptos recordados. Sin entrar en más detalles, con este modelo se explica también la manera como las personas efectúan ciertas deducciones, simplemente haciendo el recorrido de la red.

Lejos de ser una lista de información, el conocimiento sería esta estructura jerárquica organizada y la mente humana sería capaz de construir su propio conocimiento activamente sin tener siempre a la mano una relación directa.

Se podría establecer una analogía entre las ideas de Piaget, Bruner y de los seguidores de la Gestalt; pero, los teóricos de la memoria semántica ponen en evidencia modelos rigurosamente legados a dos factores principales:

- cada modelo es específico para el contenido de un campo particular del conocimiento que es objeto de estudio en esa franja;
- en un modelo aparecen reglas de comportamiento y de relaciones conceptuales.

En el ámbito de estos estudios, hay muchos investigadores dedicados al campo del conocimiento matemático; Greeno en particular se dedicó al estudio de las relaciones entre la multiplicación y la división (Greeno, 1978). En primera instancia, hay dos secciones que hacen una distinción neta entre las dos operaciones:

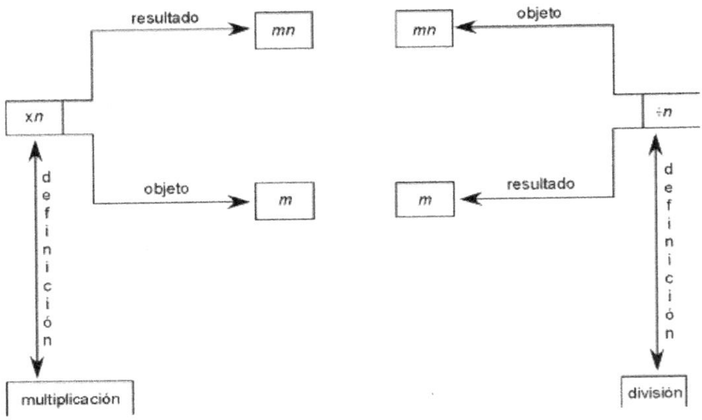

Pero lentamente la comprensión cada vez más profunda de las dos operaciones lleva a crear una relación y la constitución de una red única más vasta.

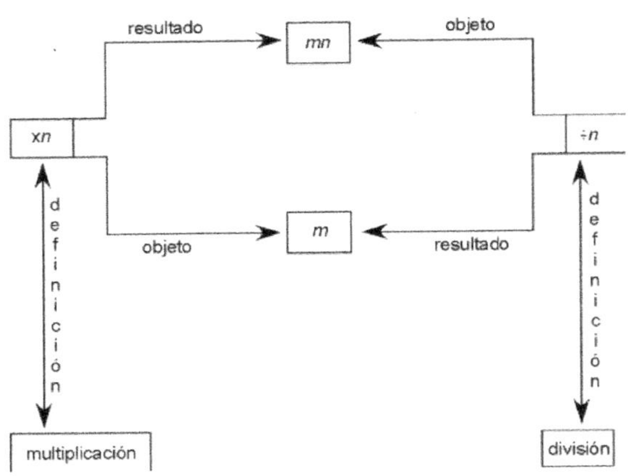

A partir de dos estructuras del conocimiento, se tiene ahora una sola; se podría decir que mientras antes había dos páginas de aquella lista hipotética, con la consiguiente dispersión, en tiempo y competencia, en búsqueda de la comprensión, ahora hay una sola red conceptual semántica, más comprensiva y potente. (Esto recuerda las teorías asociacionistas, tanto así que a veces se habla de una forma de neo - asociacionismo).

Además, no se excluye que la red se desarrolle cada vez más, llegando incluso a comprender otras operaciones, de un solo golpe, por ejemplo, adición, sustracción, multiplicación y división (ver Resnick y Ford, 1991, pp. 191-195, sobre esta fase más compleja).

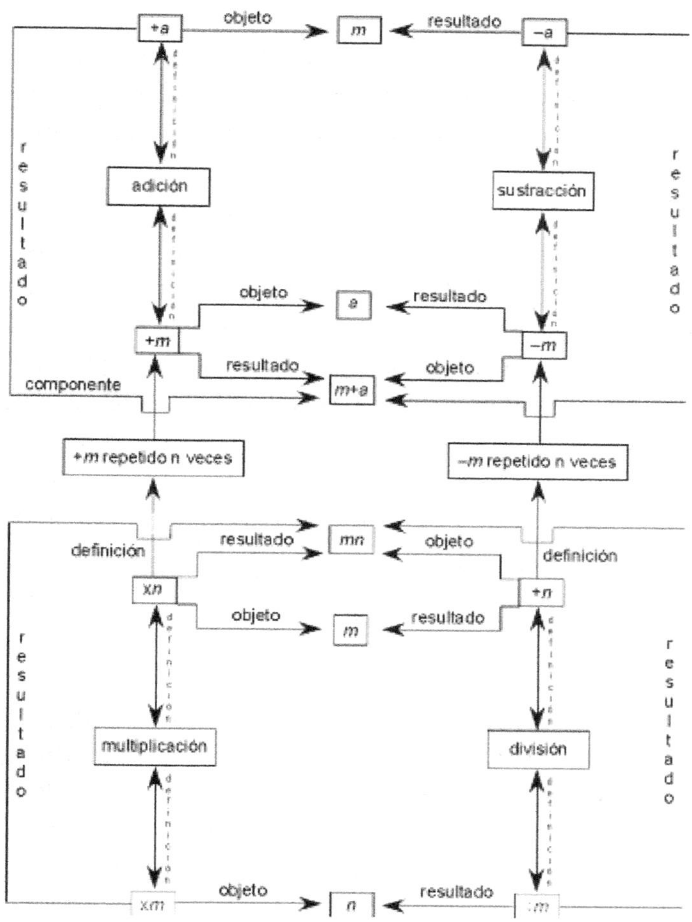

En este modo de ver las cosas está implícito un objetivo didáctico: tarea de la enseñanza en general (de la Matemática en particular) es ayudar al estudiante a adquirir un conocimiento "bien estructurado" de cada materia. Esta fase puede significar crear redes semánticas muy complejas, vastas, comprensivas y bien adquiridas, para facilitar la terna de la que hablamos antes: "entender –generalizar– inventar". Una red conceptual compleja y sólida facilitaría esta capacidad. Sin embargo, es necesario, en este punto, regresar al primero de los dos factores citados hace poco; la verdadera utilidad de las redes semánticas en el campo didáctico está en su especificidad (estoy siguiendo la obra de Greeno de 1976, analizado en detalle en Resnick y Ford, 1991).

Oponiéndose a los objetivos puramente conductistas, Greeno propone objetivos cognitivos, en los cuales se tiene en cuenta lo que saben las personas con respecto a lo que hacen. O sea: comportamiento y reflexión metacognitiva.

Permanece el problema de establecer cuáles son los objetivos cognitivos en el campo de la Didáctica de la Matemática, cuáles son los criterios generales de un conocimiento bien estructurado, adecuado para guiar al investigador en su labor. Greeno sugiere las siguientes tres:

- coherencia interior de la representación; tal coherencia no involucra cuestiones lógicas, por lo tanto, se ha rebautizado con la palabra"integración";
- grado de conexión de la información con otros conocimientos que el sujeto posee;
- correspondencia entre la representación y lo que se debe comprender.

Naturalmente, surge el problema de evaluar la menor o mayor presencia de cada uno de estos criterios, lo cual no es simple. Si se pudieran ver las redes semánticas presentes en el cerebro de un individuo, sería fácil; pero, como no es así, se deben crear maneras de evaluar basadas en el comportamiento de los sujetos sometidos a estímulos particulares.

En referencia a la integración, se busca evaluar el grado según el cual se asocian los conceptos entre ellos de varias formas, pero organizadamente. Así, se descubre que en las redes existen nudos de mayor"peso", porque de ellos se desprenden varias flechas. Para evaluar las conexiones, no parecen existir medios diferentes a las entrevistas indirectas o las presentaciones en el *problem solving*; se pueden sugerir estrategias tendientes a crear nuevas conexiones en red y observar las reacciones; sin embargo, cuando un sujeto efectúa una tarea no tiene garantizada la creación de una flecha estable en la red (en actividades de este tipo son fundamentales los recuentos de"casos"que finalizan con el volverse emblemáticos). En últimas, para evaluar la correspondencia se sugirió la comparación entre los modelos adquiridos conscientemente por los sujetos (estudiantes en general) y los adquiridos por los profesionales de la Matemática.

Pero, ¿cómo lograrlo? Se han elaborado diversas estrategias de indagación, basadas en entrevistas sobre estímulos aparentemente inocuos (asociaciones verbales, construcción de gráficos, pruebas de clasificación, entre otros); según la respuesta del sujeto, se induce una cierta correspondencia y se compara lo que declara el participante con lo que presume el científico.

Este tipo de análisis demostró que, con el paso del tiempo, las redes semánticas de los estudiantes, en un sector de estudio particular, tienden a parecerse cada vez más a aquellas presentadas en los libros de texto o a las propuestas por el profesor, así se les hayan presentado solo de manera implícita. Un famoso estudio de Thro (publicado en 1978) demostró que los alumnos universitarios más brillantes para resolver problemas de Física eran aquellos cuyas redes semánticas mostraban estructuras cognitivas más cercanas a las de sus profesores (físicos profesionales).

Si bien todo lo anterior, al menos en cuanto modelo, da razones sobre la estructura de la consciencia, deja sin respuesta el problema que nos interesa prevalentemente; ¿cómo se resuelve un problema?

> Resnick y Ford (1991, p. 204) responden:
> Las teorías sobre la elaboración de la información conciben la mente como si ésta poseyera, además de estructuras cognitivas, un repertorio de estrategias de problem solving, que ayudan a interpretar los problemas, a encontrar los conocimientos y los procedimientos almacenados y a generar nuevas relaciones entre voces de la memoria que han sido almacenadas por separado. Estas estrategias organizan los procesos del pensamiento y recurren a diferentes componentes de la consciencia con el fin de

elaborar un plan de acción que facilite la solución de la tarea que se tiene en frente.

Por lo tanto, la red de conocimiento no es suficiente, pero hay que considerarla, por decirlo así, una "reserva de estrategias": esta se puede imaginar como una red de complejidad superior que relaciona nudos y redes de manera compleja.

Para explicar bien el fenómeno de la solución de problemas surgen tres aspectos de la estrategia:

- como nos representamos el problema;
- como interactúan las características del contexto problemático con el conocimiento de cada uno de los que resuelven el problema;
- como se analizan los problemas y como examina el resolutor las estructuras del conocimiento (sobre todo en el caso "misterioso" en el que se usa información que no está relacionada con el problema propuesto).

Cada uno de estos aspectos abre un mundo propio. En aras de la brevedad, diré solamente que esta escuela de la Psicología propone para cada problema, simple o complejo, tres modalidades de representación posibles: lingüística informal, física o visual, algebraica (más generalmente: formal). Cada una de estas representaciones tiene la capacidad de aprovechar conocimientos de diferentes tipos que dependen del estilo y de las competencias de cada uno de los resolutores. Por consiguiente, estas representaciones estimulan modalidades diferentes para resolver problemas.

El contexto problemático tiene una importancia excepcional y ha sido estudiado ampliamente también del punto de vista de la fijación funcional.

Con frecuencia, una pequeña modificación del contexto determina el descubrimiento de una estrategia (si pensamos en el movimiento involuntario de la cuerda colgada en el experimento de Maier, o en el profesor que al improviso hace aparecer sobre la silla un par de tijeras durante el problema de hallar el área del paralelogramo; en cada caso se trata de ayudas contextuales externas).

En cuanto al aspecto del análisis del problema, del cual hemos hablado en repetidas ocasiones y del cual hablaremos aún más en la sección 13.7, Newell y Simon (1972) concibieron la idea del "espacio interno del problema", al cual me refiero ampliamente en la sección 13.1.

La fascinante tarea de estudiar las estrategias usadas para resolver un problema o para examinar las estructuras de la consciencia ha llevado por un lado a crear programas de computador que simulan el comportamiento de los jóvenes que resuelven el problema, como mencioné al principio de esta sección, y por otro lado, al análisis del fenómeno mediante redes conceptuales. No trataré aquí la primera cuestión, por lo cual reenvío al lector a Resnick y Ford (1991, pp. 211-214) quienes presentan sobre todo el programa Perdix de Greeno, de 1978, relacionado con la solución de problemas de Geometría por parte de estudiantes de bachillerato.

Con referencia al análisis hecho desde un punto de vista racional y empírico del resultado de un ejercicio de Geometría particular con niños de 10 y 11 años, diré algunas cosas aprovechando otra vez el texto de Resnick y Ford (1991, pp. 214-222) y las imágenes allí contenidas.

El problema trataba de hacer que los niños *descubrieran* cómo medir el área de un paralelogramo siguiendo uno de estos dos procedimientos:

a. medir el área de un rectángulo y comparar las áreas de dos rectángulos cubriéndolos con pequeños cubos;
b. recortar el paralelogramo para transformarlo en un rectángulo (de base y altura congruentes).

Sigue el esquema de las dos estructuras cognitivas que el lector puede analizar detalladamente, incluso los detalles locales.

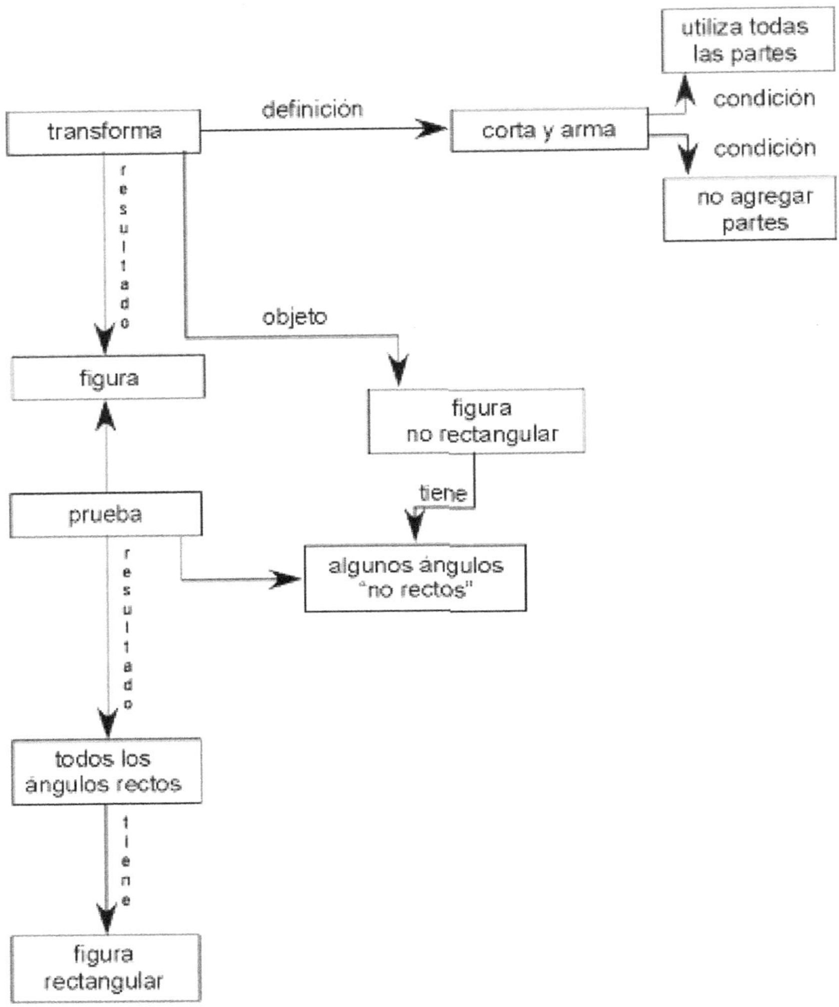
utiliza todas las partes
condición
definición
transforma
corta y arma
condición
no agregar partes
resultado
objeto
figura
figura no rectangular
tiene
prueba
algunos ángulos "no rectos"
resultado
todos los ángulos rectos
tiene
figura rectangular

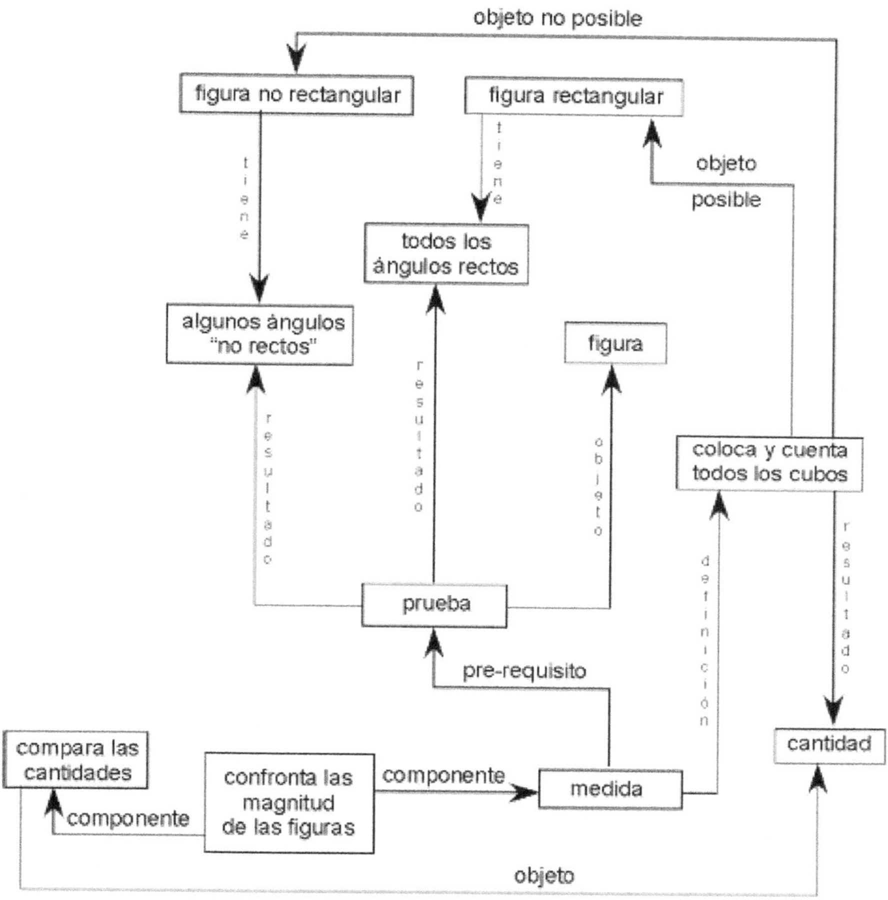

En la siguiente figura se ve la estructura cognitiva que los autores de la investigación (Resnick, Pellegrino, Morris, Schadler, Mulholland, Glaser y Blumberg, publicada en 1980; uso la descripción detallada de Resnick y Ford, 1991) suponen se debe construir para resolver el problema.

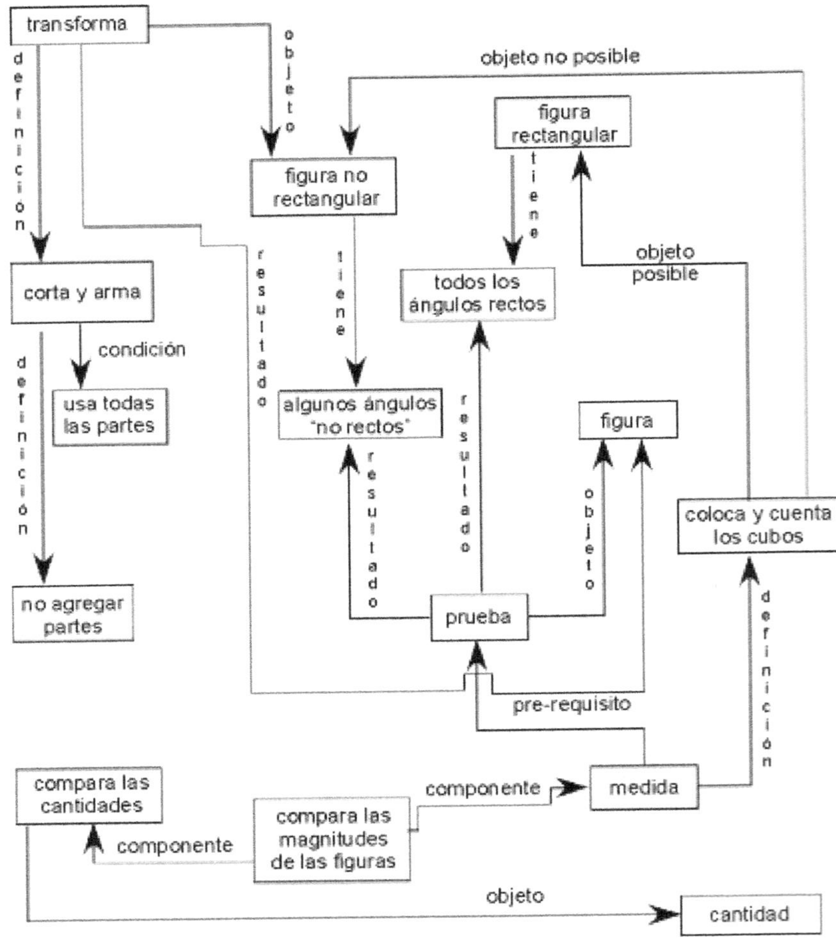

Se ve de inmediato como los dos esquemas conceptuales precedentes son partes de esta construcción, creando una fuerte conexión donde se asume que el "vértice": «algunos ángulos no rectos» se vuelve punto de sutura. Según la investigación, aproximadamente el 50% de los niños ve la relación inmediatamente, o de golpe o haciendo una investigación activa. El otro 50%, en cambio, no "vieron" la relación, así que el investigador dio indicaciones, inicialmente apenas esbozadas y después de manera siempre más explícita, hasta llegar a sugerir que se cortaran los "pedazos" que no servían. Mientras se hacía la sugerencia, los niños empezaban a "ver" el problema y la solución, creando así, a partir de las dos redes, una sola más compleja.

Sugiero de ver Resnick, Ford (1991) para un análisis particularizada del problema; entre las variaciones del experimento señalo una que frecuentemente sugiero a los profesores con quienes estoy en contacto. El investigador presenta los dos procesos a) y b) mencionados anteriormente, luego pregunta a los niños: «¿Qué piensan que yo les quiero que Ustedes hagan?» o: «Qué piensan que yo les voy a proponer?». Se trata de un proceso metacognitivo activo de gran valor educativo, más allá de la experimentación psicológica. Llamar la atención sobre los objetivos en una situación de *problem solving* facilita la posibilidad de encontrar la solución. Esto podría llamarse análisis consciente de objetivos (y es mucho más que la anhelada, aunque menos convincente, explicación de los objetivos por parte del profesor; esta es una actividad en el verdadero significado de la palabra).

Una exposición más detallada de las diferentes posiciones delineadas y descritas en las secciones 13.3., 13.4., 13.5. y 13.6., y de aquellas sacrificadas en aras de la brevedad, requeriría mucho más tiempo y competencia en sectores que no son pertinentes con mi formación cultural; por lo cual considero una buena opción detenerse, también por razones de espacio. Creo poder afirmar que el análisis del proceso de solución de problemas en términos solamente de descripción externa del comportamiento no nos lleva a aclarar la verdadera naturaleza del proceso. Por otro lado, parece difícil hacer evidentes los pasos internos. Las variables en juego son muchas y muy complejas para hacer una descripción científica fundamentada del proceso de solución de problemas. No faltan polémicas al respecto, por ejemplo, sobre la posible cientificidad o no de la descripción del *problem solving*, (es célebre la polémica entre MacDonald y Griffith, descrita en Resnick y Ford, 1991; Griffith precisamente intentó tratar el insight con un planteamiento excesivamente científico).

Me parece importante reflexionar sobre estas temáticas. Tomar decisiones o partido al respecto, es un trabajo arduo ya que hay contribuciones significativas y posiciones interesantes en cada una de ellas. Es por esto que me parece más sensato tener una visión global antes que adentrarme en particularidades de corte psicológico.

Hay que decir también, por si no está claro, que lo expuesto aquí está ligado a aspectos meramente psicológicos fundamentales, antes que la visión moderna y siempre más científica de la Didáctica de la matemática se apropiara de algunos aspectos descriptivos y fenomenológicos del problema. Pero, ya escribí ampliamente sobre esto, por ejemplo, en D'Amore (1999a).

13.7. Imágenes y representaciones mentales

Las representaciones mentales que se hacen a partir de situaciones problemáticas se han citado en más de una ocasión en este libro; este tema, ampliamente estudiado desde varios puntos de vista, no es para nada banal dado el rol central que todos le reconocen en las actividades de *problem solving*. Con el fin de tener una panorámica de los diferentes roles que juegan tanto la visualización"interna" como la"externa", en la resolución de problemas, reenvío al lector a Pellerey (1984, 1990).

Este tipo de estudio inició hace mucho, si se piensa que incluso Piaget e Inhelder (1951) sustentaron la diferencia entre:

- imágenes reproductivas (evocan objetos, situaciones, eventos conocidos);
- imágenes anticipatorias (representan objetos construidos solo mentalmente).

Piaget e Inhelder afirmaban que las imágenes sirven como punto de partida en la concretización de los pensamientos evocados por símbolos verbales y símbolos matemáticos. Estos últimos, por su naturaleza, son abstractos pero el alumno que resuelve el problema se hace una imagen concreta (y este es un punto crucial en el *problem solving*): las imágenes visivas precisamente son la piedra angular de esta concretización. Los estudios hechos del trabajo creativo de los científicos demostrarían que precisamente en esta delicadísima fase se juega el descubrimiento científico, en la capacidad de imaginar y de crear esquemas visuales de desarrollo del pensamiento. Estudios de psicólogos sobre el trabajo de Einstein, Hadamard y Poincaré, por ejemplo, nos han proporcionado testimonios significativos. (Ver D'Amore, Sbaragli, 2020).

Claro que existe el problema de un delicadísimo pasaje ulterior: de la imagen interna a la palabra. Se han hecho estudios a propósito de este pasaje y se ha resaltado la prevalencia de la fase icónica con respecto a la fase verbal (Johnson-Laird, 1988). Basados en varios experimentos, que no traeré a colación aquí, se demostró que solo después de una fase de familiarización con el problema, aquel que lo resuelve va de una fase visiva (representación interna y externa) a una fase lingüística. Esto, como afirma Pellerey (1990), «comprueba las afirmaciones de Haslerud y Meyer (1958), o sea la influencia inhibidora producida por un uso excesivo de la verbalización en la fase de solución de un problema».

Bruner propuso un ángulo interesante y original del problema, veamos cómo. Hay que acercarse nuevamente a unas intuiciones de Piaget, quien afirma que el desarrollo del niño conlleva la reestructuración sucesiva de hechos y de relaciones; estas se originan y se manifiestan mediante las interacciones de los niños con el ambiente, gracias a la experiencia directa con el ambiente mismo. Pero, ¿cómo se representan dichas interacciones en la mente del niño? Bruner dedicó su atención a este particular en los primeros años de la década del 60 y escribió (1966a):

> Con el fin de sacar provecho de la interacción con los eventos que se presentan normalmente en el ambiente, hay que representarlos de alguna manera. Tratar este problema como "memoria pura" no es más que falsearlo ya que el hecho más importante en la memoria no es imaginar experiencias pasadas, sino recuperar lo que nos interesa de forma útil. Lo anterior depende de la forma como se codifican

y se elaboran las experiencias pasadas, de manera que pueda ser verdaderamente relevante y útil en el presente, cuando se necesita. El producto final de un tal sistema de codificación y elaboración es lo que podemos llamar una representación.

De tal manera, se pasa a una verdadera *representación cognitiva* que, en el caso de la solución de problemas matemáticos en particular, ha sido ampliamente estudiada y ha asumido un papel central.

Regresemos a Bruner (1966a), quien distingue tres modalidades de representación:

- Ejecutiva (enactive); según Bruner, los eventos pasados se representan mediante un acto motor. Hay pruebas de esto, estudiadas por Piaget, en un gesto típico y observable que hace el niño pequeño al agitar el puño recordando el sonajero que ha caído al suelo; en los adultos, se sugiere el caso de los músculos que recuerdan el movimiento de las piernas al pedalear cuando, incluso después de muchos años, se vuelve a montar el bicicleta; en Matemática, se ha estudiado el golpeteo de los dedos sobre el escritorio o sobre el mentón cuando los niños están haciendo actividades de adición, lo cual es un evidente recuerdo del conteo: es probable que al iniciar su experiencia con la aritmética, el niño haya hecho un gesto de este tipo;
- Icónica (iconic); aquí se pasa de lo real concreto al mundo de las imágenes mentales abstractas; según Bruner se tiene esta modalidad si el niño imagina o refigura un manejo o una operación para poder recrearla cuando sea necesario: se trata de un resumen de eventos, que mantienen únicamente las características esenciales; a manera de ejemplo adulto, la persona que da indicaciones sobre una ruta a un extranjero se imagina a sí mismo haciendo el recorrido y da las direcciones de forma casi visual, pero no particular, da indicaciones sobre los puntos más relevantes. Para los niños que hacen actividades matemáticas, a manera de ejemplo, se sugiere el caso de un alumno que debe ordenar unos objetos según unas propiedades definidas y que, sin reparar en todos los detalles, se imagina la situación icónicamente;

- Simbólica (symbolic); aquí se requiere competencia lingüística; con frecuencia, el símbolo y la palabra no tienen nada que ver entre sí, el nombre "cinco" y el signo "5" no tienen nada que ver con los quintetos de varias cosas: se trata de símbolos puramente abstractos; pensemos en la gran variedad de símbolos que existe en el contexto matemático: elementos, relaciones, operaciones, signos funcionales, ... Cuando el niño entra en contacto con estos signos, inicia un camino en la representación simbólica; el uso de tales representaciones da vida a la posibilidad de activar el pensamiento abstracto.

El orden en el cual se mencionaron estas tres formas de representación no es casual; de hecho, para Bruner, estas formas se desarrollan en este orden y cada uno de ellos es la base cognitiva del siguiente: estos se relacionan evolutivamente. Este parece ser un desarrollo de la inteligencia por etapas similar a la teoría de Piaget. Pero, la aplicación escolar de estas dos teorías es una cosa bien diferente. Piaget sugiere que se necesita esperar hasta que el niño esté listo para desarrollar ciertos conceptos. Bruner, por el contrario, afirma: «cualquier idea, problema o conocimiento se puede presentar en forma simple de manera que cada alumno la pueda entender». Es bien sabido que Bruner se lanzó a varias aventuras que pueden ser discutibles en la enseñanza de la Matemática, como cuando intentó enseñar a niños de primaria a resolver ecuaciones cuadráticas y las propiedades de los grupos. La idea base es presentar los conceptos en una modalidad correspondiente a las tres formas de representación; podría ser que un individuo esté "listo" para la fase simbólica de cierto concepto; sin embargo, Bruner aconseja igualmente la presentación del concepto en las tres formas, en el orden mencionado, con el fin principalmente de "fundamentar" las imágenes mentales a las cuales puede recurrir y, por lo tanto, ponerlas en la base de las adquisiciones cognitivas. Un ejemplo famoso del mismo Bruner es el de la balanza de dos brazos, representado de manera ejecutiva con dos niños en el columpio, de manera icónica hasta una diseñada con travesaños y pesos dibujados, de manera simbólica con la fórmula de la ley del equilibrio de la palanca.

Se pueden proponer ejemplos similares en lo referente a la notación posicional en el sistema decimal y en lo referente a algoritmos de operaciones y otros argumentos.

El estudio de Bruner abre muchos interrogantes:

- ¿las tres modalidades agotan las posibilidades?;
- ¿cuál de las tres, si es posible, se debe privilegiar en las actividades de aula?; ¿tal elección depende de la edad?;
- ¿en qué sentido es la forma simbólica más "avanzada" que la forma icónica?;
- ¿cómo sucede la transición de una forma a otra?;
- como aprovechar esto en las actividades de aula?; ¿hay tendencias personales o se trata solamente de evolución?;
- todo esto, ¿tiene una verdadera utilidad en el proceso de aprendizaje, especialmente en el proceso concreto de enseñanza - aprendizaje de la Matemática?

Muchas de estas preguntas han tenido respuesta; pero, según las elecciones teóricas fundamentales, han dado respuestas diferentes: aquí reside la belleza, y también el límite, de toda esta labor.

Newell y Simon (1972) hicieron varios estudios sobre la elaboración mental y sobre la representación de la situación problemática (ayudada o complicada por gráficos, etc.); los elementos objetivos de cualquier problema se elaboran y transforman mediante un proceso de codificación, elaborados mentalmente, imaginados y representados. De esta forma se tiene una representación del problema que los autores bautizaron como "espacio interno del problema": es decir que se trata de un contexto más amplio, más rico y más comprensivo del externo, ya que en este contexto se recogen no solo los datos objetivos, sino toda una red compleja de hechos, relaciones y procedimientos. Tales datos son traídos a la memoria permanente a veces de manera confusa pero productiva. Estudios posteriores de varios autores buscaron aclarar la forma en la cual quienes resuelven problemas encuentran un recorrido personal; por ejemplo, creo que también las investigaciones de Greeno (1978) sobre la solución de problemas de Geometría por parte de jóvenes de bachillerato se pueden incluir en este tipo de estudios. Sin embargo, no voy a entrar en detalles por lo que refiero al lector a la bibliografía.

En Bruner J. S. (1966a), el autor cuenta sus experiencias de enseñanza de una Matemática muy formal con niños de nueve años; el autor y sus colaboradores intentaban presentar lo que ellos llaman la "propiedad distributiva" (¡!): «es decir que las expresiones $a+(b+c)$ y $(a+b)+c$ podían considerarse equivalentes». Así narra: «Uno de nuestros alumnos más inteligentes, al empezar una clase, hizo un comentario sobre nuestra intención diciendo: "Ah, están distribuyendo nuevamente la propiedad distributiva"». Observemos con detalle; admitamos que el autor tuviera la intención de escribir o resaltar la igualdad: $a+(b+c)=(a+b)+c$; de hecho, esta no es una propiedad distributiva (para la cual, usualmente, se requiere que haya dos operaciones, precisamente porque una es distributiva con respecto a la otra). ¿Qué decir? ¿Esfuerzos, tiempo, recursos públicos gastados en vano? Me limitaré a considerar que, en mi opinión, es cada vez más necesario que los matemáticos estén presentes en las actividades de investigación referentes a la Matemática y a la Didáctica de la Matemática, de otra forma sería un desastre. En el mismo libro (p. 25), por otro lado, el autor afirma otras cosas un poco extravagantes acerca de la Matemática, pero también dice que:

> Piaget supo aprovechar la teoría lógica implícita en cuya base trabaja el niño cuando enfrenta tareas de naturaleza intelectual. En sus descripciones de carácter formal hay defectos indudablemente que han sido criticados por parte de lógicos y matemáticos, pero esto no tiene importancia; en cambio, lo que sí es extraordinariamente importante es la utilidad, el valor de su trabajo descriptivo, aunque esta descripción formal no constituye en lo absoluto una explicación ni una descripción psicológica de los procesos del desarrollo.

Creo que hay mucha verdad en todo esto; por otra parte, estoy perfectamente consciente que mi intento tosco e ingenuo de entrar en el terreno de la Psicología me haya hecho decir quién sabe qué tontería, comparable sin duda a confundir la propiedad distributiva con la asociativa. De esto surge, creo, la necesidad de un trabajo común cada vez más profundo.

13.8. Conclusión (...) circular

Consideremos la siguiente conjetura:
Todo número natural par mayor de 2 es la suma de dos números primos.

¿Quién quiere dar una prueba?

Es decir:
o demostrar la afirmación o encontrar un contra ejemplo, es decir encontrar un número par mayor de 2 que no sea la suma de dos números primos.

Se trata de uno de los problemas abiertos más fascinantes del mundo, precisamente por su sencillez; en otros términos, no es la complejidad del texto la que define el encanto, la dificultad o el interés de un problema.

Referencias bibliográficas

AA. VV. (1974). A scuola con il corpo. *Quaderni di cooperazione educativa*. 8.

AA. VV. (1977). *Informatica*. Milano: Angeli.

AA. VV. (1978). *Psicologia del rapporto educativo*. Milano: Isedi.

AA. VV. (1983). *Concetti e conoscenze*. Torino: Loescher. [En particolar, los capitulos de P. Boscolo, de M.S.Veggetti y de C. Pontecorvo].

AA. VV. (1985). *L'emotività a scuola*. Milano: Angeli.

AA.VV. (1991). *Testi delle relazioni*.VI Incontro Internuclei sulla scuola elementare. Garda (Vr) 11 - 13 aprile 1991. Pubblicazione degli Incontri Internuclei.

AA. VV. (2002). Appendice alla *Enciclopedia Pedagogica*. Dirigida por Mauro Laeng. Brescia: La Scuola Editrice.

Abraham A. (1984). *L'enseignant est une personne*. Paris: ESF.

Ackermann-Valladao E. et al. (1983). Formation et actualisation des modèles du sujet en situation de resolution de problème. *Archives de Psychologie*. 51, 62-70.

Aebli H. (1961). *I principi fondamentali dell'insegnamento*. Firenze: Giunti-Barbèra. (Ed. or. 1961). [Me baso en una edición ampliamente innovadora de 1985].

Aglì F., Martini A. (1991). In una conca nuotano a rilento 3 trote, 5 triglie e tinche 100 - Strategie ingenue di rappresentazione delle quantità, delle variazioni di quantità e di scrittura dei numeri in età prescolare. Comunicazione orale al XX GIRP, Locarno, 18-24 agosto 1991: *L'universe numérique*. Pubblicazione interna.

Aglì F., Martini A. (1995). Rappresentazione e notazione della quantità in età prescolare. *Età evolutiva*. 51, 30-43.

Aiken L. R. Jr. (1970). Attitudes toward mathematics. *Review of Educational Research*. 40, 551-596.

Aiken L. R. Jr. (1976). Update on attitudes and other affective variables in learning mathematics. *Review of Educational Research*. 46, 293-311.

Amidon C., Hunter E. (1983). *L'interazione verbale nella scuola*. Milano: Angeli.

Anderman E. M., Maehr M. L. (1994). Motivation and schooling in the middle grades. *Review of Educational Research*. 64, 287-309.

Anderson J. R. (1976). *Language, memory, and thought*. Hillsdale, NJ: Erlbaum.

Anderson J. R., Bower G H. (1973). *Human Associative Memory*. Washington: Wmslon.

Antiseri D. (1985). *Teoria e pratica della ricerca nella scuola di base*. Brescia: La Scuola.

Argyle M. (1974). *Il comportamento sociale*. Bologna: Il Mulino.

Arrigo G., Sbaragli S. (2008). Le convinzioni degli insegnanti di scuola primaria relative al concetto di divisione. *La matematica e la sua didattica*, 22(4), 479-520.

Arzarello F. (1983). *Matematica e linguistica*. Milano: Angeli.

Asenova M. D'Amore B., Fandiño Pinilla M. I., Iori M., Santi G., Sbaragli S. (2020). **ORETTOLE NUOVA VERSIONE.**

Aspy D., Roebuck F. (1977). *Kids don't learn from people they don't like*. Ameherst, Mass.: Human Resource Development Press.

Ausubel D. P. (1968). *Educational psychology: A cognitive view.* New York: Holt, Rinehart & Winston. [Sobre todo el cap. 10].

Azrin N. H. (1958). Some effects of noise on human behavior. *Journal of the Experimental Analysis of Behavior*. 1, 183-200.

Bagni G. T., D'Amore B. (1992). Le classificazioni dei quadrilateri. *L'insegnamento della matematica e delle scienze integrate*, 15(8), 785-814.

Bagni G. T., D'Amore B., Giovannoni L., Picotti M. (1993). *Esercizi di autoverifica per insegnanti*. Progetto Ma.S.E., vol. VIII. Milano: Angeli.

Baldassarri E. et al. (1987). Analisi sulle applicazioni dei modelli «intuitivi» nella divisione e nella moltiplicazione secondo le indicazioni date dal prof. E. Fischbein dell'Università di Tel Aviv e già sperimentate a Pisa da un gruppo di ricercatori e di insegnanti. En: D'Amore B. (Ed.) (1987). *Corso di matematica per gli insegnanti della scuola dell'obbligo.* Roma: Armando. 31-47.

Baldisserri B., D'Amore B., Fascinelli E., Fiori M., Gastaldelli B., Golinelli P. (1993). I palloncini di Greta. Infanzia. 1, 31-34. [Este artículo se imprimió nuevamente en: *La matematica e la sua didattica,* 4, 1993, 444-449. Se reimprimió también en: Gagatsis A. (Ed) (1994). *Didactiché ton Mathematicon.* Erasmus ICP93 G2011/II. Thessaloniki. 239-246 (en griego), 571-578 (en francés). Se reimprimió en: *Cahiers de didactique des mathématiques.* 16-17, 1995, 11-20 (en griego), 93-102 (en francés)].

Ballanti G. (1968). *Modelli di apprendimento e schemi di insegnamento,* Teramo: Giunti e Lisciani.

Ballanti G. (1975). *Il comportamento insegnante.* Roma: Armando.

Ballanti G. (1979). *Analisi e modificazione del comportamento insegnante.* Teramo: Lisciani.

Ballanti G. (1984). La ricerca pedagogica sull'interazione verbale nella classe scolastica. En: Becchi E., Maragliano B. (Eds.) (1984). *Manuale critico della sperimentazione e della ricerca educativa.* Milano: Angeli.

Ballanti G. (1991, II ed.). *Modelli di apprendimento e schemi di insegnamento.* Teramo: Giunti & Lisciani.

Bara B. (1990). *Scienza cognitiva.* Torino: Bollati Boringhieri.

Barth B. M. (1990). *L'apprendimento dell'astrazione.* Brescia: La Scuola. (Ed. orig. Parigi 1967).

Bartolini Bussi M. G. (1985). La rappresentazione nell'apprendimento della matematica. *Bambini,* 5(5), 63-68.

Bartolini Bussi M. G. (1989a). La discussione collettiva nell'apprendimento della matematica. *L'insegnamento della matematica e delle scienze integrate,* 12(1), 5-49.

Bartolini Bussi M. G. (1989b). La discussione collettiva nell'apprendimento della matematica: analisi di due casi. *L'insegnamento della matematica e delle scienze integrate,* 12(5), 615-654.

Bartolini Bussi M. G. (1991). Apprendere la matematica attraverso la discussione: grafici nel piano cartesiano. *L'insegnamento della matematica e delle scienze integrate,* 14, 243-258.

Baruk S. (1985). *L'âge du capitaine.* Paris: Seuil.

Bateson G. (1976). *Verso un'ecologia della mente.* Milano: Adelphi. (Ed. orig. New York 1972).

Bereiter C., Englemann S. (1966). *Teaching disadvantaged children in the preschool.* Engelwood Cliffs, NJ: Prentice-Hall Inc.

Binet A. (1890). Perception d'enfants. *Revue Philosophique.* 30, 582-611.

Bloom B. S. (1979). *Caractéristiques individuelles et apprentissages scolaires.* Paris: Weathon.

Boero P. (1986). Sul problema dei problemi aritmetici nella scuola elementare. *L'insegnamento della Matematica e delle Scienze integrate,* 9(9), 48-93.

Boero P. (1989). *Campi semantici nell'insegnamento-apprendimento della matematica: riflessioni su problemi di concettualizzazione e mediazione linguistica connessi ad esperienze di innovazione curricolare.* Atti del Seminario Nazionale di Ricerca in Didattica della Matematica numero 6, maggio 1989.

Boero P. (1990). *I problemi.* En: AA.VV. (1990). *Guida alle videocassette-Matematica.* Genova: Irrsae Liguria.

Boero P., Ferrari P. L. (1988). Rassegna di alcune ricerche sul «problema dei problemi»: loro importanza per l'insegnamento. *L'insegnamento della Matematica e delle Scienze integrate,* 11(7-8), 659-684.

Borasi R. (1984). Che cos'è un problema? Considerazioni sul concetto di problema e sulle sue implicazioni in didattica della matematica. *L'insegnamento della matematica e delle scienze integrate,* 7(2), 83-98.

Borasi R. (1986a). On the nature of problems. *Educational Studies in Mathematics.* 17, 125-141.

Borasi R. (1986b). Che cosa è un problema? *L'insegnamento della matematica e delle scienze integrate,* 2(7), 93-98.

Boscolo P. (1983). Linee della ricerca psicologica sui concetti. En: Handjaras L. et al. (Eds.) (1983). *Concetti e conoscenza.* Torino: Loescher. 123-196.

Boscolo P. (1986). *Psicologia dell'apprendimento scolastico. Gli aspetti cognitivi.* Torino: Utet.

Bourne L. E. (1966). *Human conceptual behavior.* Boston: Allyn & Bacon.

Brousseau G. (1983). Les obstacles épistemologiques et les problèmes en mathématique. *Recherches en Didactique des Mathématiques,* 4(2), 165-198.

Brousseau G. (2008). *Ingegneria didattica ed epistemologia della matematica.* Prologo de Bruno D'Amore. Bologna: Pitagora.

|Brousseau G., D'Amore B. (2008). I tentativi di trasformare analisi di carattere meta in attività didattica. Dall'empirico al didattico. En: D'Amore B., Sbaragli F. (Eds.) (2008). *Didattica della matematica e azioni d'aula.* Atti del XXII Convegno Nazionale: Incontri con la matematica. Castel San Pietro Terme (Bo), 7-8-9 novembre 2008. Bologna: Pitagora.

Brousseau G., D'Amore B. (2018). Los intentos de transformar análisis de carácter metacognitivo en actividad didáctica. De lo empírico a lo didáctico. *Educación Matemática*, 30(3), 41-54. DOI: 10.24844/EM3003.02.http://www.revista-educacion-matematica.org.mx/descargas/vol30/3/02_REM_30-3.pdf

Brown S. I., Walter M. I. (1988). *L'arte del problem posing*. Torino: SEI. (Ed. orig. Hilldate 1983).

Bruner J. S. (1960). *The Process of Education*. Cambridge, Ma: Harvard University Press. [Trad. it. 1966, Roma: Armando].

Bruner J. S. (1961). The act of discovery. *Harvard Educational Review*. 31, 21-32. [Trad. it. contenida en: Bruner J. (1969). *Il conoscere. Saggi per la mano sinistra*. Roma: Armando].

Bruner J. S. (1962). *On Knowing. Essays for the Left Hand*. Cambridge, Ma: Harvard University Press. [Trad. it. 1968, Roma: Armando].

Bruner J. S. (1964a). The course of cognitive growth. *American Psychologist*. 19, 1-15.

Bruner J. S. (1964b). Some theorems on instruction illustrated with reference to mathematics. En: AA. VV. (1964). *The Sixty-third Yearbook of the National Society for the Study of Education*. 63, 306-335.

Bruner J. S. (1966a). *Toward a Theory of Instruction*. Cambridge, Ma: Harvard University Press. [Trad. it. 1969, Roma: Armando].

Bruner J. S. (1966b). *Studies in Cognitive Growth*. New York: John Wiley & Sons. [Trad. it. 1968, Roma: Armando].

Bruner J. S., Goodnow J. J., Austin G. A. (1956). *A study of thinking*. New York: Wiley. [Trad. it. 1969, Roma: Armando].

Burton L., Mason J., Stacey K. (1982). *Thinking mathematically.* London: Addison-Wesley.

Buswell G. T. (1927). *Summary of arithmetic investigations.* Chicago: Univ. of Chicago Press.

Buswell G. T. (1930). A critical survey of previous research in arithmetic. En: Whipple G. M. (Ed.) (1930). *The twenty-ninth yearbook of the National Society for the Study of Education: Report of the Society's committee on arithmetic.* Bloomington, Ill.: Publishing of Public School.

Caldelli M. L., D'Amore B. (1986). *Idee per un laboratorio di matematica nella scuola dell'obbligo.* Firenze: La Nuova Italia.

Caldelli M. L., D'Amore B., Giovannoni L. (1984). *Il bambino matematizza il mondo.* Firenze: La Nuova Italia.

Camici C., Cini A., Cottino L., Dal Corso E., D'Amore B., Ferrini A., Francini M., Maraldi A.M., Michelini C., Nobis G., Ponti A., Ricci M., Stella C. (2002). Uguale è un segno di relazione o un indicatore di procedura? *L'insegnamento della matematica e delle scienze integrate,* 25(3), 255-270.

Caroni V., Iori V. (1989). *Asimmetria nel rapporto educativo.* Roma: Armando.

Carpenter T. P., Moser J. M. (1982), The development of addition and subtraction problem solving skills. En: Carpenter T. P., Moser J. M., Romberg T. A. (Eds.) (1982). *Addition and subtraction: A cognitive perspective.* Hillsdale, NJ: Lawrence Erlbaum. 9-24.

Carpenter T. P., Moser J. M., Romberg T. A. (Eds.) (1982). *Addition and subtraction: A cognitive perspective.* Hillsdale, NJ: Lawrence Erlbaum.

Carroll J. B. (1973). Discussants comments. En: Resnick L. B. (Ed.) (1973). *Hierarchies in children's learning. A symposium*. Numero speciale della rivista: lnstructional Science. 2, 311-362.

Caruso J. L., Resnick L. B. (1972). Task structure and transfer in children's learning of double classification skills. *Child Development*. 43, 1297-1308.

Cassani A., Deleonardi C., D'Amore B., Girotti G. (1996). Problemi di routine e situazioni "insolite". Il "caso" del volume della piramide. *L'insegnamento della matematica e delle scienze integrate,* 19B(3), 249-260. [Edición en inglés: En: Gagatsis A., Rogers L. (eds) (1996). *Didactics and History of Mathematics*. Erasmus ICP 95 G 2011/11. Thessaloniki. 73-82. Edición en español: *Números*. 38, 1999, 21-31].

Catarsi E. (1990). *Storia dei programmi della scuola elementare (1860-1985)*. Firenze: La Nuova Italia.

Cesa-Bianchi M., Beretta A., Luccio R. (1970). *La percezione: un'introduzione alla psicologia della visione*. Milano: Angeli.

Chevallard Y. (1985) *La transposition didactique, du savoir savant au savoir enseigné*. Grenoble: La Pensée Sauvage.

Cives G. (Ed.) (1990). *La scuola italiana dall'Unità ai giorni nostri*. Firenze: La Nuova Italia.

Clemens K. (1980). Analyzing children's errors on written mathematical tasks. *Educational Studies in Mathematics*. 11, 1-21.

Cobb P. (1985). Two children's anticipation, beliefs and motivations. *Educational Studies in Mathematics*, 16(2), 111-126.

Cofman J. (1990). *What to solve?* Oxford: Oxford Univ Press.

Cornoldi C. (Ed.) (1991. La conoscenza metacognitiva. *Età evolutiva*. 40, 57-119.

Cornoldi C., Caponi B. (1997). Componenti emotivo-motivazionali della metacognizione e apprendimento della memoria. En: Aschieri I., Pertichino M., Sandri P., Vighi P. (Eds.) (1997). *Problemi e alunni con problemi*. Atti del Convegno Nazionale del Grimed «Matematica e difficoltà» n. 6, Castel San Pietro Terme, febbraio 1997. Bologna: Pitagora. 11-15.

Craik F. I. M., Lockhart R. S. (1972). Level of processing: A framework for memory research. *Journal of Verbal Learning and Verbal Behavior*. 11, 671-685.

Cronbach L. J. (1966). The logic of experiments on discovery. En: Shulman L. S., Keislar E. R. (Eds.) (1966). *Learning by discovery: A critical appraisal*. Chicago: Rand McNally.

Cronbach L., Snow R. E. (1977). *Aptitudes and instructional methods: A handbook for research on interactions*. New York: Irvington.

D'Amore B. (1981). *Educazione matematica e sviluppo mentale*. Roma: Armando.

D'Amore B. (1984). I nuovi programmi di matematica per la scuola elementare: alcune riflessioni. *Avio*. 1-2.

D'Amore B. (1986a). *Un'ipotesi di curriculum matematico nella scuola elementare secondo i nuovi programmi*. Progetto Ma.S.E., vol. I. Milano: Angeli.

D'Amore B. (1986b). I nuovi programmi per la scuola elementare. En: F. Frabboni F. (Ed.) (1986). *Ipotesi-Guida didattica per la scuola elementare*. EIT: Piana degli Albanesi. 289-312.

D'Amore B. (1986c). I nuovi programmi ministeriali di matematica per la scuola primaria. I risultati di un'attenta lettura, proiettata verso un'ipotesi di concreta applicazione. En: AA.VV. (1986). *I programmi della scuola elementare*. Roma: Armando. 77-104.

D'Amore B. (Ed.) (1986-1993). *Progetto MA.S.E. Matematica Scuola Elementare.* Milano: Angeli. 1. B. D'Amore: *Un'ipotesi di curriculum matematico nella scuola elementare secondo i nuovi programmi*. 2. L. Giovannoni: *Lingua e logica*. 3. B. D'Amore: *Probabilità e statistica*. 4. M. L. Caldelli: *Cenni di storia e filosofia della matematica*. 5. B. D'Amore: *Geometria*. 6. B. D'Amore: *Aritmetica e algebra*. 7. M.L. Caldelli, B. D'Amore, L. Giovannoni, C. Massa, P. Oliva, M.T. Rambaldi, T. Vandelli: *Informatica*. 8. G. T. Bagni, B. D'Amore, L. Giovannoni, M. Picotti: *Esercizi di autoverifica per insegnanti*. 9. B. D'Amore, C. Fiorini, M. Minarelli, P. Sandri: *Syllabus Ma.S.E. per il I e il II ciclo*. 10A B. D'Amore: *Problemi. Pedagogia e psicologia della matematica nell'attività di problem solving*. 10B A. Martelli, G. Montanari, P. Pasotti, M. T. Rambaldi, P. Sandri: *Problemi nella pratica didattica*.

D'Amore B. (1987a). *Aritmetica e algebra*. Progetto Ma.S.E, vol. VI. Milano: Angeli.

D'Amore B. (1987b). *Una mostra di Matematica*. Teramo: Lisciani & Giunti.

D'Amore B. (1988a). Il laboratorio di matematica come fucina di idee e di pensiero produttivo. *L'educazione matematica*, 3(9), 41-51.

D'Amore B. (1988b). La didattica della matematica con l'ausilio dei mezzi informatici nella scuola dell'obbligo. *Compuscuola*. 29, 43-49.

D'Amore B. (1988c). Problemi dell'apprendimento: alcune riflessioni in libertà. *Conoscere l'handicap*. 2, 77-86.

D'Amore B. (1989). Osservazioni e note sull'educazione in Matematica. *La Scuola Se.* 56, 24-27. (Conferencia al I Congreso europeo de Eurotalent» sobre los jovenes superdotatos, Barcelona, agosto 1989).

D'Amore B. (1990-91). Imparare in laboratorio. *Riforma della scuola.* 11, novembre 1990, 42-43 (I parte); II parte: Numeri e teoremi in camice bianco, idem, 1-2, gennaio 1991,51-53; III parte: Fare per saper pensare, idem, 5, maggio 1991, 37-40; IV parte: Filosofia e linguaggi del laboratorio, idem, 9, settembre 1991, 36-38.

D'Amore B. (Ed.) (1990-1995). Collana: *Matematica: cultura e didattica.* Milano: Angeli. 1. D'Amore B. (1992). *Giochi logici linguistici e matematici.* Milano: Angeli. 2. Arrigo G., D'Amore B. (1992). *Infiniti.* Milano: Angeli ed., Milano. 3. D'Amore B., Speranza F. (Eds) (1995). *La matematica e la sua storia.* Alcuni esempi per spunti didattici. Milano: Angeli. 4 D'Amore B., Oliva P. (1994). *Numeri. Teoria, storia, curiosità, giochi e didattica nel mondo dei numeri.* Milano: Angeli. 5. Bagni G. T., D'Amore B. (1994). *Alle radici storiche della prospettiva.* Milano: Angeli.

D'Amore B. (1991a). En cuanto al artículo de Victor Serebriakoff sobre jóvenes superdotados. *Humus.* 31, 37-38.

D'Amore B. (1991b). Strategie ingenue nella risoluzione di problemi come mezzo per la costruzione di concetti, comunicazione orale con riassunto dattiloscritto. Atti del VI Incontro Internuclei della scuola elementare, Garda (Vr), 11-13 aprile 1991.

D'Amore B. (1991c). Ricerca-azione, possibile paradigma della ricerca in didattica. *La Scuola Se.* 79-80, 14-17.

D'Amore B. (1992a). Una breve panoramica su alcune ricerche in corso. L'Educatore. 4, 62-67. [Ediciones en griego y en francés: *Cahiers de didactique des mathématiques.* Tessaloniki, Grecia. 12, 1992, 7-23 (en griego), 93-106 (en francés)].

D'Amore B. (1992b). Stili di apprendimento differenziati per l'educazione matematica. *La Scuola Se.* 82, 19-22.

D'Amore B. (1992c). L'insegnamento della matematica offende le intelligenze? En: D'Amore B., Pellegrino T. (Eds.) (1992). *Convegno per i sessanta anni di Francesco Speranza.* Bologna: Pitagora.

D'Amore B. (1993a). Il problema del pastore. *La vita scolastica.* 2, 14-17.

D'Amore B. (1993b). Introducción al texto: Martelli A., Montanari G., Casotti P., Rambaldi MT., Sandri P (1993). *I problemi nella pratica didattica.* Progetto MaSE vol XB. Milano: Angeli.

D'Amore B. (1994a). Esporre la matematica appresa: un problema didattico e linguistico. En: Jannamorelli, B. (Ed.) (1994). *Insegnamento / Apprendimento della matematica: linguaggio naturale e linguaggio della scienza.* Atti del I Seminario Internazionale di Didattica della Matematica, Sulmona, marzo 1993. Sulmona: Qualevita. [Nueva impresión: *La matematica e la sua didattica.* 3, 1993, 289-301. Edición en alemán: *Journal für Mathematik Didaktik,* 17(2), 1996, 81-97].

D'Amore B. (1994b). Interventi spontanei a completamento di dati mancanti. En: Gallo E., Giacardi L., Pastrone F. (Eds.) (1994). *Conferenze e seminari 1993-1994.* Associazione Subalpina Mathesis "T. Viola". Torino. 68-80.

D'Amore B. (1995a). Problemi di Matematica nella pratica didattica. *Didattica delle scienze.* 176, 50-52. [Edicion en griego y en francés: *Cahiers de didactique des mathématiques,* 16-17, 1, 1995, 11-28 (griego), 103-110 (francés)].

D'Amore B. (1995b). Uso spontaneo del disegno nella risoluzione di problemi di matematica. *La matematica e la sua didattica*. 3, 328-370. [Este texto fue publicado también en: Jannamorelli B. (ed) (1995). *Lingue e linguaggi nella pratica didattica*. Actas del II Seminario Internazionale di Didattica della Matematica, Sulmona 30-31 marzo y 1° aprile 1995. Sulmona: Qualevita. 79-130].

D'Amore B. (1995c). Uso spontaneo del disegno nella risoluzione di problemi di matematica. *La matematica e la sua didattica*. 3, 328-370.

D'Amore B. (1996a). Difficoltà nella lettura e nella interpretazione del testo di un problema. *Bollettino degli insegnanti di matematica del Canton Ticino*. 32, 57-64.

D'Amore B. (1996b). Immagini mentali, lingua comune e comportamenti attesi, nella risoluzione dei problemi. *La matematica e la sua didattica*. 4, 424-439. [Este artículo fue publicado también en: D'Amore B. (Ed) (1996). *Convegno del Decennale*. Bologna: Pitagora. 65-82. Este texto se publicó nuevamente en inglés, en: D'Amore B., Gagatsis A. (Eds) (1997). *Didactics of Mathematics - Technology in Education*. Erasmus ICP 96 G 2011/11, Thessaloniki. 11-24. Este texto se publicó nuevamente en italiano en: *La didattica*, 4, 1997, 84-92].

D'Amore B. (1997a). Programmare per problem solving. *La didattica*. 3, 32-36.

D'Amore B. (1997b). Matite - Orettole - Przxetqzyw. Le immagini mentali dei testi delle situazioni-problema influenzano davvero la risoluzione? *L'insegnamento della matematica e delle scienze integrate*. 20A, 3, 241-256. [Edición en español: *Suma*, 26, 1997, 111-116. En francés: Gagatsis A. (Ed) (1999). *A multidimensional approach to learning in mathematics and science*. Nicosia: Intercollege. 25-36].

D'Amore B. (1999a). *Elementi di Didattica della Matematica*. Bologna: Pitagora. [El libro fue reseñado en ZDM 2001 vol. 33(4), 103-108 (H. Maier)]. Edición ampliada en español: D'Amore B. (2006). *Didáctica de la Matemática*. Bogotá: Editorial Magisterio. Edición ampliada en portugués: D'Amore B. (2007). *Elementos da Didática da Matemática*. São Paulo: Livraria da Física. Prólogos de Ubiratan D'Ambrosio, Luis Rico Romero, Colette Laborde e Guy Brousseau.

D'Amore B. (1999b). Scolarizzazione del sapere e delle relazioni: effetti sull'apprendimento della matematica. *L'insegnamento della matematica e delle scienze integrate*, 22A(3), 247-276.

D'Amore B. (1999c). Considerazioni su alcuni aspetti del comportamento logico e strategico degli studenti al momento della risoluzione di problemi di matematica in àmbito scolastico. *L'insegnamento della matematica e delle scienze integrate*, 22A(5), 423-440.

D'Amore B. (2001a). Vie nuove per i problemi. *La Vita Scolastica*. 17, 10-15.

D'Amore B. (2001b). La matematica della strada. *Scuola dell'Infanzia*. 14, 12-14.

D'Amore B. (2001c). Il senso del problema. *La Vita Scolastica*. 1, 64.

D'Amore B. (2003). *Problemi di matematica nella scuola elementare*. Bologna: Pitagora.

D'Amore B. (2005). La argumentación matemática de jóvenes alumnos y la lógica hindú (*nyaya*). *Uno*. [Barcellona, Spagna]. 38, 83-99. [Este texto se encuentra también en las memorias del *VII Simposio de Educación Matemática: Investigación en Didáctica de la Matemática*. 3-6 mayo 2005, Chivilcoy, Buenos Aires, Argentina. www.edumat.com.ar].

D'Amore B. (2013). Risposte inattese ai problemi. *Scuola dell'infanzia.* 13, 6, 18-19.

D'Amore B. et al. (Franchini D., Gabellini G., Mancini M., Masi F., Matteucci A., Pascucci N., Sandri P.) (1995). La ri-formulazione dei testi dei problemi scolastici standard. *L'insegnamento della matematica e delle scienze integrate,* 18A(2), 131-146. [Este artículo se imprimió nuevamente en inglés en: Gagatsis A., Rogers L. (Eds) (1996). *Didactics and History of Mathematics.* Erasmus ICP 954 G 2011/11. Thessaloniki. 53-72].

D'Amore B., Fandiño Pinilla M. I. (2002). Un acercamiento analítico al triángulo de la didáctica. *Educación Matemática,* 14(1), 48-62.

D'Amore B., Fandiño Pinilla M. I. (2006). Che problema i problemi! *L'insegnamento della matematica e delle scienze integrate,* 29 A-B(6), 645-664.

D'Amore B., Fandiño Pinilla M. I. (2012). *Matematica, come farla amare. Miti, illusioni, sogni e realtà.* Firenze: Giunti Scuola.

D'Amore B., Fandiño Pinilla M. I. (2013). Il passo più lungo. Sulla necessità di non buttare a mare (in nome di un vacuo modernismo) teorie di didattica della matematica che spiegano, in maniera perfetta, situazioni d'aula reali. *Bollettino dei docenti di matematica.* [Bellinzona, Svizzera]. 66, 43-52. En español: D'Amore B., Fandiño Pinilla M. I. (2013). El paso más largo. Sobre la necesidad de no tirar por la borda (en el nombre de un modernismo vacío) las teorías de la educación matemática que explican, perfectamente, situaciones reales del aula. *Acta Scientiae. Revista de ensino de Ciências e Matemática.* [Brasil]. 15(2), 246-256. http://www.periodicos.ulbra.br/index.php/acta/issue/current. Acta Scientiae http://periodicos.ulbra.br/index.php/acta

D'Amore B., Fandiño Pinilla M. I. (2014). Illusioni, panacee, miti nell'insegnamento-apprendimento della matematica. *DiM Difficoltà in Matematica.* 11, 1, 89-109. Otras publicaciones: D'Amore B., Fandiño Pinilla M. I. (2015). Propuestas metodológicas que constituyeron ilusiones en el proceso de enseñanza de la matemática. *Educación Matemática,* 27 (3), 7-44. D'Amore, B., Fandiño Pinilla, M. I. (2016). Proposte metodologiche illusorie nel processo di insegnamento della matematica. *Bollettino dei docenti di matematica.* 38(73), 15-42.

D'Amore B., Fandiño Pinilla M. I. (2020). Sui fallimentari tentativi di trasformare la risoluzione dei problemi di matematica a scuola in algoritmi o sequenze di fasi (euristica): lo scivolamento metadidattico. *L'insegnamento della matematica e delle scienze integrate.* **COMPLETARE**

D'Amore B., Fandiño Pinilla M. I., Iori M. (2013). *Primi elementi di semiotica. La sua presenza e la sua importanza nel processo di insegnamento-apprendimento della matematica.* Prologos de Raymond Duval y de Luis Radford. Bologna: Pitagora. [Edición en español: D'Amore B., Fandiño Pinilla M. I., Iori M. (2013). *La semiotica en la didáctica de la matemática.* Prefacios de Raymond Duval, Luis Radford. Prólogo a la edición en idioma español de Carlos Eduardo Vasco. Bogotá: Magisterio]. [Edición en portugués: D'Amore B., Fandiño Pinilla M. I., Iori M. (2015). *Primeiros elementos de semiótica Sua presença e sua importância no processo de ensino-aprendizagem da matemática.* Prefácios de Raymond Duval e Luis Radford. Prólogo para a edição em espanhol de Carlos Eduardo Vasco Uribe. Prólogo para a edição em português de Ubiratan D'Ambrosio. Tradução Maria Cristina Bonomi. Sao Paolo: Editora Livraria da Física].

D'Amore B., Fandiño Pinilla M.I., Marazzani I. (2004). "Esercizi anticipati" e "zona di sviluppo prossimale": comportamento strategico e linguaggio comunicativo in attività di problem solving. *La matematica e la sua didattica.* 2, 71-95.

D'Amore B., Fandiño Pinilla M. I., Marazzani I., Sarrazy B. (2010). *Didattica della matematica. Alcuni effetti del"contratto"*. Prefacio y postfacio de Guy Brousseau. Bologna: Archetipolibri. [Edición en español: D'Amore, B., Fandiño Pinilla, M. I., Marazzani I., Sarrazy, B. (2018). *El contrato didáctico en Educación Matemática*. Prólogo y epílogo de Guy Brousseau. Bogotá: Magisterio].

D'Amore, B., Fandiño Pinilla, M. I., Marazzani I., Sarrazy, B. (2018). *El contrato didáctico en Educación Matemática.* Prólogo y epílogo de Guy Brousseau. Bogotá: Magisterio. Quiquì

D'Amore B., Fandiño Pinilla M. I., Marazzani I., Sbaragli S. (2010). *La didáctica y la dificultad en matemática*. Bogotá: Magisterio. [Edición en italiano: D'Amore B., Fandiño Pinilla M. I., Marazzani I., Sbaragli S. (2019). *Le difficoltà di apprendimento in matematica*. Bologna: Pitagora].

D'Amore B., Fandiño Pinilla M. I., Sbaragli S. (Eds.) (2011). *Matematica nella scuola primaria, percorsi per apprendere*. 14 volumi. Bologna: Pitagora.

D'Amore B., Frabboni F. (1996) *Didattica generale e didattiche disciplinari*. Milano: Angeli.

D'Amore B., Giovannoni L. (1997). Coinvolgere gli allievi nella costruzione del sapere matematico. Un'esperienza didattica nella scuola media. *La matematica e la sua didattica*. 4, 360-399.

D'Amore B., Godino J. D., Arrigo G., Fandiño Pinilla M.I. (2003). *Competenze in matematica*. Bologna: Pitagora. [Edicion en español: D'Amore B., Diaz Godino J., Fandiño Pinilla M. I. (2008). *Competencias y matemática*. Bogotà: Magisterio].

D'Amore B., Maier H. (1998). Investigating teacher's work with pupil's textual eigenproductions. *Atti del I Cerme di Osnabrük,* agosto 1998.

D'Amore B., Maier H. (1999). Investigating teachers' work with pupils' textual eigenproductions. En: Schwank I. (Ed) (1999). *Proceedings of the First Conference of the European Society in Mathematics Education.* Vvol. II, Osnabrück 1999, 261-278.

D'Amore B., Maier H. (2002). Produzioni scritte degli studenti su argomenti di matematica (TEPs) e loro utilizzazione didattica. *La matematica e la sua didattica.* 2, 144-189. [Edicion en español: D'Amore B., Maier H. (2003). Producciones escritas de los estudiantes sobre argumentos de matemáticas. Espsilon. (Cádiz, Spagna). 18(2), 53, 243-262].

D'Amore B., Marazzani I. (2011). Problemi e laboratori. Metodologie per l'apprendimento della matematica. Progetto: *Matematica nella scuola primaria, percorsi per apprendere.* Vol. 4. Bologna: Pitagora.

D'Amore B., Martini B. (1997a). Il"contesto naturale". Influenza della lingua naturale nelle risposte a test di matematica. *L'insegnamento della matematica e delle scienze integrate.* 21A, 3, 209-234.

D'Amore B., Martini B. (1997b). Contratto didattico, modelli mentali e modelli intuitivi nella risoluzione di problemi scolastici standard. *La matematica e la sua didattica.* 2, 150-175. [Edición en español: Números, 32, 1997, 26-32. En francés: *Scientia Paedagogica Experimentalis,* XXXV, 1, 95-118]. [Edicion en inglés: Gagatsis A. (Ed) (1999). *A multidimensional approach to learning in mathematics and science.* Nicosia, Cyprus: Intercollege. 3-24].

D'Amore B., Martini B. (1997c). Perché si parla ancora tanto di metacognizione? En: D'Amore B., Pellegrino C. (Eds) (1997). *Convegno per i sessantacinque anni di Francesco Speranza.* Bologna: Pitagora. 34-39.

D'Amore B., Oliva P. (1994). *Numeri.* Milano: Angeli.

D'Amore B., Persano A. (1985). *Matematica-Scienze.* Roma: Armando.

D'Amore B., Plazzi P. (1990). Intuizione e rigore nella pratica e nei fondamenti della Matematica. *La matematica e la sua didattica*, 4(3), 18-24.

D'Amore B., Sandri P. (1991). Il problema nella pratica matematica educativa. 1. Problemi sul tempo. 2. Problemi aritmetici. 3. Problemi geometrici. *La vita scolastica*. 3, octubre 1991 y 5, noviembre 1991.

D'Amore B., Sandri P. (1993a). Una classificazione dei problemi cosiddetti impossibili. *La matematica e la sua didattica*. 3, 344-346. [Este artículo fue reimpreso en: Gagatsis A. (ed.) (1994). *Didactiché ton Mathematicon*. Erasmus ICP 93G 2011/II. Thessaloniki. 247-252 (en griego), 579-584 (en francés). Este artículo fue reimpreso entre otras en: *Cahiers de Didactique des Mathématiques*. 16-17, junio 1995, 11-28 (en griego), 103-110 (en francés)].

D'Amore B., Sandri P. (1993b). Il problema nella pratica matematica educativa. *L'Educatore*. 1, I-X. [Este artículo fue reimpreso en: Gagatsis A. (Ed) (1993). *Didactike ton Mathematikon*. Report Erasmus 1992-93. Thessaloniki. En griego 97-118, en italiano 415-446].

D'Amore B., Sandri P. (1994). Motivazione e immagine. *La Didattica*. 1, 73-77.

D'Amore B., Sandri P. (1996). "Fa finta di essere ...". Indagine sull'uso della lingua comune in contesto matematico nella scuola media. *L'insegnamento della matematica e delle scienze integrate*, 19A(3), 223-246. [Edición en español: *Revista EMA, Investigación e innovación en educación matemática* (Bogotá, Colombia), 4(3), 1999, 207-231].

D'Amore B., Sandri P. (1998). Risposte degli allievi a problemi di tipo scolastico standard con un dato mancante. *La matematica e la sua didattica*. 1, 4-18. [Edicion en francés: *Scientia Paedagogica Experimentalis*, XXXV, 1998, 1, 55-94].

D'Amore B., Sbaragli S. (2005). Analisi semantica e didattica dell'idea di "misconcezione". *La matematica e la sua didattica.* 2, 139-163.

D'Amore B., Sbaragli S. (2011). *Principi di base della didattica della matematica. Progetto: Matematica nella scuola primaria, percorsi per apprendere.* Vol. 2. Bologna: Pitagora.

D'Amore B., Sbaragli S. (2020). *La matematica e la sua storia.* IV vol. Dal XVIII al XXI *secolo.* Prologo de Gabriele Lolli. Bari: Dedalo.

D'Amore B., Speranza F. (Eds.) (1989). *Lezioni di matematica per insegnanti della scuola elementare.* Bologna – Roma: Apeiron.

D'Amore B., Zan R. (1996a). Mathematical Problem Solving. En: Malara N., Menghini M., Reggiani M. (Eds.) (1996). *Italian Research in Mathematics Education 1988-1995.* Seminario Nazionale di Ricerca in Didattica della Matematica. Roma: CNR. 136-150. [Este artículo fue reimpreso en: Gagatsis A., Rogers L. (Eds) (1996). *Didactics and History of Mathematics.* Erasmus ICP 95 G 2011/11. Thessaloniki. 35-52].

D'Amore B., Zan R. (1996b). Contributi italiani sul tema "Problemi" (1988-1995). *La matematica e la sua didattica.* 3, 300-321.

Davis R. B. (1986). Conceptual and procedural knowledge in mathematics: A summary analysis. En: Hierbert J. (Ed.) (1986). *Conceptual and procedural knowledge: The case of mathematics.* Hillsdale, NJ: Erlbaum.

DavydovV.V. (1979). *Gli aspetti della generalizzazione nell'insegnamento.* Firenze: Giunti - Barbera. (Ed. or. Mosca 1972).

Davydov V. V. (1982). The psychological characteristics of the formation of elementary mathematical operations in children. En: Carpenter T. P., Moser J. M., Romberg T. A. (Eds.) (1982). *Addition and subtraction: A cognitive perspective.* Hillsdale, NJ: LEA.

De Bartolomeis F. (*1979*). *Sistema dei laboratori*. Milano: Feltrinelli.

De Carolis V., Pellerey M. (1987). Comportamenti algoritmici inadeguati nell'esecuzione di sottrazioni aritmetiche: un'analisi psicologica. *Orientamenti Pedagogici*. 4, 643-666.

Deri M., Sainati Nello M., Sciolis Marino M. (1983). Il ruolo dei modelli primitivi per la moltiplicazione e la divisione. *L'insegnamento della matematica e delle scienze integrate*, 6(6), 6-27.

Dewey J. (1910). *How we think*. Boston: Heath. (Trad. it. 1961, Firenze: La Nuova Italia).

De Zwart H. S. (1983). L'acquisizione della scrittura alfabetica e della notazione matematica. En: Stella G., Nardocci F. (Eds.) (1983). *Il bambino inventa la scrittura. Milano: Angeli*. 85-101.

Dienes Z. (1963). *An experimental study of mathematics-learning*. New York: Hutchinson & Co.

Dienes Z., Golding E. W. (1971). *Approach to modern mathematics*. New York: Herder & Herder.

Donald A. N., Rumelhart D. E. (Eds.) (1975). *Explorations in cognition*. San Francisco: Freeman.

Donaldson M., Balfour G. (1968). Less is more: A study of language comprehension in children. *British Joumal of Psychology*. 59, 461-471.

Donaldson M., McGarrigle J. (1974). Conservation accidents. *Cognition*. 3, 341-350.

Duncker K. (1945). On problem-solving. *Psychological Monographs*. 58, 1-112.

Duncker K. (1969). *La psicologia del pensiero produttivo*. Firenze: Giunti-Barbera. (Ed. orig. Berlino 1935).

Eco U. (1990). *I problemi dell'interpretazione*. Milano: Bompiani.

Emanuel P., Gallo E., Longo M. L. (1985). *Aspetti psicologici del problem solving e loro utilizzo in una sperimentazione sulla scomposizione di figure a livello percettivo e calcolo di aree*. NRD di Torino (E.G.). Quaderno n. 2.

Fandiño Pinilla M. I. (2002). *Curricolo e valutazione in matematica*. Bologna: Pitagora. [Edición en español: Fandiño Pinilla M. I. (2006). *Currículo, evaluación y formación docente en matemática*. Bogotá: Magisterio].

Fandiño Pinilla M. I. (2005). *Frazioni, aspetti concettuali e didattici*. Bologna: Pitagora. [Edición en español: Fandiño Pinilla M.I. (2009). *Las fracciones. Aspectos conceptuales y didácticos*. Bogotà: Magisterio. Prologos de Athanasios Gagatsis y Carlos Eduardo Vasco Uribe].

Fandiño Pinilla M. I. (2006). Educare alla competenza matematica. In: Rassegna. Numero speciale: D'Amore B. (Ed.) (2006). *Matematica: l'emergenza della didattica nella formazione*. 14, 29, 21-28.

Fandiño Pinilla M. I. (2008). *Molteplici aspetti dell'apprendimento della matematica. Valutare e intervenire in modo mirato e specifico*. Prefacio de Giorgio Bolondi. Trento: Erickson. [Edición en español: Fandiño Pinilla M. I. (2010). *Múltiples aspectos del aprendizaje de la matemática*. Prólogo de Giorgio Bolondi. Bogotá: Magisterio].

Fandiño Pinilla M. I. (2010). Problemi di matematica? E perché no? *Scuola dell'Infanzia, 11*(3), 18-20.

Fandiño Pinilla M. I. (2011a). Numeri e problemi nella vita quotidiana. *Vita Scolastica*. 65, 16-17, 14-16.

Fandiño Pinilla M. I. (2011b). Una buona didattica richiede un buon Sapere. En: D'Amore B., Sbaragli S. (Eds.) (2011). *Un quarto di secolo al servizio della didattica della matematica.* Atti del Convegno "Incontri con la matematica", n. 25, Castel San Pietro Terme (Bo). Bologna: Pitagora. 123-124.

Fandiño Pinilla M. I. (2014). *Matematica, che passione.* Firenze: Giunti Scuola.

Fandiño Pinilla M. I. et al. (Eds). AA.VV. (2000). *Resolución de problemas aritméticos en la Básica Primaria.* Universidad Distrital Francisco José de Caldas. Bogotá: Gaia.

Ferri F. (Ed.) (1989). *Apprendimento per problemi in matematica nella scuola elementare.* Rapporto Tecnico 14. Modena: NRD di Modena e Comune di Modena.

Fischbein E. (1985a). Intuizioni e pensiero analitico nell'educazione matematica. En: Chini Artusi L. (Ed.) (1985). *Numeri e operazioni nella scuola di base.* Bologna: Umi-Zanichelli. 8-19.

Fischbein E. (1985b). Ostacoli intuitivi nella risoluzione di problemi aritmetici elementari. En: Chini Artusi L. (Ed.) (1985). *Numeri e operazioni nella scuola di base.* Bologna: Zanichelli-UMI. 122-132.

Fischbein E., Tirosh D., Melamed U. (1981). Is it possible to measure the intuitive acceptance of a mathematical statement? *Educational Studies in Mathematics.* 12, 491-512.

Fischbein E., Vergnaud G. (1992). *Matematica a scuola: teorie ed esperienze.* Editor Bruno D'Amore. Atti dell'omonimo Convegno di Castel S. Pietro Terme, novembre 1992. Bologna: Pitagora.

Flavell J. H. (1972). An analysis of cognitive-developmental sequence. *Genetic Psychology Monographs.* 86, 279-350.

Flavell F. (1979). Metacognition and cognitive monitoring: A new area of cognitive- development inquiry. *American Psychologist*. 34, 906-911.

Fodor J. A. (1988). *La mente modulare.* Bologna: Il Mulino. [Ed. or. 1983, Cambridge: MIT Press].

Forehand G. A. (1976). Formulazioni e strategie per la ricerca sulla risoluzione dei problemi. En: Kleinmuntz B. (Ed.) (1976). *Problem solving. Ricerche, metodi, teoria.* Roma: Armando.

Fornaca R. (1991). *Storia della pedagogia.* Firenze: La Nuova Italia.

Franta H. (1993). Il ruolo della piattaforma comunicativa e dell'incoraggiamento nella costruzione delle conoscenze matematiche. En: AA. VV. (1993). Atti del Convegno: *La costruzione della conoscenza matematica nella scuola media,* Verona, marzo 1993. Torino: SEI. 88-104.

Freudenthal H. (1973). *Mathematics as an Educational Task.* Dordrecht: O. Riedel Publ. Company.

Furinghetti F. (1993). Che cosa resta e che cosa dovrebbe restare della matematica quando si è dimenticata la matematica. *La matematica e la sua didattica.* 3, 302-328.

Furth G., Wachs H. (1977). *Il pensiero va a scuola.* Firenze: Giunti-Barbera.

Gagné R. M. (1962). The acquisition of knowledge. *Psychological Review.* 69, 355-365.

Gagné R. M. (1973). *Le condizioni dell'apprendimento.* Roma: Armando. [Ed. orig. 1965, New York: Holt, Rinehart & Winston].

Gagné R. M. (1976). Problem solving negli uomini: eventi interni ed esterni. En: Kleinmuntz B. (Ed.) (1976). *Problem solving. Ricerche, metodi, teoria*. Roma: Armando.133-150.

Gagné R. M., Briggs L. J. (1974). *Principles of instructional design*. New York: Holt, Rinehart & Winston.

Gagné R. M., Brown L. T. (1961). Some factors in the programming of conceptual learning. *Journal of Experimental Psychology*. 62, 313-321.

Gagné R. M., Mayor J. R., Garstens H. L., Paradise N. E. (1962). Factors in acquiring knowledge of a mathematical task. *Psychological Monographs: General and Applied*. 7, 76.

Gagné R. M., Paradise N. E. (1961). Abilities and learning sets in knowledge acquisition. *Psychological Monographs: General and Applied*. 75, 14, 1-23.

Gallo E., Amoretti C., Testa C. (1989). Sul ruolo dei modelli nella risoluzione di problemi di geometria: controllo ascendente e discendente. *Quaderni di Ricerca in Didattica della Matematica*. 7, Torino.

Gardner H. (1987). *Formae mentis*. Milano: Feltrinelli. (Ed. orig. 1983, New York: Basic Books].

Gelman R. (1969). Conservation Acquisition: A Problem of learning to attend to relevant attributes. *Journal of Experimental Child Psychology*. 7, 167-187.

Gelman R., Gallistel C. R. (1978). *The child's understanding of number*. Cambridge, Mass.: Harvard Univ. Press.

Gentile G. (1937). *Sommario di pedagogia come scienza filosofica*. II. Didattica. Firenze: Sansoni.

Gibb E. G. (1956). Children's Thinking in the Process of Subtraction. *The Journal of Experimental Education*. 25, 1. 71-80.

Gimbayashi H. (1969). Mathematics and mathematics education. En: Hatano G., Gimbayashi H. (Eds.) (1969). *Logic and psychology of school subjects. 4: Mathematics*. Tokio: Meiji-Tosho.

Ginsburg H. P., Russell R. L. (1981). Social class and racial influences on early mathematical thinking. *Monographs of the Society for Research in Child Development*. 46, 6, 193.

Glaeser G. (1975). *La matematica moderna per chi deve insegnare.* Milano: Feltrinelli.

Glaeser G. (1976). Heuristique générale : estimation de la difficulté d'un problème. En: AA.VV. (1976). *La Problématique et l'Enseignement de la Mathématique*. Incontro Ciaem, Louvain-Ia-Neuve. 33-47.

Glaeser G. (1982). Aspects Gestaltistes de la Résolution des Problèmes. En: Noel G. (Ed.) (1982). *Colloque International sur l'Enseignement de la Géometrie*. Mons. 241-254.

Glaeser G. (1984). À propose des obstacles épistémologiques: réponse à Guy Brousseau. *Recherche en Didactique de la Mathématique*. 5.

Goffman F. (1971). *Modelli di interazione*. Bologna: Il Mulino.

Goldiamond I., Dyrud J. E., Miller M. D. (1965). Practice as research in professional psychology. *Canadian Psychologist / Psychologie canadienne*. 6, 1, 110-128.

Goldin G. A. (1982). The measure of problem-solving outcomes. En: Lester F. Jr., Garofalo J. (Eds.) (1982). *Mathematical problem solving*. Philadelphia: Franklin Institute Press.

Goldin G. A., Caldwell J. (1979). Syntax, content and context variables examined in a research study. En: Goldin G. A., McClintock C. E. (Eds.) (1979). *Task variables in mathematical problem solving.* Columbus, Oh: Eric.

Goldin G. A., McClintock C. E. (Eds.) (1979). *Task variables in mathematical problem solving.* Columbus, Oh: Eric.

Greeno J. G. (1976). Cognitive objectives of instruction: Theory of knowledge for solving problems and answering questions. En: Klahr D. (Ed.) (1976). Cognition and instruction. Hillsdale, NJ: Lawrence Erlbaum Associates.

Greeno J. G. (1978). A study of problem solving. En: Glaser R. (Ed.) (1978). *Advances in instructional psychology.* Vol. 1. Hillsdale, NJ: Lawrence Erlbaum Associates.

Greeno J. G., Resnick L. B., Pellegrino J. W., Morris L.L., Schadler M., Mulholland T., Glaser R., Blumberg P. (1980). *Wertheimer revisited: Information-processing analyses of invention in the area-of-a-parallelogram task.* Learning Research and Developmental Center, Univ. of Pittsburgh.

Greer E. (1987). Arithmetical operations as models. En: Sloboda J. A., Rogers D. (Eds.) (1987). *Cognitive processes in mathematics.* Oxford: Clarendon Press.

Groppo M. (1970). *Problemi di psicologia dell'educazione.* Milano: Vita e Pensiero.

Guttman L. A. (1944). A basis for scaling quantitative data. *American Sociological Review.* 9, 139-150.

Hadamard J. (1993). *La psicologia dell'invenzione in campo matematico.* Milano: Cortina.

Handjaras L. et al. (Eds.) (1983). *Concetti e conoscenza*. Torino: Loescher.

Hart K. (1981). *Children's understanding of mathematics*: 11-16. London: J. Murray.

Hart K. (1985). Le frazioni sono difficili. En: Chini Artusi L. (Ed.) (1985). *Numeri e operazioni nella scuola di base*. Bologna: Zanichelli-UMI. 144-166.

Hebbeler K. (1977). Young children's addition. *Journal of Children's Mathematical Behavior.* 1, 4, 108-121.

Heckhausen H. (1990). *Motivation und Handeln*. Berlin: Springer.

Hewett F. M. (1968). *The emotionally disturbed children in classroom.* Boston: Allyn & Bacon.

Hiebert, J., Lefevre, P. (1986). Conceptual and procedural knowledge in mathematics: An introductory analysis. En: Hiebert J. (Ed.) (1986). *Conceptual and procedural knowledge: The case of mathematics.* 1-27. Hillsdale, NJ: Lawrence Erlbaum Associates.

Hjelmslev L. (1968). I fondamenti della teoria del linguaggio. Torino: Einaudi. [Ed. or. 1943, Copenhagen: Akademisk forlag].

Holland J. G., Skinner B. F. (1961). *The Analysis of Behavior: A Program of Self-Instruction.* New York: McGraw-Hill Company.

Hudson T. (1980). Young children's difficulty with "How many more … than … and there?". Doctoral dissertation, Indiana University, 1980. *Dissertations Abstracts International.* 41.

Hughes M. (1982). Rappresentazione grafica spontanea del numero nei bambini. *Età evolutiva*. 12, 5-10.

James W. (1899). *Talks to teacher on Psychology: and to Students on Some of Life's Ideals*. New York: Holt. (Nueva edición: New York: Norton, 1958).

Johnson-Laird P. N. (1988). *Modelli mentali*. Bologna: Il Mulino. [Ed. or. 1983, Cambridge: Lawrence Erlbaum Associates. Inc.].

Johnson-Laird P. N., Byrne R. M. J. (1990). *Deduction*. Hillsdale (N.J.): Lawrence Erlbaum Ass.

Kaes R. (1983). *L'apparato pluripsichico*. Roma: Armando.

Kaes R., Anzieu D. (1981). *Desiderio e fantasma in psicoanalisi e in pedagogia*. Roma: Armando.

Kanizsa G. (1980). *Grammatica del vedere*. Bologna: Il Mulino.

Katona G. (1967). *Organizing and memorizing: Studies in the psychology of learning and teaching*. New York: Hafner. [Ed. or. 1940, New York: Columbia Univ. Press].

Kleinmuntz B. (Ed.) (1976). *Problem solving. Ricerche, metodi, teoria*. Roma: Armando.

Koffka K. (1921). *Die Grundlagen der psychischen Entwicklung des Kindes*. Osterwieck a/H: Zickfeldt. (Ed. inglés: London 1924).

Kohler W. (1929). *Gestalt psychology*. New York: Liveright.

Kohler W. (1960). *L'intelligenza nelle scimmie antropoidi*. Firenze: Universitaria.

Kosslyn S. M. (1980). *Image and mind. Cambridge*, Ma: Harvard University Press.

Kosslyn S. M. (1989). *Le immagini della mente.* Firenze: Giunti. [Ed. or. 1983, New York: Norton].

Kreutzer M. A., Leonard D., Sister C., Flavell J. H. (1975). An interview study of children's knowledge about memory *Monographs of the Society for Research in Child Development.* 40, 1-165.

Kruteskii V. A. (1976). *The psychology of mathematical abilities in schoolchildren.* Chicago: Chicago Univ. Press.

Kuhl J. (1983). *Motivation, Konflikt und Handlungskontrolle.* Berlin: Springer.

Kuhl J. (1984). Motivational aspects of achievement motivation and learned helplessness: Toward a comprehensive theory of action control. En: Maher B. A., Maher W. B. (Eds.) (1984). *Progress in Experimental Personality Research,* vol. 13. New York: Academic Press, New. 99-171.

Kulm G. (1979). The classification of problem-solving research variables. En: Goldin G. A., McClintock C. E. (Eds.) (1979). *Task variables in mathematical problem solving.* Columbus, Oh: Eric.

Laborde C. (1982). *Langue naturelle et écriture symbolique: deux codes en ineraction dans l'enseignement mathématique.* Thèse, Univ. J. Fourier, Grénoble.

Laborde C. (1995). Occorre apprendere a leggere e scrivere in matematica? *La matematica e la sua didattica.* 2, 121-135.

Lakatos I. (1976). *Prove e confutazioni.* Torino: Boringhieri.

LeBlanc J. F. (1976). *Addition and Subtraction. Mathematics Methods Program.* Bloomington: Univ. Indiana.

Lester F. (1983). Trends and issues in mathematical problem solving research. En: Lesh R., Landau I. (Eds.) (1983). *Acquisition of mathematics concepts and processes*. New York: Academic Press.

Lester F., Garofalo J. (Eds.) (1982). *Mathematical problem solving*. Philadelphia: Franklin Institute Press.

Luchins A. S. (1942). Mechanization in problem solving. The effect of Einstellung. *Psychology Monographs*. 54, 1942.

Luchins A. S., Luchins E. H. (1970). Wertheimer's seminars revisited: Problem solving and thinking, II vol. Faculty-Student Ass., State Univ of New York, Albany (N.Y.).

Lumbelli L. (1982). *Educazione come discorso*. Bologna: Il Mulino.

MacDonald L. D. (1978). Insight and intuition in mathematics. *Educational Studies in Mathematics*, 9(4), 411-420.

Mager R. F. (1962). *Preparing instructional objectivs*. Palo Alto, CA: Fearon.

Maier H. (1993). Conflit entre langue mathématique et langue quotidienne pour les élèves. *Cahiers de didactique des mathématiques*. 3, 86-118. [Trad. it.: *La matematica e la sua didattica*. 3, 1995, 298-305].

Mariani A. M. (1991). *Valutare gli insegnanti*. Brescia: La Scuola.

McCarthy D. (1930). *The language development of the pre-school child*. Mineapolis: University of Minnesota Press.

McClelland D. (1961). *The Achieving Society*. Princeton, NJ: Van Nostrand Co.

McGarrigle J., Grieve E., Hughes M. (1978). Interpreting inclusion: a contribution to the study of the child's cognitive and linguistic development. *Journal of Experimental Child Psychology.* 26, 528-550.

Micol G. (1991). I problemi "impossibili". *La matematica e la sua didattica,* 5(4), 45-49.

Ministero della Pubblica Istruzione (1985). *Programmi didattici per la scuola primaria.* Decreto del Presidente della Repubblica, 12 febbraio 1985, n. 104.

Mosconi G., D'Urso V. (1973). *La soluzione dei problemi.* Firenze: Giunti-Barbera.

Moser J. M. (1985a). Analisi delle strategie di risoluzione dei problemi verbali. En: Chini Artusi L. (Ed.) (1985). *Numeri e operazioni nella scuola di base.* Bologna: Zanichelli-UMI. 61-62.

Moser J. M. (1985b). Alcuni aspetti delle più recenti ricerche sull'apprendimento dei concetti e delle abilità fondamentali della addizione e della sottrazione. En: Chini Artusi L. (Ed.) (1985). *Numeri e operazioni nella scuola di base.* Bologna: Zanichelli-UMI. 46-60.

Murray F. B. (1972). Acquisition of conservation through social interaction. *Developmental Psychology.* 6, 1-6.

Nepi C. (1992). Ricordare. Che problema! *Civiltà Cibernetica,* 2(12), 21-28.

Nesher P. (1980). The Stereotyped nature of word problems. *For the Learning of Mathematics.* 1, 41-48.

Nesher P. A. (1982). Levels of description in the analysis of addition and subtraction. En: Carpenter T. P., Moser J. M., Romberg T. A. (Eds.) (1982). *Addition and subtraction: A cognitive process.* Hillsdale (N. J.): Lawrence Erlbaum.

Newell A., Simon H. A. (1972). *Human problem solving.* Englewood, N. J.: Prentice-Hall.

Nicholls I. G. (1983). Conceptions of ability and achievement motivations: A theory and its implications for education. En: Paris S. G., Olson G. M. (Eds.) (1983). *Learning and motivation in the classroom.* Hillsdale, NJ: Erlbaum.

Paivio A. (1986). *Mental representations: A dual coding approach.* Oxford: Clarendon Press.

Palermo D. S. (1974). Still more about the comprehension of «less». *Developmental Psychology.* 10, 827-829.

Pellerey M. (1984). Procedimenti matematici e immagini mentali. *Orientamenti Pedagogici.* 3, 444-465.

Pellerey M. (1987). Ruolo e significato dell'istruzione matematica nel contesto scientifico e tecnologico attuale. En: Laporta E. (Ed.) (1987). *Le ragioni dell'istruzione.* Roma: Istituto dell'Enciclopedia Italiana. 65-100.

Pellerey N. (1990). Controllo e autocontrollo nell'apprendimento scolastico: il gioco tra regolazione interna ed esterna. *Orientamenti Pedagogici.* 3, 473-491.

Pellerey M. (1991a). Lo sviluppo delle conoscenze e delle competenze matematiche nella scuola di base (materna, elementare e media): il ruolo della scuola elementare secondo i programmi vigenti. *Notiziario della Unione Matematica Italiana.* 5, 73-88.

Pellerey M. (1991b). La ricerca in didattica della matematica. tti del Convegno: «Processi cognitivi e problemi della ricerca didattica disciplinare», Milano, 7-8 febbraio 1991.

Pellerey M. (1991c). Apprendere a pensare matematicamente. Prefacio a: Resnick L. B., Ford W. W. (1991). *Psicologia della matematica e apprendimento scolastico.* Torino: Sei. IX-XVII.

Pellerey M. (1992). Tendenze nella ricerca in didattica e in psicologia dell'insegnamento della matematica. *Annali della Pubblica Istruzione.* 5-6, 532-552.

Pellerey M. (1993). Volli, sempre volli, fortissimamente volli. La rinascita della psicologia della volontà. *Orientamenti pedagogici.* 6, 1005-1017.

Pellerey M., Orio F. (1996). La dimensione affettiva e motivazionale nei processi di apprendimento della matematica. *ISRE.* 2, 52-73.

Pepe L. (1986). Note e documenti per una storia dei programmi di matematica delle scuole elementari italiane (1859-1985). *L'educazione matematica,* 7(2), 1, 47-81.

Petter G. (1984). *Lo sviluppo mentale nelle ricerche di J. Piaget.* Firenze: Giunti-Barbera.

Petter G. (1985). *Conversazioni psicologiche con gli insegnanti.* Vol. II. Firenze: Giunti Barbera.

Piaget J. (1962). *Il linguaggio e il pensiero del fanciullo.* Firenze: Giunti Barbera. [Ed. or. 1923, Neuchâtel: Delachaux et Niestlé].

Piaget J. (2000). *L'epistemologia genetica.* Bari: Laterza. [Ed. or. 1970, Parigi: Presses Universitaires de France].

Piaget J., Inhelder B. (1951). La representation de l'espace chez l'enfant. Paris: Presses Universitaire de France.

Pick G. (1899). Geometrisches zur Zahlenlehre. *Lotos. Zeitschrift fiir Natur-Wissenschaften.* (Praga). 311-319.

Poincaré H. (1906). *La science et l'hypothèse.* Paris: Flammarion. [Trad. it. 1989, Bari: Dedalo].

Poincaré H. (1914). *Science et méthode.* Paris: Flammarion.

Polanyi M. (1967). *The Tacit Dimension.* Garden City, NY: Doubleday.

Polanyi M. (1979). La conoscenza inespressa. Roma: Armando. [Ed. or. 1966, Londra: Routledge & Kegan Paul].

Poli P., Zan R. (1996a). Le convinzioni dei bambini sui problemi: un confronto fra bravi e cattivi solutori. *Studi di psicologia dell'educazione.* 1-2, 61-74.

Poli P., Zan R. (1996b). Il ruolo delle convinzioni nella risoluzione di problemi: presentazione di un questionario elaborato per un'indagine nella scuola elementare. *La matematica e la sua didattica.* 4, 440-466.

Pólya, G. (1945). *How to solve it: A new aspect of mathematical method.* Princeton, NJ: Princeton University Press.

Pólya, G. (1954). *Mathematics and plausible reasoning. Vol. 1: Induction and analogy in mathematics. Vol. 2: Patterns of plausible inference.* Princeton, NJ: Princeton University Press.

Polya G. (1963). On learning, teaching, and learning teaching. En: AA.VV. (1963). *Teaching and learning: A problem-solving focus.* New York: NCTM.

Pontecorvo C. (1973). *Psicologia dell'educazione.* Teramo: Lisciani & Zampetti, EIT.

Pontecorvo C. (1981). Educazione e scuola di fronte alle differenze di intelligenza. En: AA. VV. (1981). *Intelligenza e diversità.* Torino: Loescher. 240-323.

Pontecorvo C. (1983). Concettualizzazione e insegnamento. En: AA. VV. (1983). *Concetti e conoscenze.* Torino: Loescher. 262-363.

Pontecorvo C. (1985). Figure, parole, numeri: un problema di simbolizzazione. *Età evolutiva*. 22, 5-33.

Pontecorvo C., Pontecorvo M. (1985). *Psicologia dell'educazione. Conoscere a scuola*. Bologna: Il Mulino. 285-326.

Postic M. (1979). *La relazione educativa*. Roma: Armando.

Priore F. (1990). *Modelli, strumenti e misure nella didattica contemporanea*. Milano: Mursia,

Racle G. (1983). *La pédagogie interactive.* Paris: Retz.

Repp A. C. (1930). Mixed versus isolated drill organization. En: Whipple G. M. (Ed.) (1930). *The twenty-ninth yearbook of the National Society for the Study of Education: Report of the Society's committee on arithmetic.* Bloomington, Ill: Publishing of Public School.

Resnick L. B. (1967). *Design of an early learning curriculum.* Working paper 16. Pittsburgh: Learning Research and Development Center, University of Pittsburgh.

Resnick L. B. (Ed.) (1973). *Hierarchies in children's learning. A symposium*. Numero speciale della rivista: lnstructional Science. 2, 311-362.

Resnick L. B., Ford W. W. (1991). *Psicologia della matematica ed apprendimento scolastico*. Torino: Sei. [Ed. orig. 1981, Hillsdale, NJ: Lawrence Erlbaum Associates].

Resnick L. B., Siegel A. W., Kresh E. (1971). Transfer and sequence in learning double classification skills. *Journal of Experimental Child Psychology*. 11, 139-149.

Resnick L. B., Wang M. C., Kaplan J. (1973). Task analysis in curriculum design: A hierarchically sequenced introductory mathematics curriculum. *Journal of Applied Behavior Analysis*. 6, 679-710.

Ricci Bitti P. E., Cortesi S. (1977). *Comportamento non verbale e comunicazione*. Bologna: Il Mulino.

Riley M. S., Greeno J. G., Heller J. I. (1983). Development of children's problem solving ability in arithmetic. En: Ginsburg H. (Ed.) (1983). *The development of mathematical thinking*. New York: Academic Press.

Romberg T. A., Harvey J. G., Moser J. M., Montgomery M. E. (1974). *Developing mathematical processes*. Chicago: Rand McNally.

Rothkopf E. Z. (1974). Barbarism and mathemagenic activities: comment on criticism by Carver. *Journal of Literacy Research*. 6, 1, 3-8.

Roveda P. (1979). *Il transfer nella relazione educativa*. Milano: Vita e Pensiero.

Sandman R. S. (1980). The mathematics attitude inventory: instrument and user's manual, *Journal for research in mathematics education*. 11, 148-149.

Sastre G., Moreno M. (1976). Représentation graphique de la quantité. *Bulletin de Psychologie de l'Université de Paris*. 30, 346-355.

Saxe G. B. (1977). A developmental analysis of notational counting. *Child Development.* 48, 1512-1520.

Saxe G. B. (1979). Developmental relations between notational counting and number conservation. *Child Development.* 50, 180-187.

Saxe G. B. (1982). Developing forms of arithmetic operation among the Oksapmin of Papua New Guinea. *Developmental Psychology,* 4(18), 583-594.

Saxe G. B. (1985). The effects of schooling on arithmetical understanding: Studies with Oksapmin children in Papua New Guinea. *Journal of Educational Psychology,* 5(77),503-513.

Saxe G. B. (1988). The mathematics of child street vendors. *Child Development.* 59, 1415-1425.

Saxe G. B. (1991). Venditori ambulanti e conoscenze matematiche. *Età evolutiva.* 40, 3-16.

Sbaragli S. (2005). Misconcezioni "inevitabili" e misconcezioni "evitabili". *La matematica e la sua didattica.* 1, 57-71.

Sbaragli S. (2009). Le insidie della divisione. *La Vita Scolastica.* 14, 18-19.

Sbaragli S. (2012). Il ruolo delle misconcezioni nella didattica della matematica. En: Bolondi B., Fandiño Pinilla M.I. (2012). *Metodi e strumenti per l'insegnamento e l'apprendimento della matematica.* 121-139. Napoli: Edises.

Scilligo P. (1971). *La psicologia nella scuola e nella famiglia.* Zurigo: Pas-Verlag.

Schoenfeld A. (Ed.) (1987a). *Cognitive science and mathematics education.* Hillsdale, NJ: Erlbaum.

Schoenfeld A. (1987b). What's all the fuss about metacognition? En: Schoenfeld A. (Ed.) (1987). *Cognitive science and mathematics education.* Hillsdale, NJ: Erlbaum.

Searle J. R. (1988). *L'intenzionalità.* Milano: Bompiani. [Ed. or. 1983, Cambridge, Cambridge University press].

Shepard R. N. (1980). *Internal representations: Studies in perception imagery and cognition.* Montgomery, Vt: Bradford.

Skinner B. F. (1968). *The Technology of Teaching.* New York: Appleton-Century-Crofts.

Speranza F. (1989). Riflessione sui criteri per valutare le trattazioni di una teoria matematica. *Rivista di Matematica dell'Università di Parma,* 4(15), 117-128.

Speranza F. (1990). Controindicazioni al riduzionismo. *La matematica e la sua didattica,* 4(3), 12-17.

Speranza F. (1991). Confronto fra concezioni epistemologiche a proposito della geometria. En: Magnani L. (Ed.) (1991). *Conoscenza e matematica.* Milano: Marcos y Marcos.

Starkey P., Gelman R. (1982). The development of addition and subtraction abilities prior to formal school in arithmetic. En: Carpenter T. P., Moser J. M., Romberg T. A. (Eds.) (1982). *Addition and subtraction: A cognitive perspective.* Hillsdale, NJ: Lawrence Erlbaum.

Steffe L. P. (1970). Differential performance of first-grade children when solving arithmetic addition word problems. *Journal for Research in Mathematics,* 1(3), 144-161.

Steffe L. P., Hirstein J. J., Spikes, W. C. (1976). *Quantitative comparisons and class inclusion as readiness variables for learning first-grade arithmetical content.* (Technical Report n. 9). Tallahassee, Florida: Project for Mathematical Development of Children.

Tausch R. (1978). Facilitative dimensions in interpersonal relationship. *College Student Journal.* 12, 2-11.

Terrassier J.-Ch. (1985). *Ragazzi superdotati e precocità difficile.* Teramo: Lisciani & Giunti.

Thorndike E. L. (1913). *Educational psychology.* Vol. II: *Psychology of learning.* New York:Teachers College, Columbia Univ.

Thorndike E. L. (1914). *The psychology of learning.* New York: Teachers College Press.

Thro M. P. (1978). Relationships between Associative Patterns and Content of Physics Concepts. *Journal of Educational Psychology.* 70, 971978.

Titone R. (Ed.) (1981). *Avamposti della psicolinguistica applicata.* Armando, Roma.

Toulmin S., Feldman C. (1976). Logic and the theory of mind. En: Cole J. K. (Ed.) (1976). *Nebraska symposium on motivation 1975.* Lincoln: Univ.

Ugazio V., Venini L. (1978). La comunicazione alunno-insegnante. En: AA.VV. (1978). *Psicologia del rapporto educativo.* Milano: Isedi.

Uprichard A. E. (1973). The effect of sequence in the acquisition of three set relation; An experiment with preschoolers. En: Resnick L. B. (Ed.) (1973). *Hierarchies in children's learning. A symposium.* Numero speciale della rivista: *Instructional Science.* pp. 311-362.

Veggetti M. S. (1983). *La concettualizzazione nell'età evolutiva: l'impostazione piagettiana e i contributi della scuola sovietica*. En: AA. VV., *Concetti e conoscenza*, Torino: Loescher. 197-261.

Vergnaud G. (1981a). *L'enfant, la mathématique et la réalité*. Berne: P. Lang. (Trad. it. 1994, Roma: Armando).

Vergnaud G. (1981b). Quelques orientations théoriques et méthodologiques de recherches françaises en didactique des matéhmatiques. *Recherches en Didactique des Mathématiques,* 2(2), 215-229.

Vergnaud G. (1982). A Classification of Cognitive Tasks and Operations of Thought, Involved in Addition and Subtraction Problems. En: Carpenter T. P., Moser J. M., Romberg T. A. (Eds.) (1982). *Addition and subtraction: A cognitive perspective.* Hillsdale, NJ: LEA. 39-59.

Vergnaud G. (1985a). Psicologia cognitiva ed evolutiva. Ricerca in didattica della matematica: alcune questioni teoriche e metodologiche. En: Chini Artusi L. (Ed.) (1985). *Numeri e operazioni nella scuola di base.* Bologna: Zanichelli-UMI. 20-45.

Vergnaud G. (1985b). Il campo concettuale delle strutture moltiplicative e i numeri razionali. En: Chini Artusi L. (Ed.) (1985). *Numeri e operazioni nella scuola di base.* Bologna: Zanichelli-UMI. 86-121.

Vergnaud G. (1990a). La théorie des champs conceptuels. *Recherches en Didactique des Mathématiques.* 10, 2-3, 133-170. (Trad. it.: *La matematica e la sua didattica,* 6(l), 4-19).

Vergnaud G. (1990b). *Psicologia cognitiva dello sviluppo e didattica della matematica.* Rapporto interno, n. 2. Torino: Politecnico di Torino.

Vergnaud G. (1992). La teoria dei campi concettuali. *La matematica e la sua didattica,* 6(l), 4-19.

Vygotskij L. S. (1978 / 1987). *Il processo cognitivo.* Torino: Boringhieri. [Ed. inglés: 1978].

Wang M. C. (1973). Psychometric studies in the validation of an early learning curriculum. *Child Development.* 44, 54-60.

Wang M. C., Resnick L. B., Boozer R. F. (1971). The sequence of development of some early mathematics behaviors. *Child Development.* 42, 1767-1778.

Webb N. (1979). Content and context variables in problem task. En: Goldin G. A., McClintock C. E. (Eds.) (1979). *Task variables in mathematical problem solving.* Columbus, Oh: Eric.

Werner H., Kaplan B. (1963). *Formazione del simbolo.* Milano: Cortina.

Werner H., Kaplan B. (1992). *Psicologia, comportamento e sviluppo mentale.* Firenze: Giunti.

Wertheimer M. (1920). *Über Schlußprozesse im produktiven Denken.* Berlin: Weltkreisverlag. [En inglés: *A Source Book of Gestalt Psychology,* London: Kegan Paul, Trench, Trubner.]

Wertheimer M. (1959). *Productive thinking.* New York: Harper & Row. [Ed, orig. 1945; en italiano, Firenze: Giunti-Barbera].

Whorf B. (1959). Linguistics and exact science, citado en: Hall E. T. (1959). *The silent language.* New York: Publeday.

Whorf B. (1970). *Linguaggio, pensiero e realtà.* Torino: Boringhieri. (Ed. or. 1956, Cambridge, Ma: Cambridge Univ. Press].

Wittman E. (1981). The complementary roles of intuitive and reflective thinking in mathematics teaching. *Educational Studies in Mathematics* 12(3(, 389-397.

Zan R. (1992). Il ruolo del contesto e della domanda nel problema espresso in forma verbale. *La matematica e la sua didattica,* 6(2), 36-44.

Zan R. (1995). Chi non riesce in matematica? En: D'Amore B. (Ed.) (1995). *Insegnare ad apprendere la matematica in aula: situazioni e prospettive.* Atti del IX Convegno Nazionale «Incontri con la Matematica», Castel San Pietro Terme, novembre 1995. Bologna: Pitagora. 77-83.

Zan R. (1996a). Difficoltà d'apprendimento e problem solving: proposte per un'attività di recupero. *L'insegnamento della matematica e delle scienze integrate,* 19B(4), 311-350.

Zan R. (1996b). Bravi e cattivi solutori a confronto nella scelta di problemi impossibili. *L'insegnamento della matematica e delle scienze integrate.* 19 A, 409-423.

Zan R. (1997). Problemi e decisioni. En: Aschieri I., Pertichino M., Sandri P., Vighi, P. (Eds:) (1997). *Problemi e alunni con problemi.* Atti del Convegno Nazionale del Grimed «Matematica e difficoltà» n. 6, Castel San Pietro Terme, febbraio 1997. Bologna: Pitagora. 101-106.

Zan R. (1998). *Problemi e convinzioni.* Bologna:Pitagora

Zan R. (2000). L'insegnante come solutore di problemi. *La matematica e la sua didattica.* 1, 48-71.

Zan R. (2002). I comportamenti dei bambini di fronte al problema scolastico standard: alcune riflessioni. *La matematica e la sua didattica.* 3, 278-305.

Zan R. (2007). La comprensione del problema scolastico da parte degli allievi: alcune riflessioni. *L'insegnamento della matematica e delle scienze integrate.* 30 A-B, 741-762.

Zan R. (2008). Ricerca e RMT insieme per definire che cos'è un"buon problema". En: AA. VV. (2008). *RMT fra pratica e ricerca in didattica della matematica/RMT entre pratique et recherche en didactique des mathematiques.* Bard (Valle d' Aosta), 19-21 octubre 2007. 19-30.

Zan R. (2009). Perdersi in un bosco narrativo. Ovvero: Quando il contesto ostacola la comprensione di un problema. En: AA. VV. (2009). *Le competenze matematiche per l'identità, l'autonomia, la cittadinanza.* Atti del Convegno Nazionale Matematica & Difficoltà. 16. Bologna: Pitagora. 193-198.

Zan R. (2011). The crucial role of narrative thought in understanding story problems. En: *Current State Of Research On Mathematical Beliefs XVI.* Proceedings of MAVI 16 Conference. Tallinn, 26-29 June 2010. 287-305.

Zan R. (2012a). Comprendere un problema: un bel problema! En: Sbaragli S. (Ed.) (2012). *La didattica della matematica: insegnamento e apprendimento a confronto.* Castel San Pietro Terme (BO), 26-27-28 ottobre 2012. Bologna: Pitagora.

Zan R. (2012b). La dimensione narrativa di un problema: il modello C&D per l'analisi e la (ri)formulazione del testo. *L'insegnamento della matematica e delle scienze integrate.* 35 A, 437-468.

Zan R., Poli P. (1999). Winning beliefs in mathematical problem solving. En: First Conference of the European Society for Research in Mathematics Education. August 27th - 31st, 1998. 97-106.

Zweng M.J. (1979). The problem of solving story problems. *Arithmetic Teacher.* 27(1), 2-3.

Made in the USA
Monee, IL
18 October 2026

66035250R10234